河北农业大学
北京工业大学
北京林业大学
北方工业大学
天津城建大学
河北工业大学
河北工程大学
河北建筑工程学院
吉林建筑大学
·联合编著·

中国城市规划学会学术成果

京津冀

2019年城乡规划专业京津冀高校“X+1”联合毕业设计作品集

传承与共生——保定市恒天纤维片区城市设计

中国建筑工业出版社

图书在版编目（CIP）数据

2019年城乡规划专业京津冀高校“X+1”联合毕业设计作品集：传承与共生：保定市恒天纤维片区城市设计 / 河北农业大学等编著. —北京：中国建筑工业出版社，2019.8
ISBN 978-7-112-24085-2

Ⅰ.①2… Ⅱ.①河… Ⅲ.①城市规划－建筑设计－作品集－中国－2019 Ⅳ.①TU984.2

中国版本图书馆CIP数据核字（2019）第165239号

本书为第三届城乡规划专业京津冀高校“X+1”联合毕业设计的作品集。在国家京津冀协同发展战略的引导下，本次毕业设计选题为保定市“八大厂”之一的保定市恒天纤维联合厂，题目为“传承与共生——保定市恒天纤维片区城市设计”。

本书可供相关院校城乡规划专业的师生参考。

责任编辑：曹丹丹　张伯熙
责任校对：李欣慰

2019年城乡规划专业京津冀高校“X+1”联合毕业设计作品集
传承与共生——保定市恒天纤维片区城市设计

河北农业大学
北京工业大学
北京林业大学
北方工业大学
天津城建大学　　联合编著
河北工业大学
河北工程大学
河北建筑工程学院
吉林建筑大学

*
中国建筑工业出版社出版、发行（北京海淀三里河路9号）
各地新华书店、建筑书店经销
北京点击世代文化传媒有限公司制版
北京富诚彩色印刷有限公司印刷
*
开本：880×1230毫米　1/16　印张：11¾　字数：355千字
2019年9月第一版　2019年9月第一次印刷
定价：168.00元
ISBN 978-7-112-24085-2
（34583）

编委会

序一

2019 城乡规划专业京津冀高校“X+1”联合毕业设计选择保定化纤厂旧址作为设计基地，为城市工业遗产保护和再利用探索不同的解决方案。通过“真题实战”和设计过程中的碰撞思辨，联合毕业设计不但加深了师生们的交流合作，也推进着联合教学模式的创新。在老师悉心指导下，同学们专注投入，毕业设计答辩汇报甚至被小伙伴们当作一场倾情演出。春发其华，秋收其实，从启动现场踏勘到最终设计作品成书付梓，短短数月，结出了沉甸甸的学术果实。

保定是国家历史文化名城，也是新中国成立后重点建设的工业城市之一。20 世纪 50 年代，八大厂区在保定西郊拔地而起，其中，也包括保定化纤厂——我国第一座现代化大型化学纤维联合企业，由德国支援了全套设计和设备，建筑及建造工艺。在我国工业基础十分薄弱的年代，矗立的烟囱，高大的厂房，整齐的厂区，成为当时一道独特的城市景观。同时，一批城市规划专业刚毕业的学生，借助新中国现代工业规划布局机会“边学边干”，谋划工厂选址和厂区设计，憧憬着祖国美好未来，这批人后来多成为规划界的中流砥柱。

轰隆的机器声渐远，拥有过光彩夺目的工业文明，承载了保定一代又一代人的骄傲，它们的社会价值、科技价值、美学价值已浸入到人们的日常生活中。这些见证了城市工业发展的厂区，曾经影响着几代人的生活和工作，体现了历史事件的共识，形成了社会共同的记忆，值得传承与再生。国际工业遗产保护协会秘书长斯蒂芬 · 修斯提出“工业遗产的保护，不仅仅是一个单纯的场区、建筑体等躯壳的保护，更重要的是要留下工业的记忆。”对于城市，遗产地区活化还可以为城市提升创造新机会，为社区复兴带来新活力。

遗产保护要有情怀，规划设计更需激情，联合毕业设计凝结了众多师生的热情和心血。针对约 100 公顷的厂区基地，同学们提供的方案功底扎实、思维发散、角度多样，从产业、布局、形态上做了各种大胆尝试，为相关部门提供了有价值的借鉴：一是对该地区重新定位和功能置换，通过在该地区引入文化创意、现代服务、科技创新、旅游休闲等新业态，创造新的“活力引擎”，带动周边地区向高质量发展转型；二是打破原厂区的封闭状态，增加可达性，开辟绿色空间，营造智慧社区，满足办公、居住、休憩及消费升级的需求，成为一个与现代都市生活紧密结合的开放社区；三是整合新旧设计要素，探索老建筑拆改留的利用模式，最大限度地展现遗产历史、文化、科技价值，在形态塑造上融入文化、创意元素，增强场所体验感和园区吸引力，在保护工业遗产的同时重塑其新功能、新价值。

虽然是推演一小片“棕色地区”如何蜕变，或许这也只是一届寻常的毕业设计，但从这本设计作品集里却可以窥见我国工业化演变对城市的影响，彰显规划和设计在其中发挥的积极作用。20 世纪五六十年代，上百个工业大项目布局，奠定了新中国现代工业体系；20 世纪八九十年代，中国制造加速中国城镇化并影响了世界；当前，随着通州北京城市副中心、河北雄安新区等规划建设的示范作用，创新驱动、绿色发展已逐渐成为促进城镇高质量发展的动力。京津冀高校城乡规划专业的师生们立足学科根本，运用专业技能，不仅借工业遗产保护传承时代记忆，助力中国制造向中国创造跃升，更见证着空间规划从工业文明向生态文明的范式转型。

中国城市规划学会副秘书长、教授级高级城市规划师　耿宏兵

序二

今年有幸参加了2019年京津冀九所高校城乡规划专业联合毕业设计的答辩，学生们以保定市老化纤厂老厂区改造为题，经过半年的研究和设计，给出了各自的思考和解答，这是我首次参加这个“X+1”联合毕业设计的评审，同学们的汇报及设计成果给我带来很大的惊喜，由衷赞叹九校年轻的学子在优秀教师的指导下交出了如此傲人的答卷。作为在设计第一线工作的建筑师以及经常担任各种评审的工作经历，我认为这次看到的一些设计如果出现在那些有成熟大设计公司参与的方案征集或竞赛中也毫不逊色，这些各具特色的设计给我留下深刻的印象。

激情：首先作为学生的毕业设计，处处洋溢着年轻学子们活跃的思维与饱满的创作热情，许多作品从对基地调研开始就能看出作者对这片老厂区注入了浓浓的热爱与情感，有的以基地人物的生活为线索，有的以访客视野为线索，勾勒出新颖而独特的设计脉络与视角，并展现出充满创意的空间场所。

严谨：许多作品在设计方法和程序中以及文本的展示汇报中的表达理性而富有条理，并有很强的说服力和感染力，从对城市与场地的分析、设计目标和概念的提出、到设计策略及方法的阐述全面而到位，这种对设计层次清晰而富有逻辑性的把握与表达即使与成熟建筑师相比较也是非常出类拔萃，反映了学生在老师的培养下练就了严谨的思维和扎实的基本功。

开阔：有一些作品在思考的深度和广度方面让我惊艳，有些设计呈现出跨界和跨学科的设计思维，它不局限于建筑师和规划师的角度，而是从大景观、策划运营、社会学等多学科入手。反映了学生们广博的知识和对国际上各种设计思潮的领悟，从而呈现的设计作品令人耳目一新，且还具备很强的现实可操作性。

这些学校及学生对我来说既陌生又熟悉，虽然它们不是我们常接触的那些年代长久的老校中的老专业，但近年来也经常看到毕业于这些学校的学生活跃在像我们这样的大型设计院中，我身边就有许多非常有天赋的来自这些学校的学生，正如这次毕业设计的学生们所表现出的才气一样，当然也能看到他们身后一群卓越的教师们的辛勤培育。网络时代大大地改变了我们这个学科获取知识与学习技能的方式，目前在设计院中感受到各校毕业生的设计能力与其学校背景的关系越来越不明显。对于规划和建筑这样一个需要广博知识和综合能力的专业来说，对设计的热情与执着、对研究的扎实与理性、对新思想的敏感与关注，才是一个学生成长为优秀设计师的关键，这正是这次毕业设计中许多学生所表现出的素质。社会将对这样的学生和他们的设计充满期待！

中国建筑设计研究院总建筑师　陈一峰

前言

从接受委托承办，到 2019 年 5 月 31 日终期汇报答辩，历时一年，由河北农业大学承办，九所高校的百余位师生共同参加的城乡规划专业京津冀高校“X+1”联合毕业设计圆满收官。

如何进行创新？如何为学生提供全面展示五年学业所成的机会？“选题”本身就是一个“难题”。在保定市城乡规划局和恒天纤维集团有限公司等领导的大力支持下，经过交流讨论，大家一致确定了“传承与共生——保定市恒天纤维片区城市设计”这一毕业设计题目。

工业遗产作为人类文化进步与历史发展的见证，具有非常重要的多重价值。自 20 世纪 90 年代以来，随着中国城市进入快速发展的时期以及“退二进三”的时代需求，城市中的旧工业区已无法满足后工业时代的城市功能需求，工业企业外迁至城市边缘地区，而被关闭和遗弃的工业厂区则在城市中遗留下来，其中包括工业建筑、储料场地、机械设备、运输设施等，这些遗存与城市功能脱节，成为城市中的孤岛。在城市飞速发展的大背景下，如何结合不同城市工业遗产的区域背景和内部特征，实现其在物质、功能、经济上的复兴，并得到城市居民的认可，成为当前国内工业遗产改造更新中的一个焦点问题。

本次设计的选题为保定市恒天纤维片区城市设计。恒天纤维其前身为保定化学纤维联合厂，始建于 1957 年，是“一五”期间 156 个重大项目之一，是我国第一座大型化学纤维联合企业和粘胶长丝工业的发源地，为保定的工业和经济社会发展及国家化纤行业的发展做出了突出贡献。2015 年 6 月，2.2 万吨 / 年的粘胶长丝生产线全部政策性关停。本片区为保定市工业遗产核心保护区，是具有极高的历史价值、技术价值、社会意义、建筑或科研价值的工业文化遗存片区，主要由车间、仓库、传输和使用能源的场所、交通基础设施等要素构成。除此之外，还有与工业生产相关的其他社会活动场所，如住宅、学校、医院和店铺等。本次设计以“传承与共生”为主题，力求营造出具有一定历史文脉延续的新城市空间，为城市旧区和工业遗产注入时代活力。

面对着这样蕴含着巨大挑战的一个题目，从开题、调研、中期汇报到毕业答辩，我们看到了各校老师的倾情投入和敬业态度，同学们的勤勉、认真和探索精神，特邀业界专家的专业担当和职业精神。我们欣喜地看到参加联合毕业设计的同学们获得了更大的历练，体现在对这一区域现状的问题综合分析能力，体现在对这一区域发展可行性的技术论证能力，体现在对未来这一区域发展的创新、创意能力，从而为未来规划师从业打下坚实基础。我们相信这将成为一个重要的里程碑，是莘莘学子迈向璀璨光明前程的新起点。

祝愿新周期的城乡规划专业京津冀高校“X+1”联合毕业设计越办越好！期待明年塞外明珠张家口再见！

河北农业大学城乡建设学院副院长　李宏伟

目录 Contents

2019年联合毕业设计任务书

传承与共生

——保定市恒天纤维片区城市设计

1 项目概况

1.1 选题意义

工业遗产作为人类文化进步与历史发展的见证，具有非常重要的多重价值。自20世纪90年代以来，随着中国城市进入快速发展的时期以及“退二进三”的时代需求，城市中的旧工业区已无法满足后工业时代的城市功能需求，工业企业外迁至城市边缘地区，而被关闭和遗弃的工业厂区则在城市中遗留下来，其中包括工业建筑、储料场地、机械设备、运输设施等，这些遗存与城市功能脱节，成为城市中的孤岛。在城市飞速发展的大背景下，如何结合不同城市工业遗产的区域背景和内部特征，实现其在物质、功能、经济上的复兴，并得到城市居民的认可，成为当前国内工业遗产改造更新中的一个焦点问题。

1.2 项目背景

恒天纤维为中国恒天集团有限公司的二级子公司，其保定老工业区前身为保定化学纤维联合厂，始建于1957年，是“一五”期间156个重大项目之一，是中国第一座大型化学纤维联合企业和粘胶长丝工业的发源地，为保定的工业和经济社会发展及国家化纤行业的发展做出了突出贡献。2015年6月，2.2万吨/年的粘胶长丝生产线全部政策性关停。

老工业区位于保定市竞秀区盛兴西路1369号，占地1187亩。区内的纺丝一分厂于1957年由前民主德国援建而成，作为中国第一条粘胶长丝生产线，被保定市政府列为不可移动文物。区内树木茂密，花草繁多，拥有大量雪松、银杏等珍贵树种，德式风格的厂房、高耸入云的烟囱、密布架设的管网和厂内铁轨等构成了独特的工业景观。同时，作为中国化纤行业的领军企业，拥有国家级企业技术中心、国家级检测实验室、国家级行业刊物编辑室等资源。

项目计划突出原有德式建筑元素，挖掘园区历史价值，保留典型的工业建筑物、构筑物、铁路以及园区内大量珍稀树种，将工业遗产与生态景观相结合。项目建设过程中将充分重视老工业区作为保定西郊八大厂之一所代表的城市记忆，以“保护、改造、创新、活力”为产业导入点，借助合作方的品牌和资源优势，积极聚焦科技创新、金融产业，搭建创新平台，带动保定市产城融合、产融结合，让老工业基地和新业态交相呼应，迸发城市发展的蓬勃生机，打造集科技创新、商务办公、金融服务、购物休闲、文创体验、工业遗址公园、生活配套为一体的智慧生态综合产业服务区和城市中央活力区。作为保定西郊八大厂等老工业企业转型升级的试点，打造保定市工业改造向三产转变的试验区和京津冀地区有影响力的国家低碳示范区。立足保定，服务新区，依托生产性服务业相关政策，通过产业聚集创产值、增税收，打造新的经济增长点，促进地方经济发展。

1.3 规划研究范围与课题设计范围

本次规划研究范围北至复兴西路，东通乐凯北大街，南邻盛兴西路，西至专用铁路，总用地面积约为100公顷（图1）。规划范围内现状为城市建设用地，以工业用地为主（图2、图3）。要求每组学生（2~3人/组）对100公顷的用地进行概念性规划，深度由各学校确定。此地块的官方控制性详细规划的路网、空间结构（图 4），可作为规划设计的参考，根据自己的研究进行调整。

在此基础上每人选择 30 公顷用地进行城市设计。

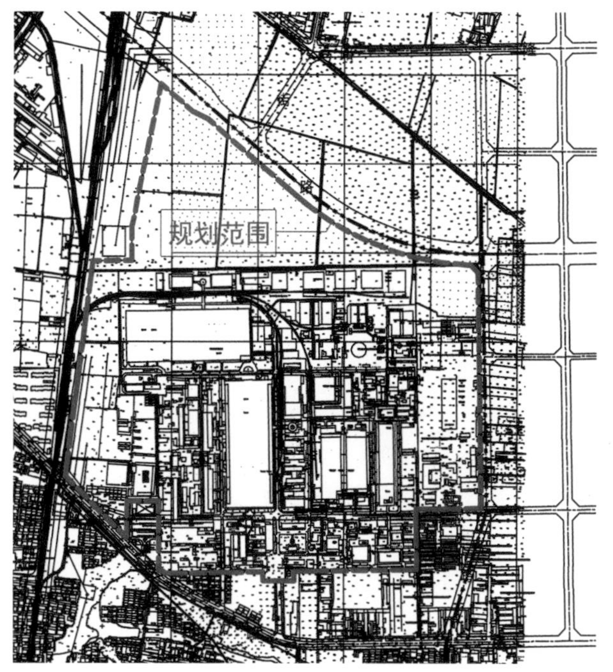

图 1　规划范围

图 2　地块现状（一）

图 3　地块现状（二）

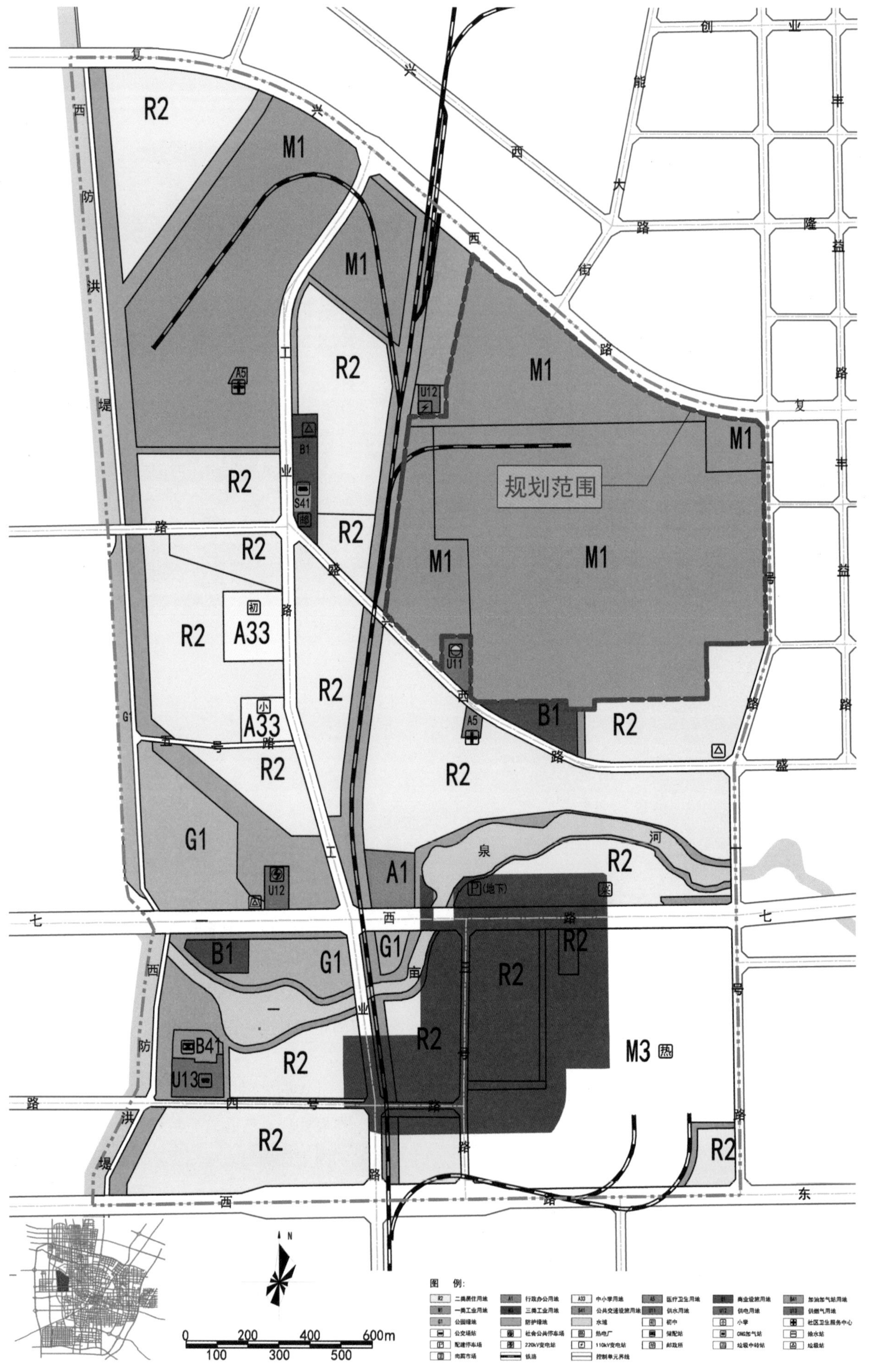

图 4　保定市城市控制性详细规划

2 规划设计条件

2.1 规划重点

规划以保定市恒天纤维片区为研究对象，对其核心生产空间、空间整体格局、建筑群落空间的历史风貌进行保护，并保留特色工业建筑的结构，结合城市发展更新其使用功能。规划重点为：

工业遗产保护性——本片区为保定市工业遗产核心保护区，是具有极高历史价值、技术价值、社会意义、建筑（科研）价值的工业文化遗存片区，主要由车间、仓库、传输和使用能源的场所、交通基础设施等要素构成。除此之外，还有与工业生产相关的其他社会活动场所，如住宅、学校、医院、店铺等。本次规划设计对其片区整体保护，体现工业遗产的特殊魅力。

场所精神重塑性——根据历史遗存、现状条件和现代城市生活方式，以及城市可持续性发展要求，注重该片区与城市整体、周边地区及其片区内各组成部分之间空间形态的营造，贯彻经营城市和可持续发展的指导思想，考虑恢复其生命力，深化、细化该地块空间环境，创造有一定历史文脉延续的新城市空间，为城市旧区和工业遗产注入时代活力。

2.2 规划设计要求

2.2.1 发展战略和定位

综合分析区域资源环境承载能力，系统研究保定市的城市发展、功能布局、空间与景观结构等宏观层面要素，结合基地发展实际和要求，明确该片区的发展战略、功能定位、空间景观等，并制定相应的设计原则、指导思想和承上启下的城市设计目标。

2.2.2 工业遗存保护与再利用

提取有代表性的工业遗存保护要素，确定保护方案，通过设计策略，使工业遗存成为独特的城市景观；使具有历史价值和富有特色的工业遗存得到保护和再利用；将绿化融入公共空间设计；使道路系统和特点鲜明的建筑空间组合方式得到继承和发展。

2.2.3 用地功能布局

结合工业遗存的保护与再利用，进一步优化用地（空间）结构，研究各功能空间的合理布局，完善公共配套服务设施，对片区内的土地使用和建筑用途进行详细安排。

2.2.4 城市景观风貌研究

（1）深入研究片区的总体风貌，进一步提炼和发掘城市景观要素，对片区整体风貌形象进行规划设计，以工业遗存景观为基础塑造片区特色，深化完善景观系统，提出景观要素在空间布局和空间形态上的强制性控制要求和指导性意见。

（2）对片区内主要轴线、节点、特色区域等进行综合分析，研究公共空间的布局、联系、尺度和风格特征，提出公共空间的系统组织、功能布局、形态设计、景观组织、尺度控制、界面处理等方面的控制和引导要求。

（3）对景观性道路、重要街道的道路空间、道路两侧景观、道路对景等提出设计控制要求和景观改造措施。

（4）研究标识系统和环境小品等。

（5）明确核心区域和标志性建筑物的具体位置，形成标志性城市景观街区，并对重点地段的标志性景观进行重点塑造，提出重要景观节点及其周边地区景观改造措施。

2.2.5 道路交通组织

对片区周边和片区内部的动态交通、静态交通系统进行分析，理顺片区内外交通体系，优化综合交通系统和交通结构，创造宜人的交通环境。同时要提出切实可行的区域内静态停车系统解决方案，解决好行车和停车问题。

3 成果要求

以下为基本要求，具体以各学校毕业设计成果要求为准，成果内容和表达可增加。

3.1 规划文本表达要求

文本内容主要包括前期研究、功能定位、设计构思、功能分区、空间组织、总体布局、交通组织、环境设计、建筑意向、经济技术指标控制等。

3.2 图纸表达要求

图纸应包括但不限于：

1）区位及上位规划分析

（1）区位分析图：分析片区在城市乃至区域中的地位和特点，以及与城市的视觉空间关系等。

（2）上位规划分析：分析城市总体规划、相关的控制性详细规划及其他规划。

（3）周边环境综合分析图：分析用地周边重要的城市功能区，包括景观节点、基础设施、公共服务设施、道路等，分析周边环境对规划地块的影响。

2）基地现状分析

对规划地块内的工业遗存现状、建筑现状、道路交通、景观资源等方面进行分析。

3）设计构思

主要展示设计构思的生成过程。

4）城市设计总平面图

5）规划结构分析图

主要表达各功能用地分布情况及功能之间的联系。

6）交通系统规划图

主要表达片区内车型和人行交通组织以及与其他区域的交通联系，确定道路红线位置、断面以及主要交叉口、停车场、广场的位置和控制范围。交通组织规划图应注明各类人流、车流组织及出入口。

7）绿地景观系统规划图

8）公共空间系统规划图

9）重要节点意向设计图

对于规划地块内的重要节点，根据其位置、范围、功能与景观特色要求，提出物质形态发展方案及相应的控制要求与设计指导。

10）总体鸟瞰及重要节点透视效果图

11）相关经济技术指标和设计说明

各校作品展示

河北农业大学

河　北　农　业　大　学
北　京　工　业　大　学
北　京　林　业　大　学
北　方　工　业　大　学
天　津　城　建　大　学
河　北　工　业　大　学
河　北　工　程　大　学
河北建筑工程学院
吉　林　建　筑　大　学

指导教师感言

城乡规划专业京津冀高校“X+1”联合毕业设计转眼已经举办第三年了，每一次成功举办都是对京津冀高校规划专业学生五年学习成果的一次能力测验，这些学生都顶住了压力，出色地完成了任务，取得了令人满意的成果。三个月的时间转瞬即逝，身为指导教师，在这三个月的时光里和同学们一起学习，一起努力，忙碌之中收获的是无限的快乐和师生之间更进一步的感情。

此次毕业设计以“传承与共生——保定市恒天纤维片区城市设计”为题，我校两组学生分别从“记忆的魅力——从瞬间到永恒的转变”和“时间沉淀，一跃新生”出发，在充分保护工业遗产建筑、传承城市文化的基础上完成了化纤厂改造的任务。同时，在中期汇报和终期答辩中通过九个学校的汇报，相互学习、共同进步。希望以后能够加强各个高校之间的交流与互动，提升教学水平的同时，给学生更多发挥的平台。最后希望京津冀高校“X+1”联合毕业设计能够越办越好。

尹君

本次联合毕业设计以老厂区城市设计为题，同学们放眼京津冀一体化的大背景，关注保定市的文化、产业、交通等问题，从城市与老厂区的关系入手，从多角度把握“传承与共生”的主题，很好地完成了设计任务。参与其中的每位同学从调研到中期，再到最终的答辩，付出了很多，但收获更大，视野也更开阔。

作为指导教师，其实更享受这种学生从不会到会再到深入理解的过程。我自己也在与本校学生的碰撞、与外校师生的交流、与各位专家的沟通中受益匪浅，希望城乡规划专业京津冀联合毕业设计一直办下去，越办越好。

郝永刚

学生感言

张志琛：这三个月对于我来说过得飞快，从一开始的厂区调研到后来初步方案完成、参加中期汇报再到最后的终期答辩，每一个阶段都过得那么紧张，每天都会觉得太累了，太累了，无数次产生想要退缩的想法，但是看着同组成员还在努力想着思路，努力地绘制每一幅图纸时，就会重新焕发起我的斗志。两次汇报都从其他学校学到很多东西，比如河北工业大学新颖的想法、吉林建筑大学新技术的运用、河北建筑工程学院丰富全面的内容等。这是一个相互学习、共同进步以及自我完善的过程，感谢自己，感谢队员，感谢指导教师，我们所有人共同经历了这个过程，共同享受到了这个过程带来的一切。

王雪雅：很荣幸能够参加本次联合毕业设计，从第一次去化纤厂到现在，已经过去了三个月，在这段时间中我们也完成了从大学生到毕业生的潜在转变，收获的不仅仅是专业上的成长，还有心理上的强大。本次设计不同于以往，使我对实际项目的认识和分析方式有了更深的了解，在数据获取与运用方面开阔了视野，另外对 PPT 的展示与制作有了不同的认识，这些都对我以后的生活和工作有很大的帮助。感谢老师的指导，感谢我们团队其他成员的理解和包容，得益于我的队友，我对团队这两个字有了更深刻的见解，团队精神在我心中也有了更加深刻的意义。我会一直记得这段时间，记住经历过的绝望和破晓，更要记住看到希望后的微笑和收获的放松，我相信这段时间会在面对今后的磨难和挑战时给我勇气和力量。

耿丽雪：时光飞逝，五年的大学时光在忙碌的联合毕业设计中画上句号。很荣幸能够参加联合毕业设计，通过此次设计可以将大学五年的知识做一个系统的整理，也是一次非常好的提升机会，一次从“纸上谈兵”到理论联系实际的机会，也是一个自己主动分析问题寻找答案的学习机会。半年的毕业设计，从调研到方案的最终生成，我相信这些过程都将成为美好的回忆。在联合毕业设计的过程中，感谢各位老师的提点指导，不断地帮助我们优化方案，理顺思路。感谢团队成员相互配合，共同成长，感谢联合毕设给我们这样一个机会，可以为五年的大学生活画上一个圆满的句号。毕业设计是大学生活的结束，也是未来新生活的开始，希望大家都有一个美好的未来。

周海鑫：很荣幸能够参加此次的联合毕业设计，它既为我五年的大学生涯画上了一个句号，也为我的城规之旅标上了一个分号。参与的过程收获满满。在大学学习时，很少有机会和同学合作出整套设计方案，而这次整个过程都是团队整体的探索，让我意识到团队合作的重要性以及可塑性，每个人身上都有亮点，他们教会了我很多；通过观看其他院校同学的汇报及作品展示，既开阔了眼界，也拓宽了思维，收获了很多新技能。更重要的是，通过这次毕设的完成，意识到自己能力的不足，在今后的路上依旧需要不忘初心，砥砺前行。最后，感谢老师与我的伙伴，也祝愿联合毕业设计越来越有意义，更加值得付出！

郄　妍：时光荏苒，五年的学习时间已经到了最后验收学习成果的时候。从大一对城乡规划这个专业的一知半解，到怀着兴奋、好奇的心情一点点进一步学习，逐渐产生了深厚的兴趣。能够参加此次比赛，我感到十分开心，这是对自己五年学习成果的一种肯定。在设计及参赛过程中，十分感谢郝永刚老师的耐心指导，还有校内汇报时，学院各位老师的专业评价，以及小组成员的愉快合作，让我们的设计一步步地完善。此次的工业遗产改造，从实地初步调研，到充分了解分析基地情况、总图草稿设计以及后期的不断完善、城市设计，到最终定稿，让我学习到了很多。短短五年的时间只是对城乡规划专业有了最基础的了解，在接下来的、工作过程中，我将不断地学习，提高自己的能力。

寇　媛：很荣幸能参加此次联合毕业设计，感谢学校提供这样一个机会，让来自不同高校的同学们相聚于此，怀揣着对规划的热情，相互交流自己独特的想法，也开阔了视野，受益颇多。同时我也要感谢我的队友们，从前期的现场调查、中期的现状分析到后期的构思设计，我们每一个人都在努力，不断提出问题并且解决问题，整个过程让我更加懂得团队的意义，学会了取长补短、相互协调。最后感谢老师的指导，一直尽心尽力帮助我们理顺思路，完善方案。愿京津冀联合毕业设计越办越好。

郭鹏瑛：光阴似箭，流年似水。随着2019年城乡规划专业京津冀高校“X+1”联合毕业设计的结束，五年的大学生活也即将画上句号。作为在校期间的最后一次历练，非常荣幸被选中参加此次联合毕业设计。首先，感谢指导老师郝老师的倾力相助，与老师一同进行城市设计过程中学到的思维模式和思考方式是我此次毕业设计最大的收获，让我受益匪浅。其次，感谢和我一同参加此次城市设计的同学们，从前期调研、分析到后来的方案设计，我们一起推敲、一起熬夜，不同思路的交流让我们的设计更完善。愿多年以后，我们仍记得最初的情怀和灯光下思索的执着、认真和坚持。最后，也非常感谢此次联合毕业设计，让我在本科最后阶段有了新的提升。在此，祝愿我的母校越办越好！祝愿今后的联合毕业设计越办越成功！

王光紫：我认为，每一次经历都是生活给予的宝贵经验，是成长的必然。这次参加2019年城乡规划专业京津冀高校“X+1”联合毕业设计也不例外。任何好成绩的取得都建立在充分的准备之上，要反复揣摩修改，要有团队精神，多多听取他人的建议，把自己的真实水平发挥出来；在比赛中，表现出自己真实的想法，也欣赏他人，学习他人的长处。我要感谢我的导师、同学、队友，有你们的包容和照顾才有今天的成绩。通过这次比赛，我更加意识到还有许多要学习的地方，要多多努力，抓住机会，提高自己的能力，从每一件事中找到进步的目标，让自己变得越来越优秀。

释题与设计构思

释题

本次设计的主题为“传承与共生”，设计对象为保定市恒天纤维片区。

传承即传承城市文化，传承城市记忆。保定市化纤厂是保定西郊八大厂之一，自1957年建厂到2015年停产，见证了保定市辉煌的工业时期，同时作为中国“156重大项目”之一，具有重要的工业价值和历史文化价值，承载了无数保定人的珍贵历史记忆。但是由于旧工业区已经无法满足时代的需求，原本繁荣的厂区变成了如今满目疮痍的老厂。随着国家对工业遗产保护的重视，保定市将西郊八大厂列入历史文化名城保护之中。保定市化纤厂的改造设计将会对城市以及区域的工业遗产保护产生重要的示范意义。所以在设计当中将会以城市历史文化延续、记忆传承为重要切入点，保护历史建筑，打造场所精神，让人因记忆而活，城因记忆而生。

共生即共时代机遇、生老厂辉煌。工业遗产作为人类文化进步与历史发展的见证，具有非常重要的价值。在国家“退二进三”的时代需求下，原来位于城市中的旧工业区已无法满足后工业时代的城市功能需求。所以在后期的项目建设过程中将以“保护、改造、创新、活力”为产业导入点，借助合作方的品牌和资源优势，积极聚焦科技创新、金融产业，搭建创新平台，带动保定市产城融合，让老工业基地和新业态交相呼应，迸发城市发展的蓬勃生机，打造集科技创新、商务办公、金融服务、购物休闲、文创体验、工业遗址公园、生活配套为一体的智慧生态综合产业服务区和城市中央活力区。

基于以上背景，此次设计将对地块进行总体定位、功能布局、空间结构建立、交通体系构建、生态环境恢复、历史文化重塑、产业面貌更新等方面的设想，最终通过详细的方案构思、控制指标引导、总体空间形态设计、总体风貌协调，为保定市恒天化纤厂的历史遗产保护、场所精神重塑、厂区活力重生提供构想方案。

设计构思

方案一：记忆的魅力——从瞬间到永恒的转变

设计者：张志琛　王雪雅　耿丽雪

指导教师：尹君

“北京，变得这么快。20年的功夫，她已经成为了一个现代化的城市。我几乎从中找不到任何记忆里的东西。事实上，这种变化已经破坏了我的记忆，使我分不清幻觉和真实。”这是姜文在《阳光灿烂的日子》里的一句话。这句话虽然讲的是北京，但是放眼全国，其实每个城市都在经历着记忆的丢失。城市建筑常常在权力的表现和商业利益的驱动下失去了历史的背景和结构的语境，人为地虚构出大量虚幻的影响，如同人在梦境中的碎片，缺乏秩序性、完整性、结构性。而这次的城市设计恰恰提供给我们一个平台，一个让历史文化得以传承、让城市记忆得以延续的平台，以“记忆的魅力——从瞬间到永恒的转变”为题，从拾忆、寻疑、归一、解译、记忆五个方面来具体阐述设计过程，结合慢交通、兴产业、活文化、复生态具体解决化纤厂现在面临的交通、产业、文化、生态方面的问题。通过提出对三个纺丝厂的具体改造措施恢复老厂记忆。最后以烟囱为主要节点，串联管道形成夜晚灯光景观轴线，打造不一样的城市记忆。

方案二：时间沉淀、一跃新生

设计者：郄妍、寇媛、周海鑫、郭鹏瑛、王光紫

指导教师：郝永刚

该项目位于保定市竞秀区，规划总用地面积约 100 公顷，此次规划设计在背景分析、上位分析、区位分析、现状分析的基础上，提取新旧共生优势，将基地定义为以工业文化遗产为依托，以打造文化创意产业及高端技术研发为主的综合服务区。最终形成“三轴、三核、三片区、多节点”的空间结构，本着多方共赢、多元融合、低碳生态的规划策略，使恒天纤维老工业区成为从保定市工业改造向三产转变的试验区和京津冀国家低碳示范区。规划致力于在用地功能较为单一的条件下，尽可能创造多种尺度的、富于魅力的、人性化的城市空间体验；构建多层次景观廊道绿化系统，结合城市道路打造多层次道路景观，结合服务区公园打造区内绿道环线，结合水系打造舒适的滨水空间，创造一个层次多样、富于活力的景观体系；根据道路宽窄以及道路两侧的建筑高地，构建多尺度街道空间；充分开发地上空间，打造多层次立体空间，加强生态环境修复。同时将本土文化与工业文化相结合，为人群提供参与和体验的空间，保证双文化的可延续性，结合双文化的特色特征引入与之相关的文娱创意产业；集中当地的特色饮食形成规模，吸引旅游人群的进入。参照上位规划及各方面的需求，整合内部功能，弘扬地方特色，发展当地经济，实现多产业联动。

危·机　遗失过去 记忆难寻

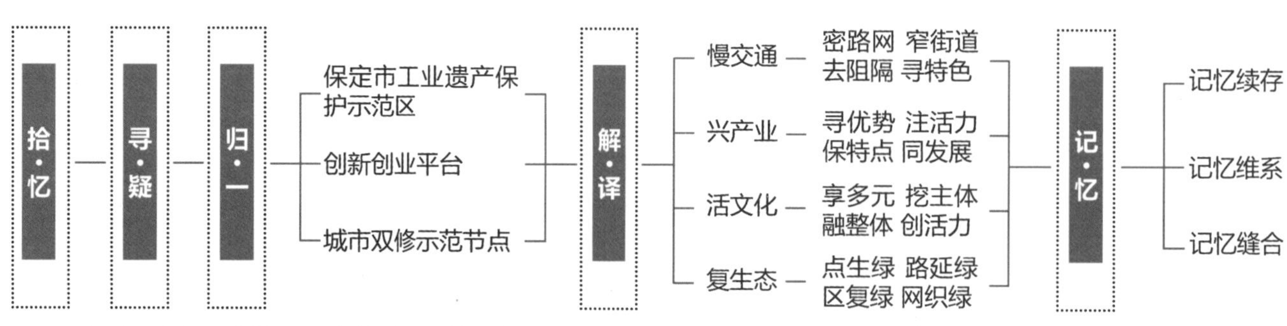

“北京，变得这么快。20 年的功夫。她已经成为了一个现代化的城市。我几乎从中找不到任何记忆里的东西。事实上，这种变化已经破坏了我的记忆，使我分不清幻觉和真实。”

——姜文

拾·忆　拾取记忆 寻找回忆

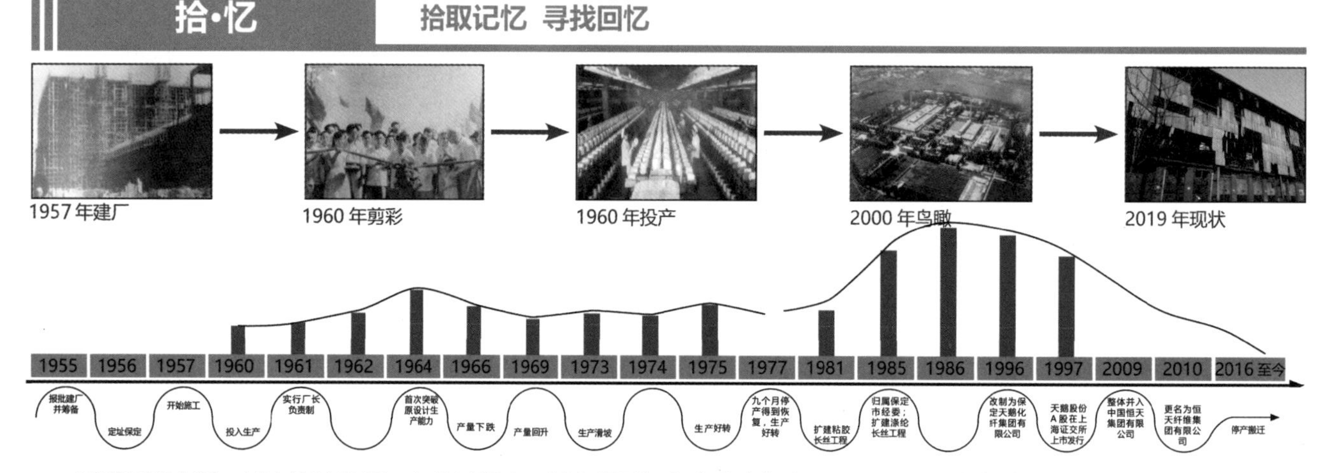

时代迅速变迁，城市快速发展，在此过程中，城市得到很多也失去很多。而工业遗产作为城市工业发展的印记如今却正在被时代所淹没，这就是记忆缺失疑问所在，改造和更新是唤醒工业遗产的重要方法。

“一五”期间建设的化纤厂是现代保定的标志建筑之一，60 年的时间，它经历了辉煌、衰落到如今的满目疮痍，化纤厂作为其中重要的厂区之一，为保定的经济发展以及国家的化纤事业做出过巨大的贡献，曾经的记忆已被掩埋，今天亟待拾取关于化纤厂的记忆。

化纤厂内部土地污染，景观破碎，道路阻隔，建筑破败，现状问题突出。新的发展为化纤厂变革带来机遇，京津冀协同发展战略及雄安新区规划为化纤厂改造提供了策略，保定市历史文化名城保护将化纤厂纳入保护范围。

内部现状分析

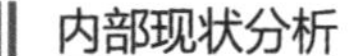

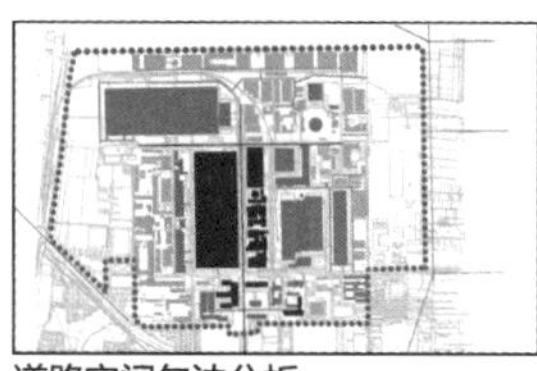

道路空间句法分析

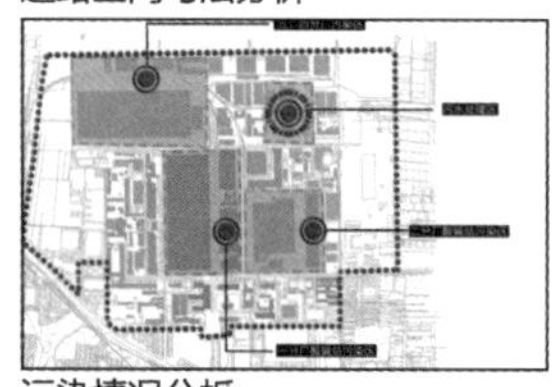

污染情况分析

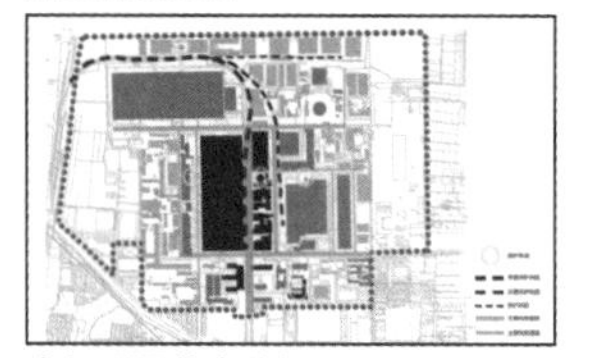

内部重要节点分析

建筑现状分析

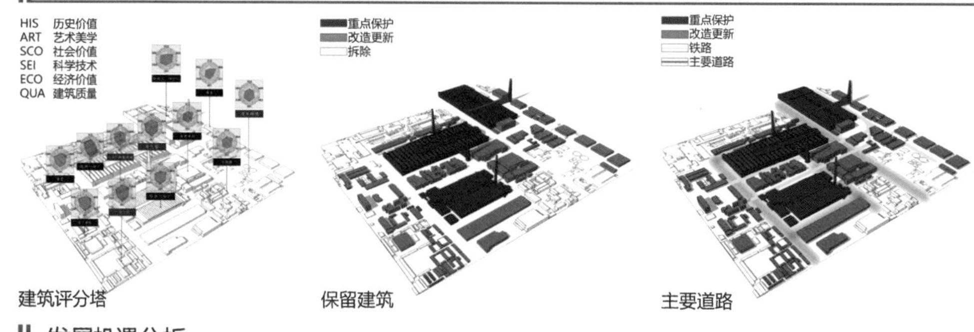

建筑评分塔　保留建筑　主要道路

发展机遇分析

京津冀协同发展

保定城区空间结构

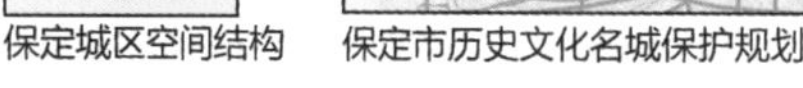

保定市历史文化名城保护规划

第二次工业遗产保护名录涉及行业

“退二进三”战略

寻·疑 拾取记忆 寻找回忆

工作日热人口热力分布

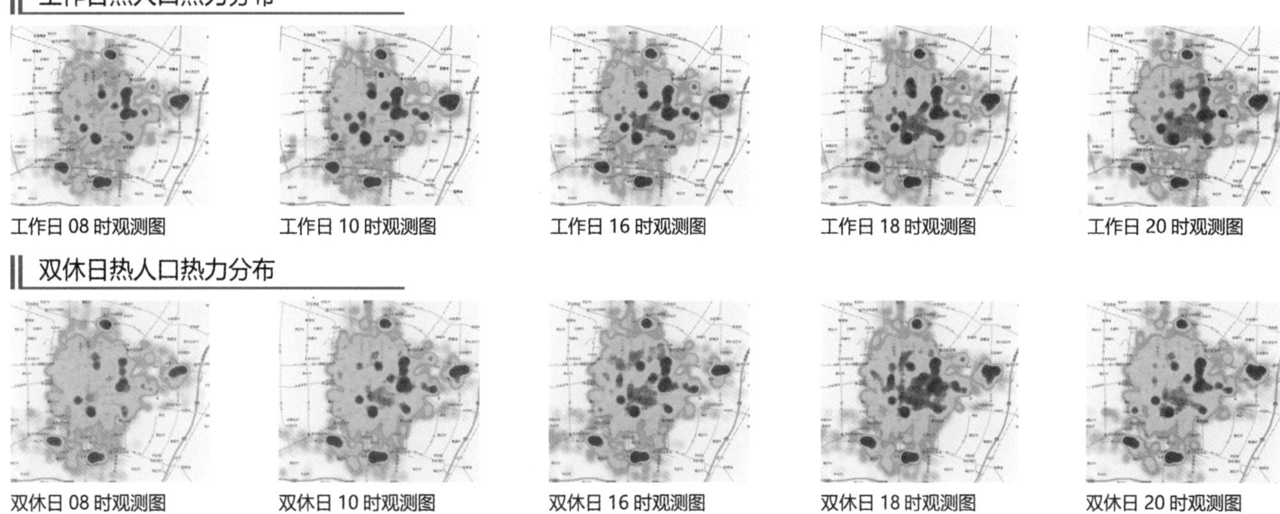

工作日 08 时观测图　工作日 10 时观测图　工作日 16 时观测图　工作日 18 时观测图　工作日 20 时观测图

双休日热人口热力分布

双休日 08 时观测图　双休日 10 时观测图　双休日 16 时观测图　双休日 18 时观测图　双休日 20 时观测图

数据分析

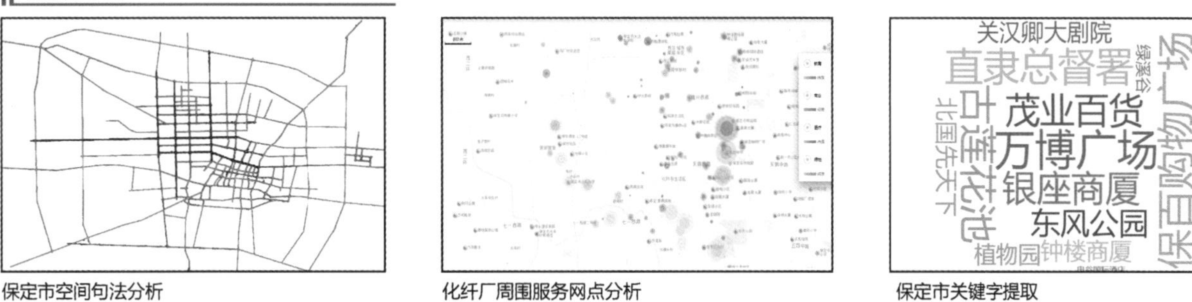

保定市空间句法分析　化纤厂周围服务网点分析　保定市关键字提取

基于以上分析及工作日及休息日人口热力数据显示，化纤厂片区核密度较城市其他地区低，表明化纤厂周边到达率低，吸引力弱。根据城市发展要求以及周边居民生活需要，注入新的功能，盘活地块活力。

归·一 延续记忆 传承永恒

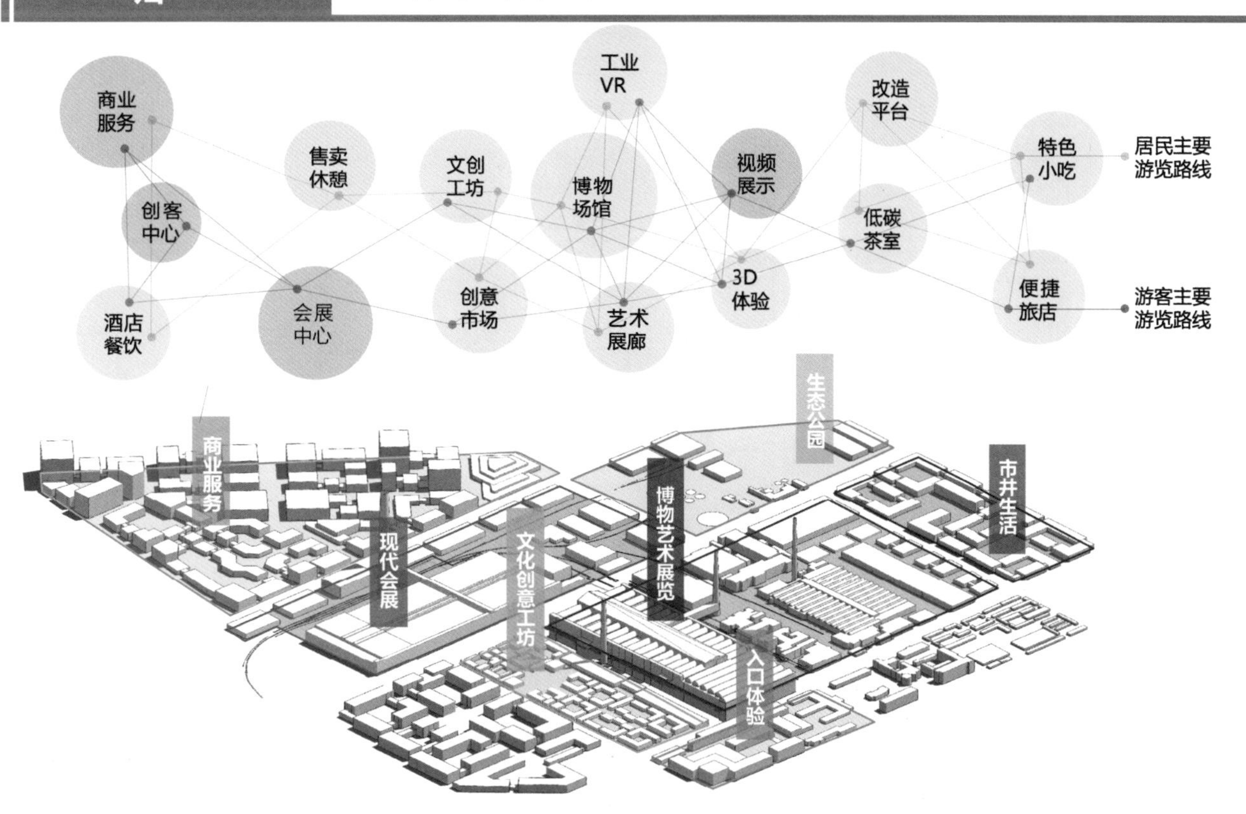

总平面图

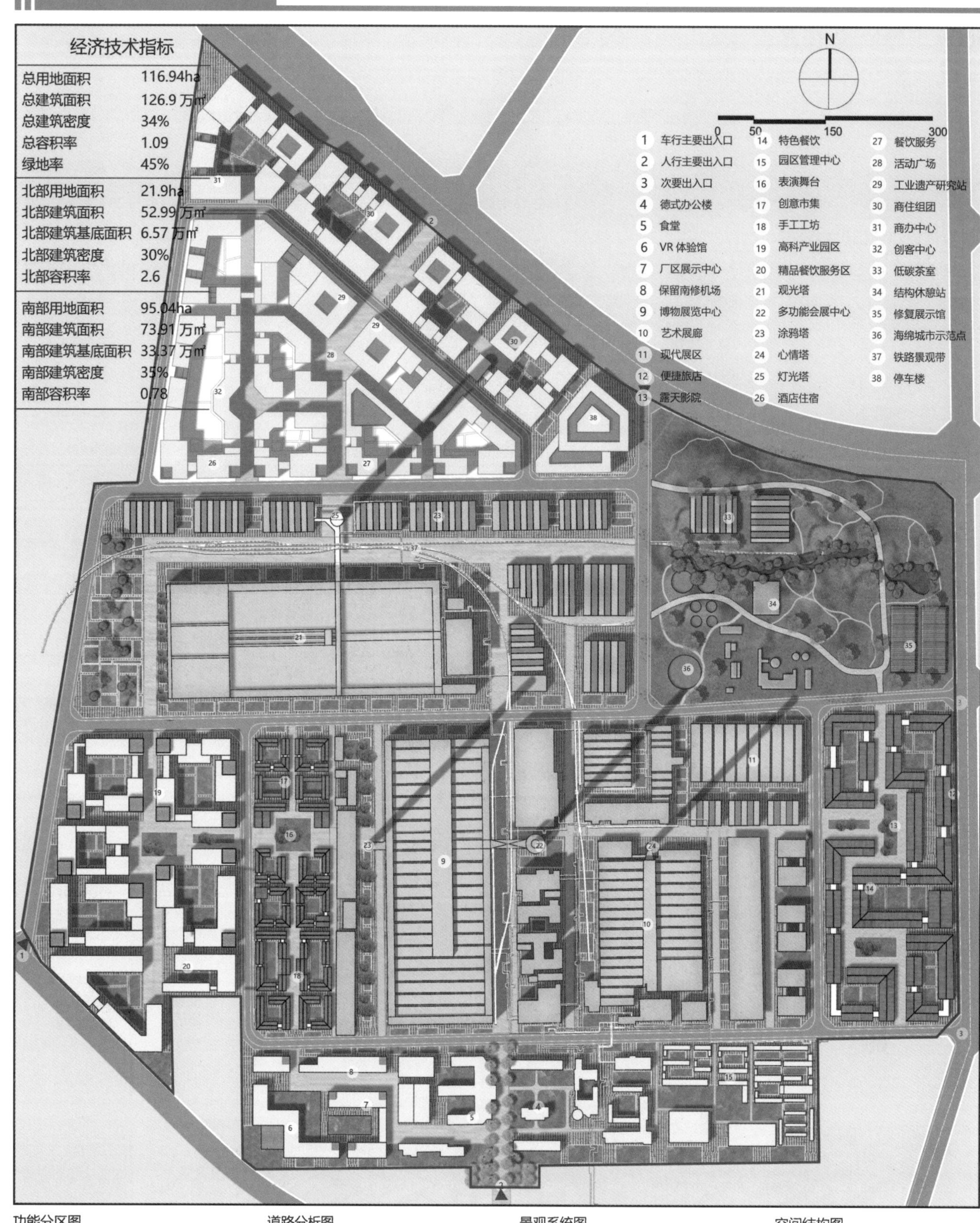

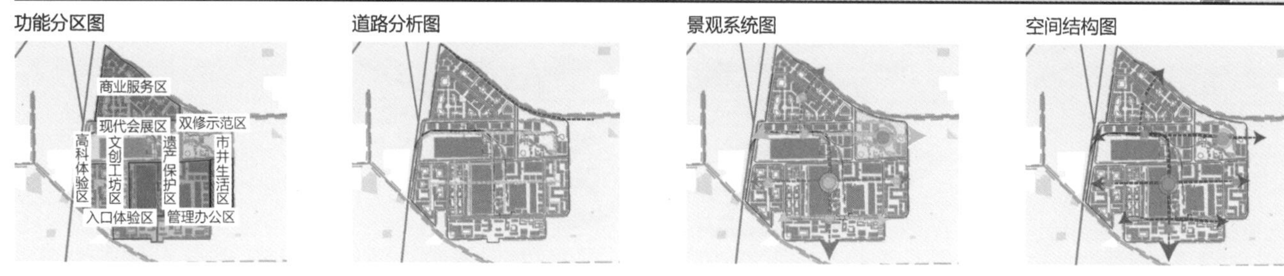

功能分区图 道路分析图 景观系统图 空间结构图

解·译　慢·交通

密　路网　修整原有道路，完善“密”路网，增强场地的内外可达性。

窄　街巷　尺度适宜的街道，结合绿色规划，形成场地慢行系统。

窄　街巷　改造断头路，打通联系路，增强场地内部的通达性。

窄　街巷　原有道路再改造，形成园区工业特色景观道。

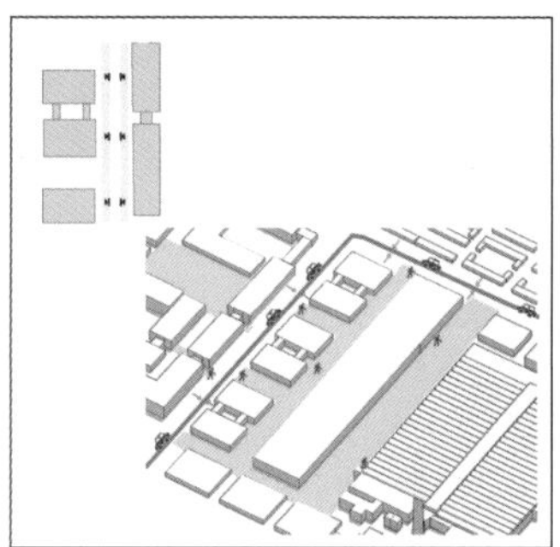

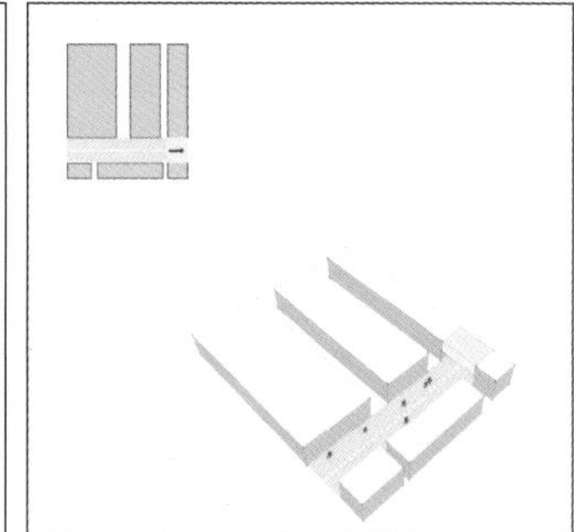

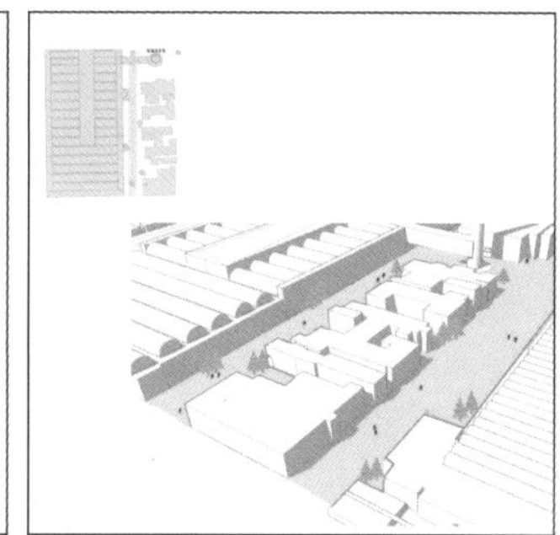

解·译　兴·产业

寻　优势　寻找厂区内部优势，引入适合产业，进行改造。

注　活力　添加增长点，注入新活力，创新创业驱动发展。

保　特点　传承历史文脉，保留原有特点，留住城市记忆。

同　发展　片区协同，集群发展，各产业相互串联，协同发展。

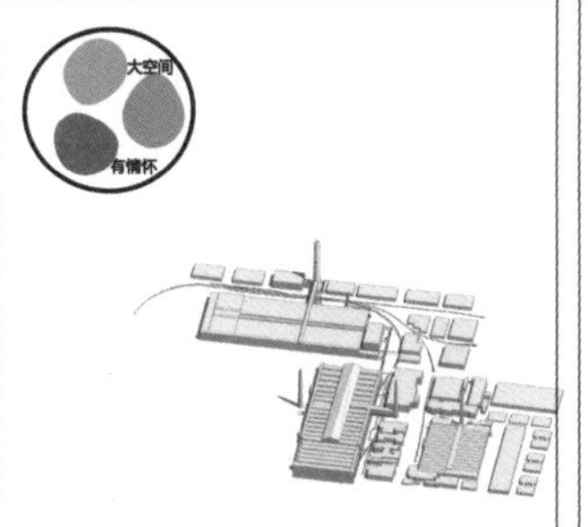

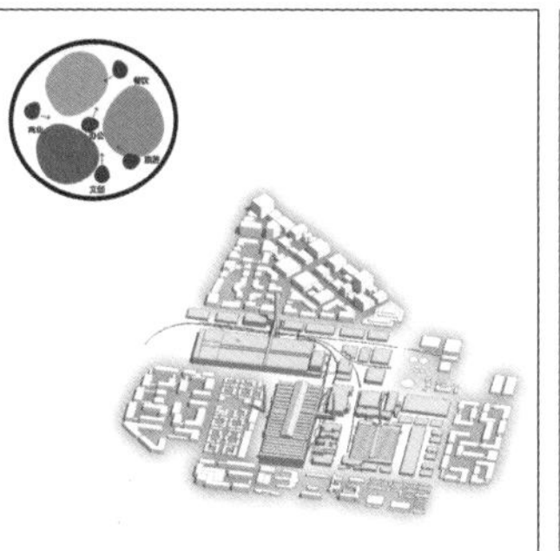

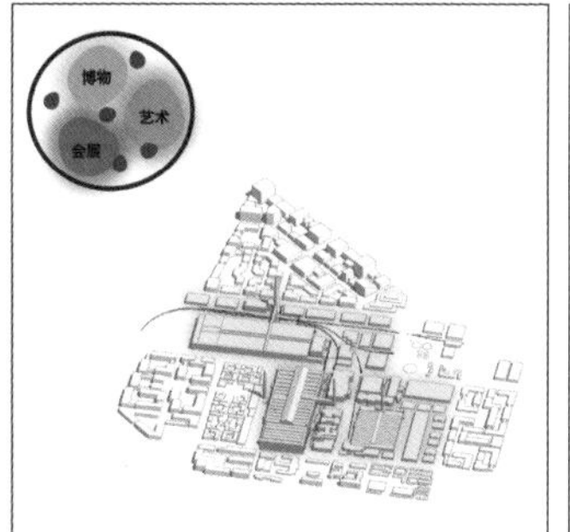

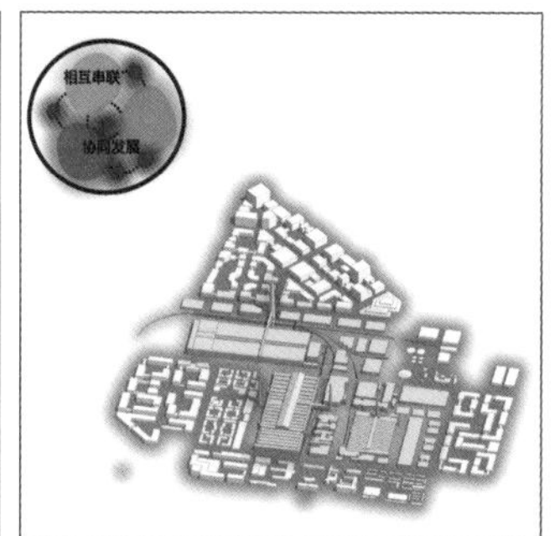

解·译　活·文化

享　多元　功能置入，多元复合，各样文化，协同发展。

挖　主体　遗产资源，分类整理，把控主体，体现特色。

融　整体　整合片区，多样发展，区域协调，地块新生。

创　活力　文化交融，创新发展，活力引入，换活记忆。

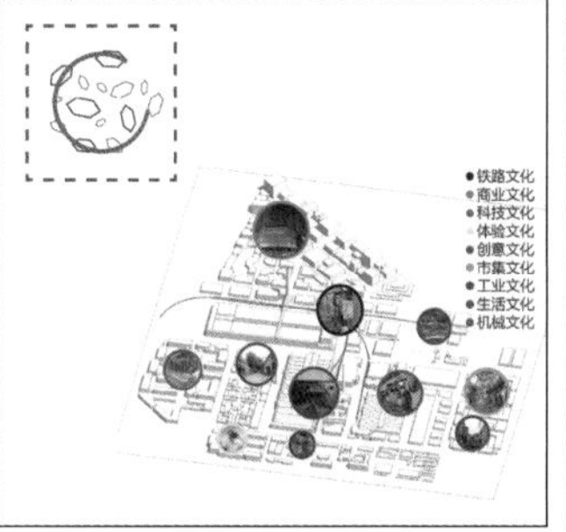

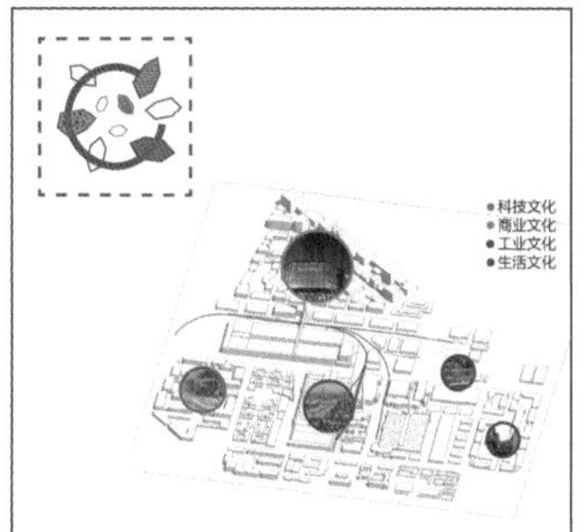

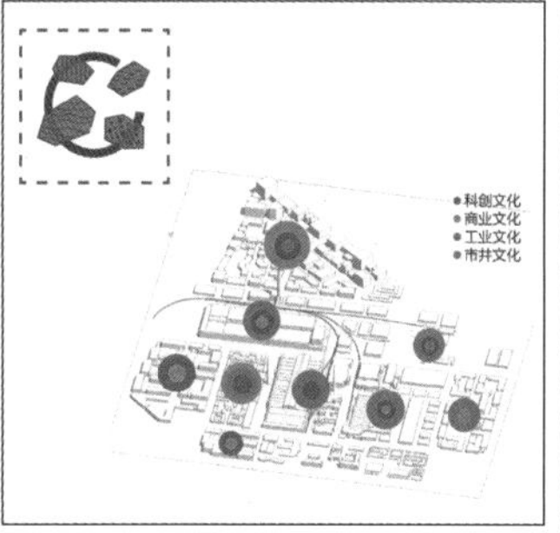

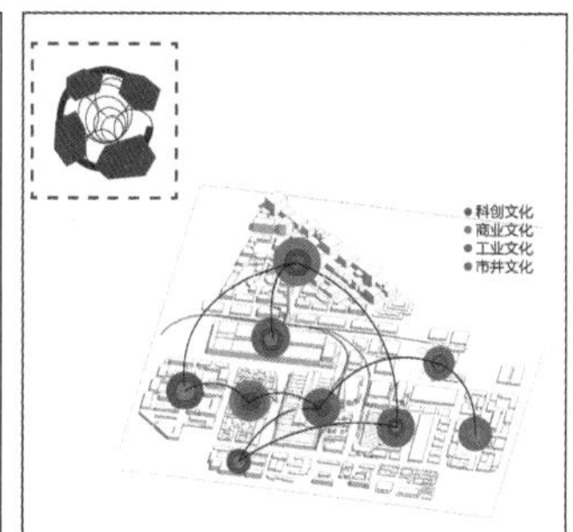

解·译　复·生态

点　生绿　庭院绿化，节点绿化，接近人群，分散布置。

路　延绿　道路绿化，整合串联，多维联络，划分空间。

区　复绿　公园绿化，广场点绿，区域增绿，延续空间。

网　织绿　织绿联络，完善网络，片区覆盖，网络通达。

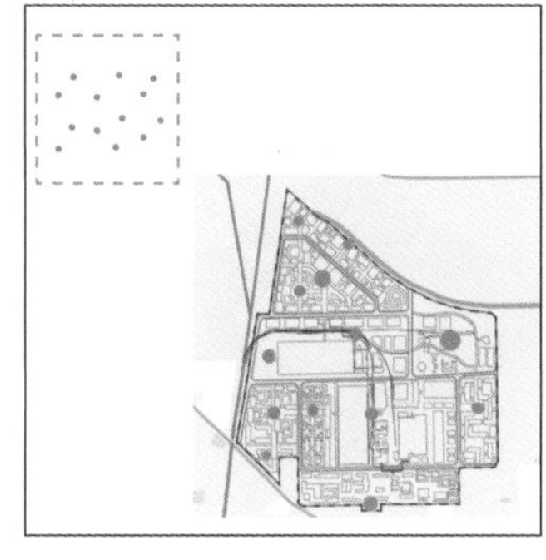

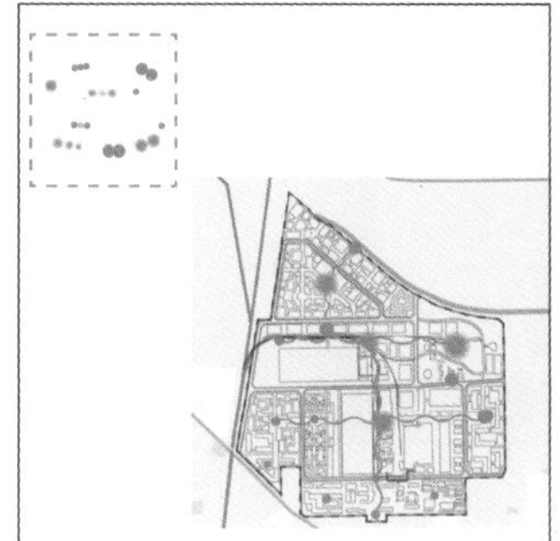

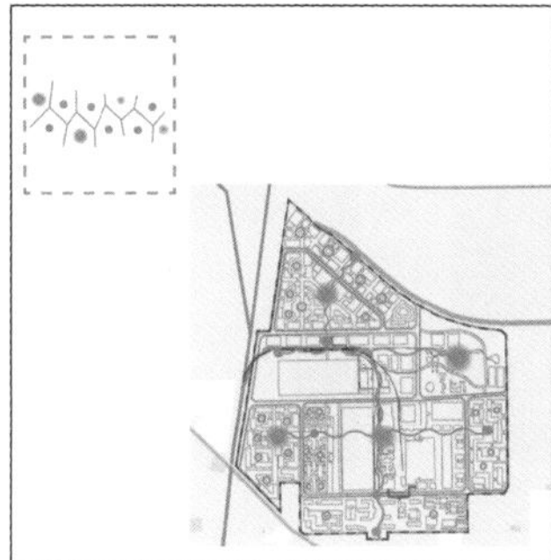

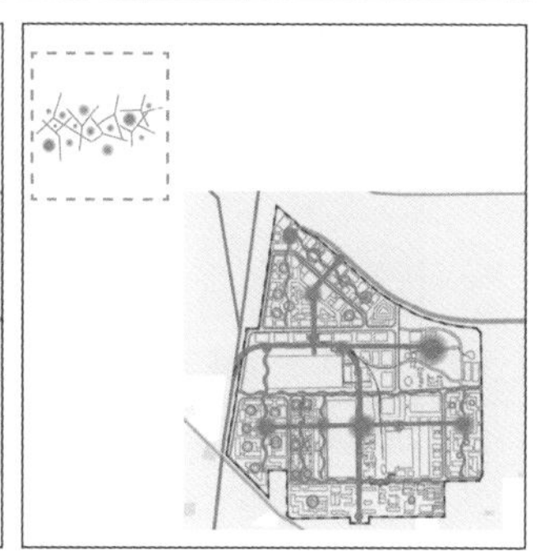

记忆·续存

对于化纤厂而言，厂房的改造和再利用是对“城市记忆”最好的保留方式。为此，设计时，对重要建筑物采用外观结构保留、内部更新重组的方式进行改造，在不影响塔体原貌的情况下，进行部分装饰，并结合厂区内部的原有管道成为夜晚工艺流程灯光展的主体。对场地内富有特色的工业道路进行提升改造，对原有铁路、植物、构筑物等再利用，形成赋有特色的步行轴线。同时，提取厂区内的建筑元素、坡屋顶、院落空间等与新建筑融合，达到新旧建筑的协调统一。 从一、二分厂建筑的点的创造，到厂区内建筑道路的线的提升，再到厂区的独特记忆面的应用，“点、线、面”三方面加深了城市记忆的延续。

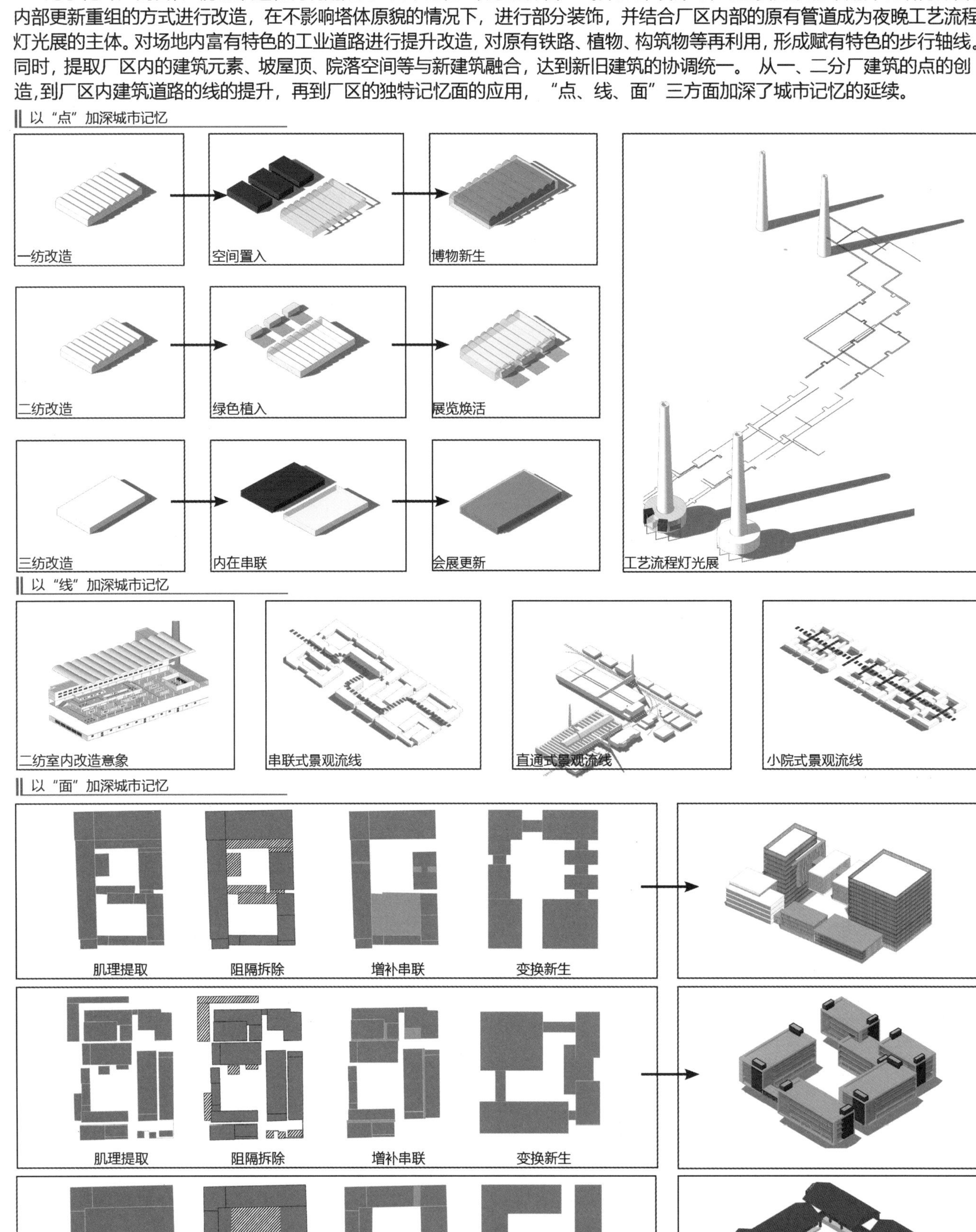

记忆·维系

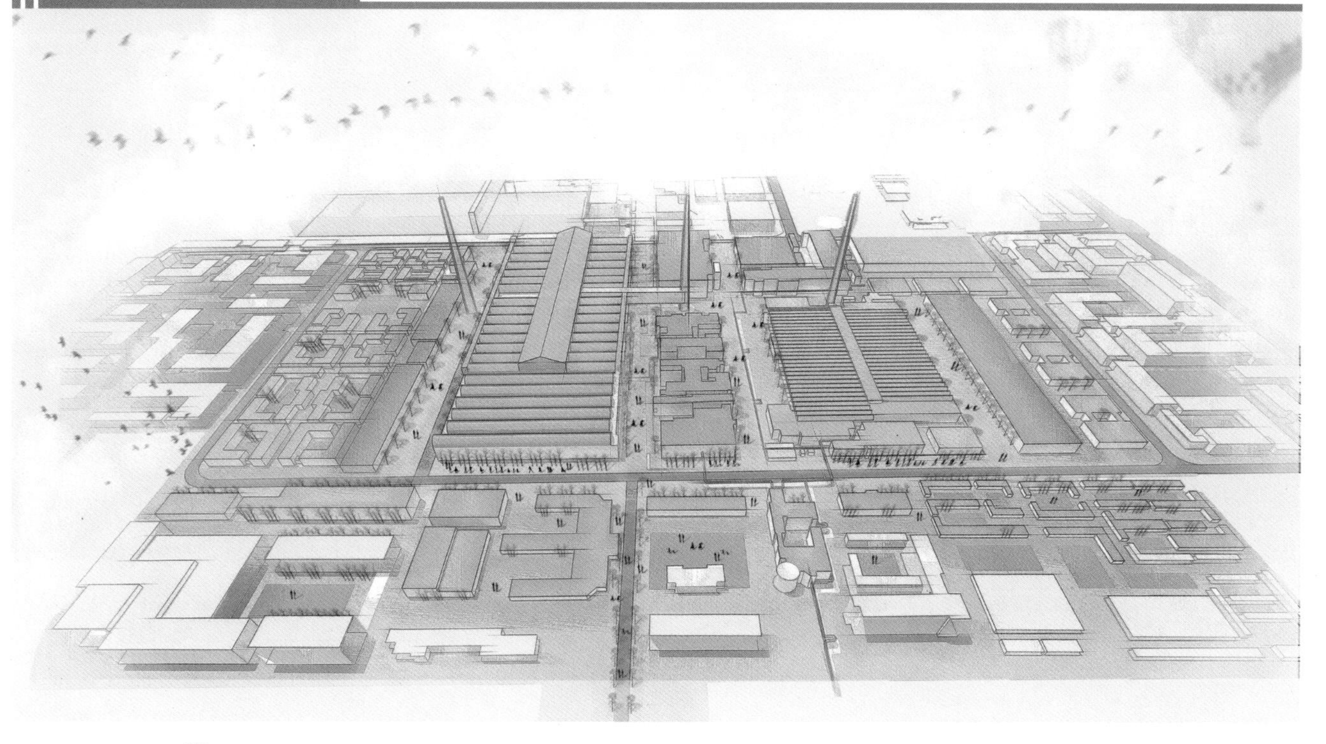

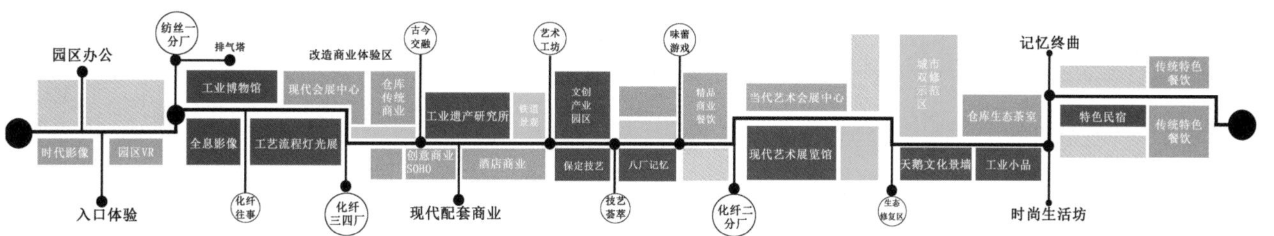

功能维系

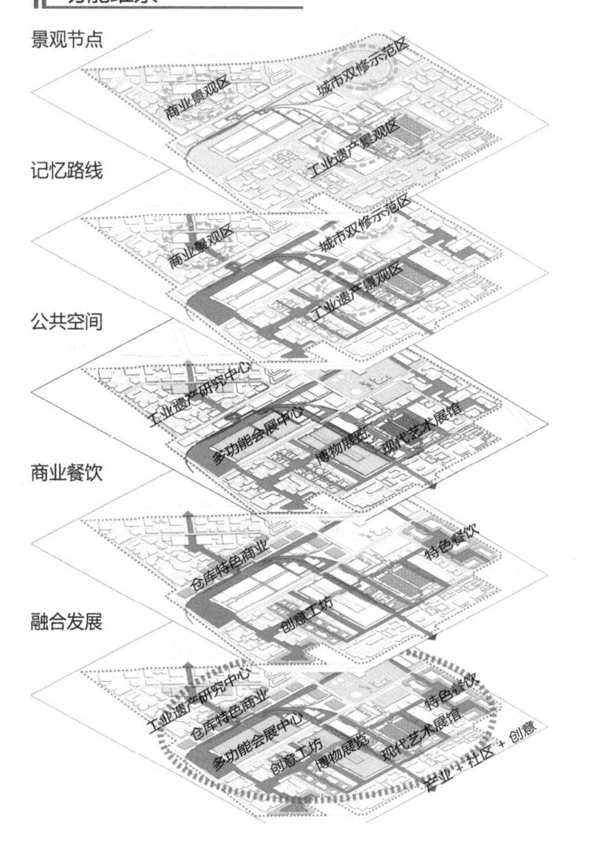

景观维系

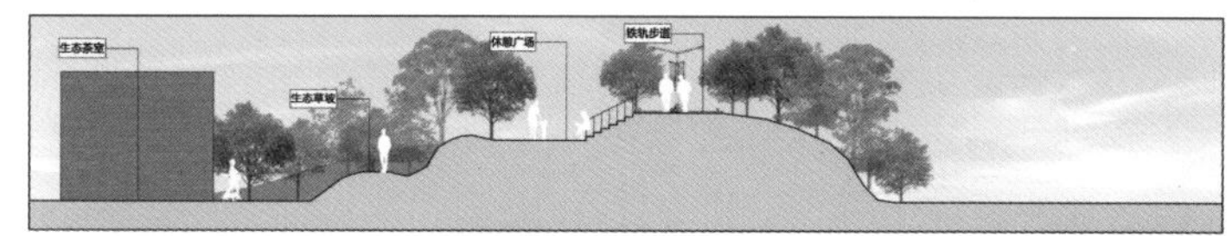

景观一阶段：生态茶室以亲近自然为导向，为人们创造一份朴实、亲切、自然的情感体验；生态草坡集景观效应、自然效应、生态效应为一体，使土壤、雨水相互渗透；休憩广场为游人提供休憩观景平台；铁轨步道保留铁轨植入景观，形成特有景观廊道。

景观二阶段：以生态休憩草坡保持生态效应的同时丰富生物种类；野炊草地为游客提供不一样的城市体验；文化广场满足周边居民需求；雨水花园结合海绵城市理念，打造生态公园。

景观三阶段：以生态架空平台感受自然的同时享受不同景观视角的乐趣，同时结合休憩广场、铁轨步道以及生态草坡为游客提供休憩场地，营造轻松舒适景观氛围。

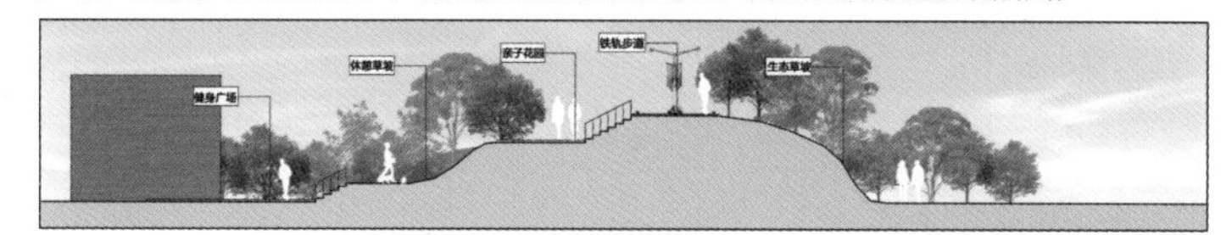

景观四阶段：以生态健身广场和亲子花园为市民健身提供富氧环境，感受低碳生活。

八大厂是老保定人心中不可磨灭的记忆，是保定人的情怀所在，那里曾是保定市老一辈人日常生活、工作的地方，新一辈成长的地方，所蕴含的城市文化奠定于历史与人们记忆的之中，而这种记忆恰恰是对城市文化的传承与发展。人承载着记忆而活，城市因记忆而生。

——记忆的魅力，从瞬间到永恒的转变

[命题解读]

「时间沉淀·一跃新生」

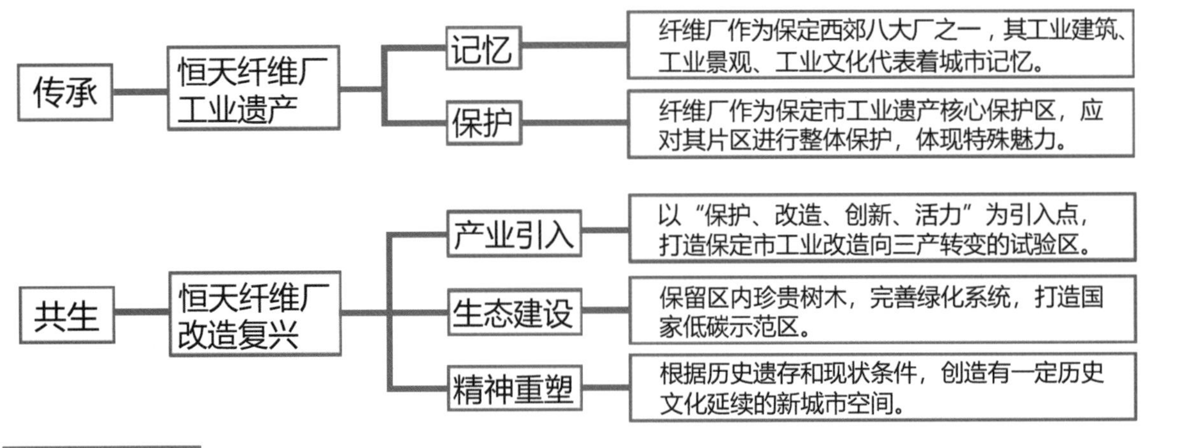

[历史沿革]

保定化纤厂作为曾经的我国第一座大型联合企业，见证了中德的友谊，也见证了每一代劳动者为之奉献的一生。

时间	1957年	1961年	20世纪七八十年代	20世纪八九十年代	20世纪九十年代
事件	在前民主德国专家帮助下，全国考察，决定保定建厂，化纤厂破土动工。	朱德委员长来化纤厂，受到工人热烈欢迎。	中国人结婚用的被面大多都是用保定化纤厂的粘胶丝织成的。	服装上的机器刺绣几乎都是用天鹅牌绣线绣的。	厂里有自己的闭路电视，播放工厂新闻，还直接转播港台节目。

地位：保定化纤厂曾是我国第一座大型联合企业，主要产品为“天鹅”牌粘胶长丝和熔融纺氨纶丝，年生产能力达22000T。

[区位分析]

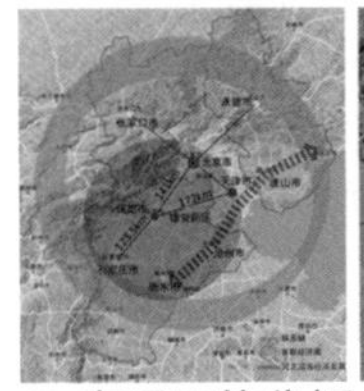

◉ 宏观区位分析

保定位于冀中，是京津冀地区中心城市之一，与北京、天津构成黄金三角，互成掎角之势。

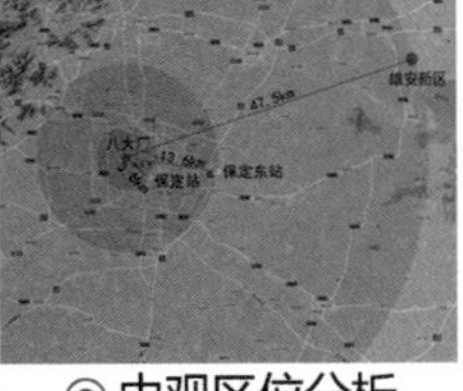

◉ 中观区位分析

八大厂位于保定西部，距离雄安新区47.5km，具有较大的开发潜力。

◉ 微观区位分析

八大厂沿交通干线分布，具有较好的交通条件。

[基地分析]

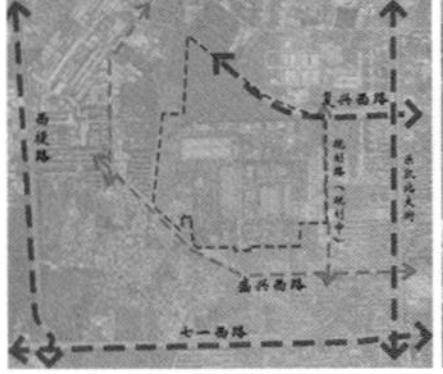

周边分析

规划用地面积：约100ha
厂内面积：79ha

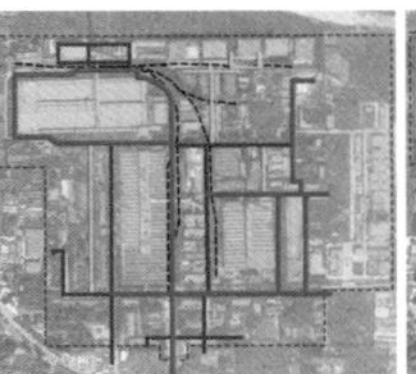

交通分析

主干路 次干路 支路 铁路
1.路网混乱
2.断头路较多

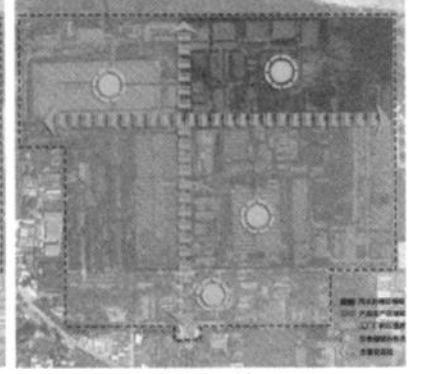

景观分析

污水处理区植被
产品生产区植被
工厂前区植被
珍贵植被分布点
主要景观轴
1.景观系统不完善。2.多为树木，花草较少。3.景观单一。

[特色元素分析]

管道

德国馆

仓库

德建厂房

轨道

[建筑综合评价]

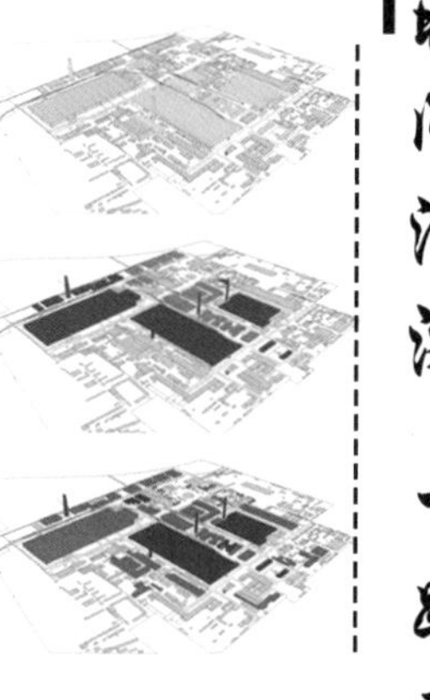

「时间沉淀·一跃新生」

[规划目标]

问题提出

问题一：功能缺失

道路用地3%
未建设用地38%
办公生活用地9%
生产辅助用地10%
工艺生产用地40%

厂区外迁，地块内的功能单一，整个地块活力缺失

问题二：文化缺失

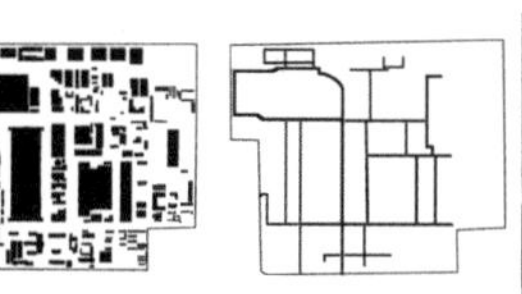

厂区外迁，内部遗留工业建筑肌理混乱，缺乏公共空间。同时工业记忆缺失，城市的工业文化遗失。

问题三：生态环境缺失

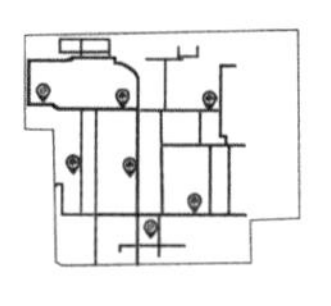

景观系统不完善，多为树木，花草较少，景观比较单一。且工厂向环境中排放工业三废，部分生态环境受到破坏，亟待恢复。

问题四：基础设施缺失

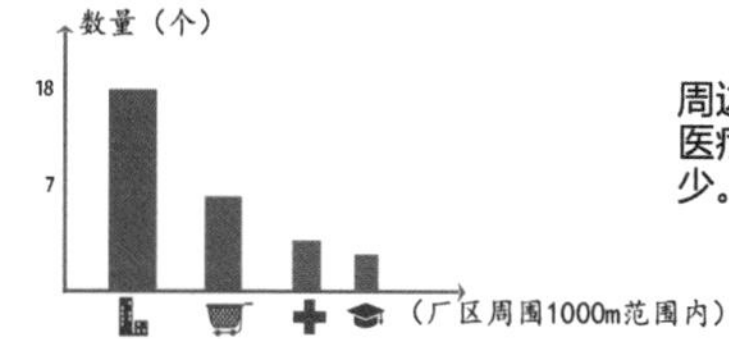

周边生活服务、学校、医疗等公共服务设施较少。

规划目标

1.保留工厂记忆，合理利用厂房、烟囱

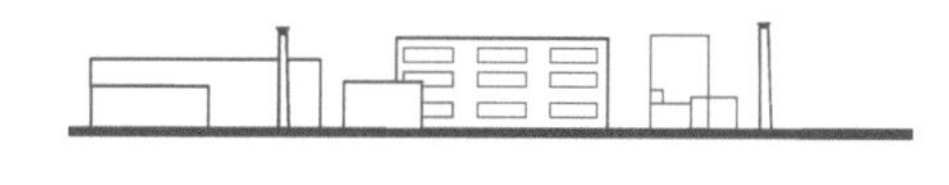

2.融合多元产业，提升厂区活力和竞争力

3.丰富生态景观，形成景观系统

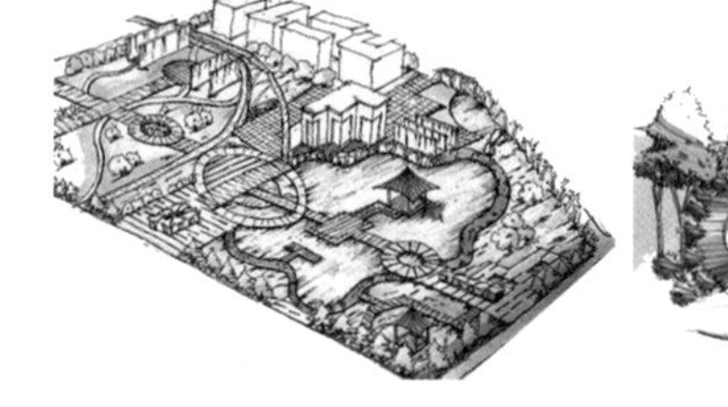

[功能分区]

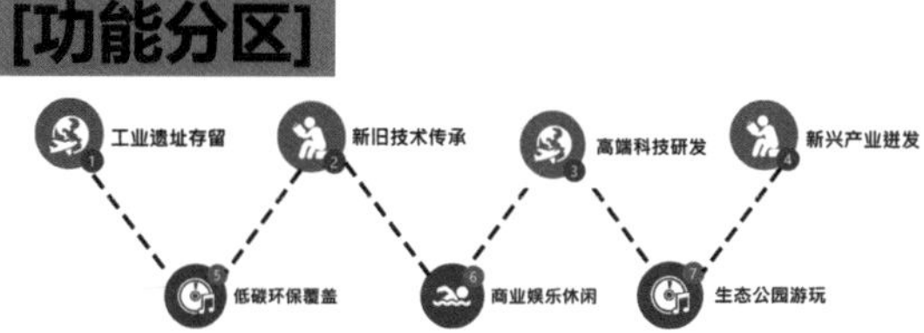

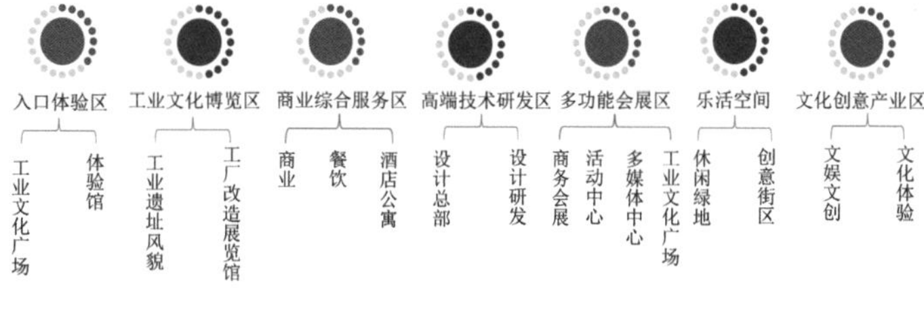

[定位展望]

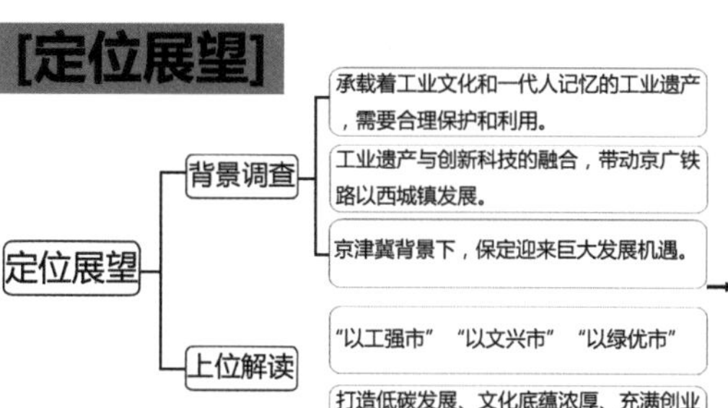

如何在充分利用地理交通优势，进行高端科技与人才引进和产业更新与发展的同时，延续并创新工业遗址文化？如何处理新老之间的关系？

→ 新旧共生优势

- 遗址文化存留，唤醒场所记忆
- 综合人才引进，多元业态融合
- 高端技术研发，新旧技术传承
- 扩大周围公共设施服务范围
- 低碳生态绿化覆盖全区

→ **以工业文化遗产为依托，打造以文化创意产业及高端技术研发为主的综合服务区。**

功能分布分析图
入口体验区
工业文化博览区
乐活空间
商业综合服务区
文化创意产业区
多功能会展区
高端技术研发区
交通系统分析图
城市主干道
城市次干道
区内车行道路
区内人行道路
人行主入口
景观系统分析图
主要景观轴线
次要景观轴线
主要景观节点
工业景观节点
次要景观节点
空间结构分析图
主要空间轴线
次要空间轴线
主要空间节点
次要空间节点
「时间沉淀·一跃新生」
[总平面图]
N
0
100
200
300m
1 入口广场
2 3D报告厅
3 体验馆
4 一纺展览区
5 二纺展览区
6 火车头广场
7 纤维博物馆
8 百花植物园
9 亲水广场
10 工业特色小品
11 音乐创作街区
12 灰空间
13 餐饮街
14 商场
15 休闲娱乐场所
16 酒店
17 工业主题酒店
18 公寓区
19 研发中心
20 总部基地
21 科技会展中心
22 科技体验区
23 个人艺术工作室
24 空中廊道
设计说明：
该方案位于保定市竞秀区，规划总用地面积约100公顷，此次规划设计在背景分析、上位分析、区位分析、现状分析的基础上，提取新旧共生优势，将基地定义为以工业文化遗产为依托，打造以文化创意产业及高端技术研发为主的综合服务区。最终形成“三轴、三核、三片区、多节点”的空间结构，本着多方共赢、多元融合、低碳生态的规划策略，最终把恒天纤维老工业区打造为保定市工业改造向三产转变的试验区和京津冀国家低碳示范区。

[规划策略]
多方共赢
政府
政府推动社会经济、政治、文化发展
企业
企业协作实现转型
民众
民众体验、游玩、消费，带动服务区经济发展
多元融合
多元产业融合
历史文化提升城市文化内涵，商业复苏经济注入社会活力，从而产生综合效益
多元文化融合
传承老历史，迎接新文化
低碳生态
产业布局低碳化
商务办公、旅游休闲、传统商业构成低碳生态产业圈
建设低碳化
节能建筑材料、屋面光伏发电技术、节水设备应用于厂区建设
空间绿色生态
地面种植、垂直绿化、屋顶绿化、空中绿道形成生态多元化
「时间沉淀 一跃新生」
[功能多元化]
功能多元化
工业展示
工业文化广场
工业历史长廊
工业历史文化展示馆
工业仓库
创智办公
设计总部
研发中心
创意产业孵化
活动中心
生态休闲
百花植物园
亲水市民广场
主题乐园
转角广场
文化体验
文创街区
个人艺术工作室
美术展览馆
音乐工作室
购物娱乐
工业主题酒店
特色餐饮街
娱乐休闲街区
产业多元化
传统曲艺演出
文化体验
创意工作坊
商业
餐饮
生活服务
人本需求
居住
主题酒店
公寓
企业
政府
科技研发办公
科技展览
土地价值上升
社会需求
工业记忆
纺织博物馆
文化艺术旅游
物质、精神生活丰富
艺术品展销
画廊
拍卖、展销
[建筑色彩多元化]
1. 厂区照片
2. 色彩选取
色彩分类统计
选取高频交叉色
3. 色彩利用
入口广场
乐活空间
特色美食街
商业街景
一纺改造效果图

河北农业大学

[交通多元化]

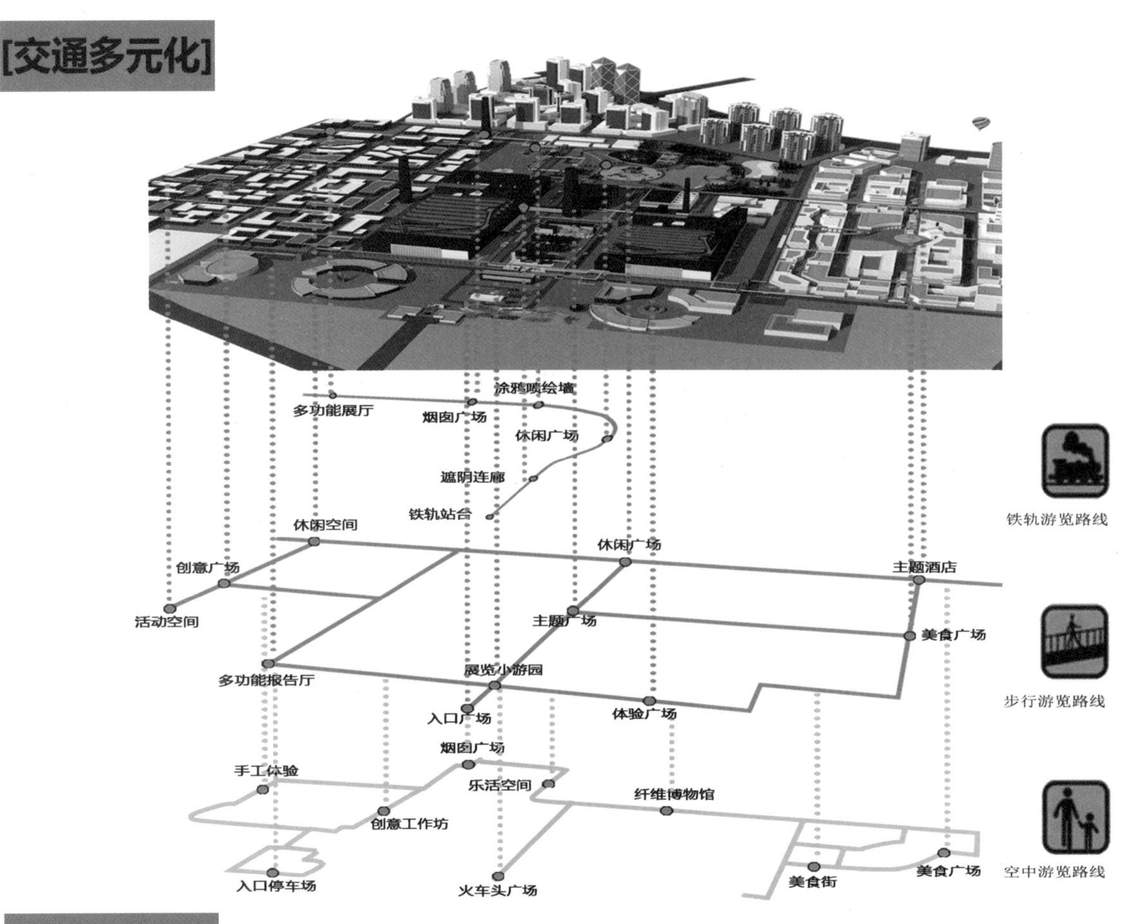

铁轨游览路线

步行游览路线

空中游览路线

「时间沉淀·一跃新生」

[生态多元化]

建设生态化

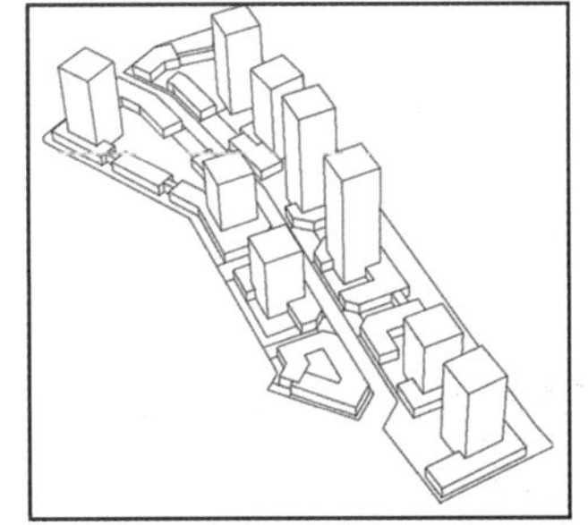

缺绿：
保定作为一个正在发展的北方城市，“缺绿”是其一直以来所面临的严峻问题，尤其是在高强度开发的城市副中心区。

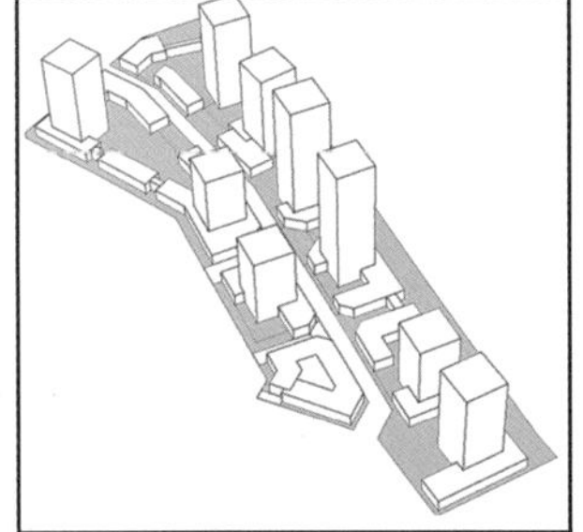

绿化：
高层建筑周围留出绿化空间，尽量减少硬质铺装，以绿色开放空间将各个高层建筑片区串联起来，提升观赏体验。

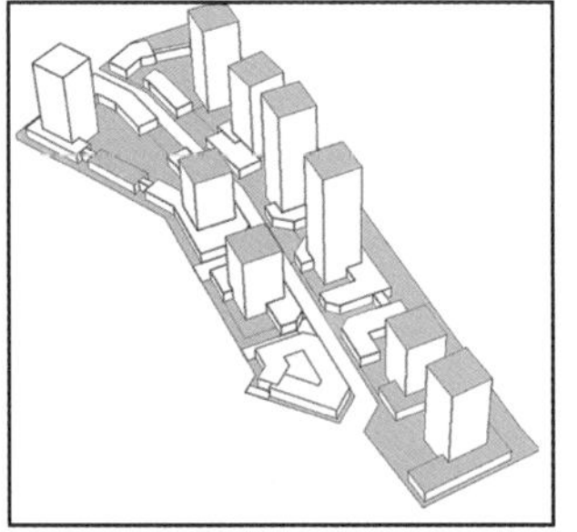

屋顶绿化：
充分利用高层建筑屋顶空间，引入生态技术，构建屋顶花园，提高高层建筑办公人群的观赏体验，改善人居环境。

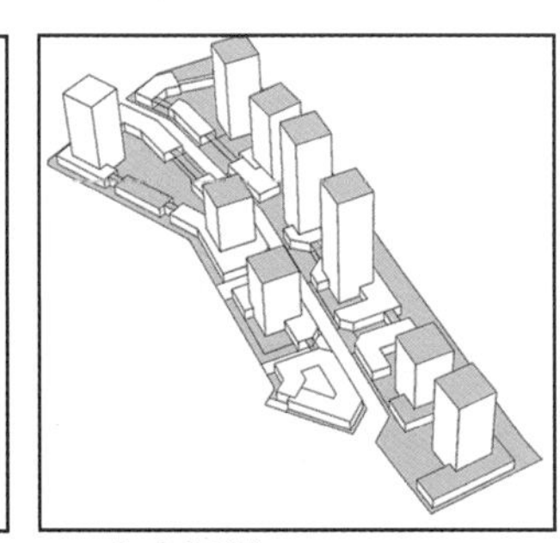

空中绿道：
在高层建筑之间构建空中绿道，营造城市中心区域中的天然氧吧，成为上班族的休闲空间和游客的景观平台。

生态多层次

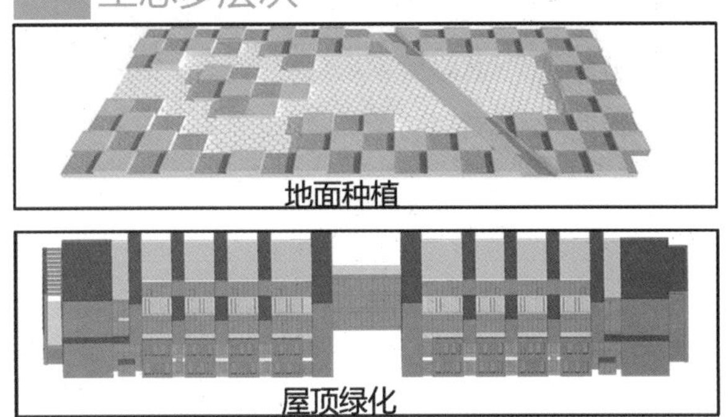

地面种植

屋顶绿化

+

垂直绿化

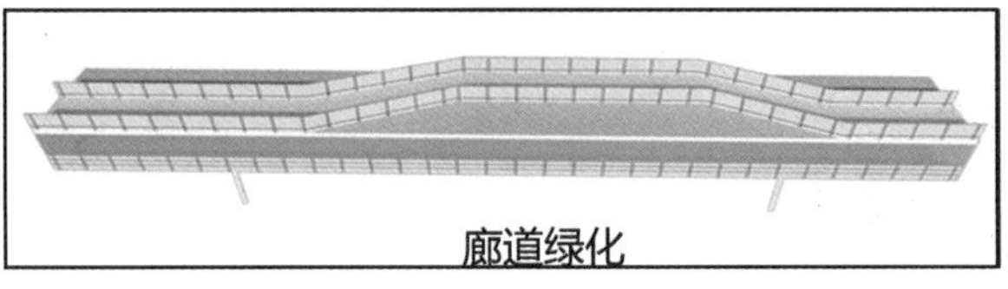

廊道绿化

「时间沉淀•一跃新生」

[厂房改造分析]

1.内部空间改造

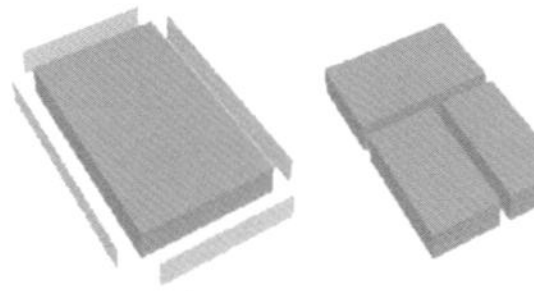

表皮改造　内部分割　挖空中庭　增加绿化　结构裸露　连接成组　体量重组　局部新建

2.外部空间设计

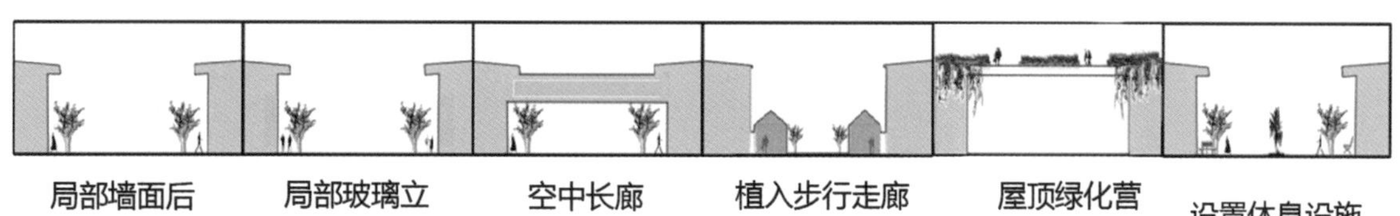

局部墙面后退形成挑檐　局部玻璃立面便于展示　空中长廊连接　植入步行走廊创造停留空间　屋顶绿化营造丰富空间　设置休息设施

3.改造建设策略

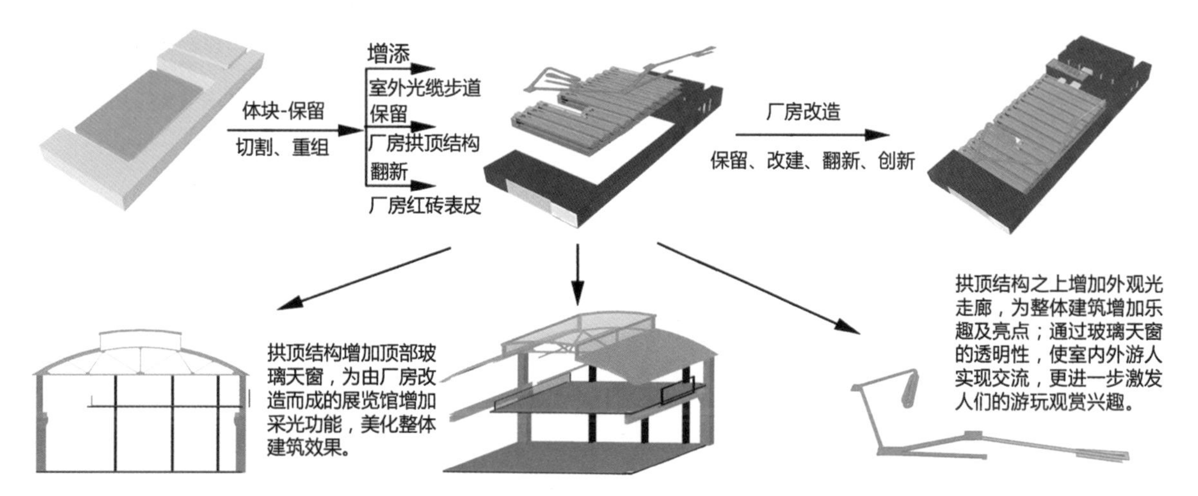

4.厂房改造方案

拱顶新貌

室外走廊
室内展厅
通过透明拱顶
进行视线交流

现状

厂房后半部分局部结构裸露
增加整体建筑灵活性与呼吸感

廊道视线渗透

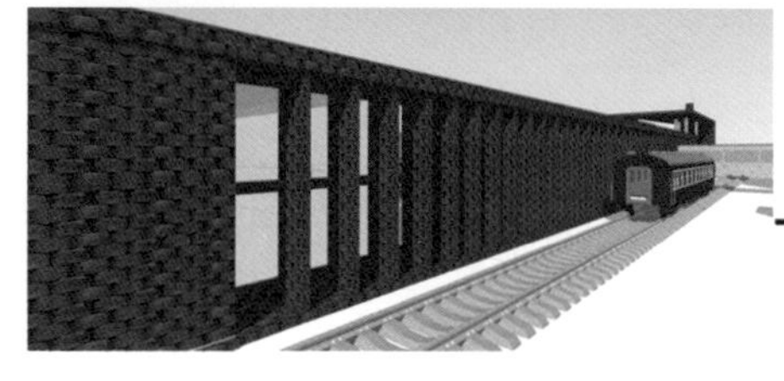

外墙翻新

「时间沉淀·一跃新生」

[空中廊道分析]

1.廊道概念生成

廊空间具有交通、景观等作用，但初始形态较为直白，水平空间缺少层次变化，各空间联系简单，空间转换仓促。

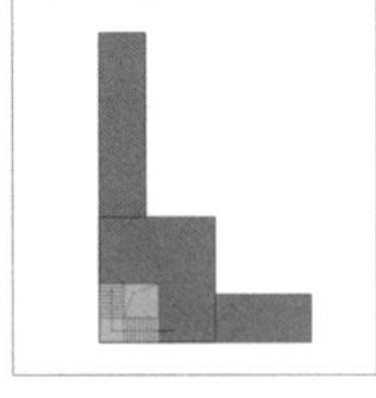

在垂直交通、廊转角、平行廊等特殊地段进行变形处理，增加必要的缓冲空间和活动空间。

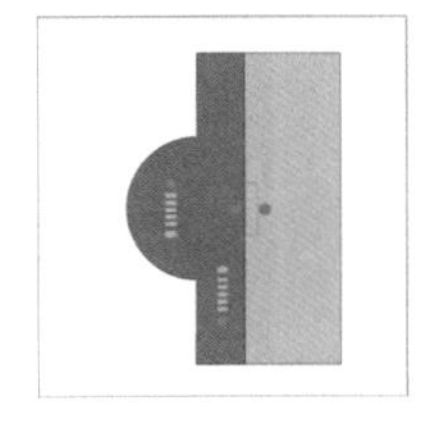
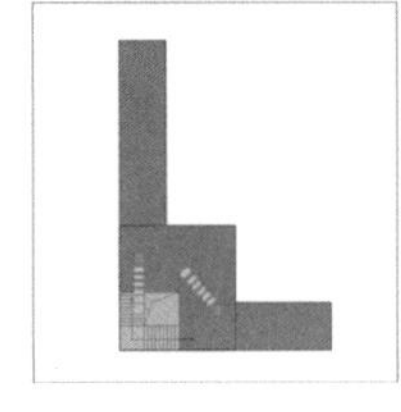
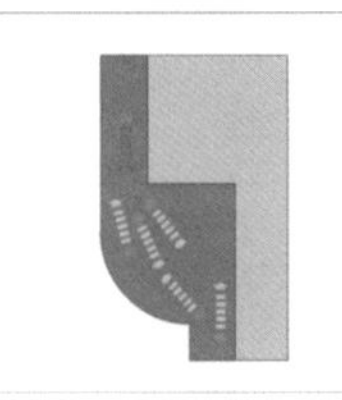
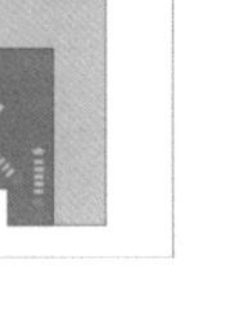
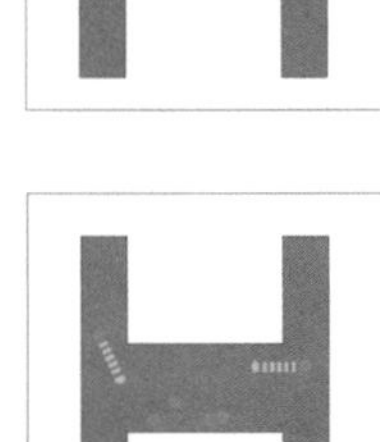

经过处理后的廊，可以满足垂直交通、停留、水平交通等多种活动的需要，且具有导向性，引发活动的发生，空间多样、层次变化，形成廊自身的特点。

2.廊道结构生成

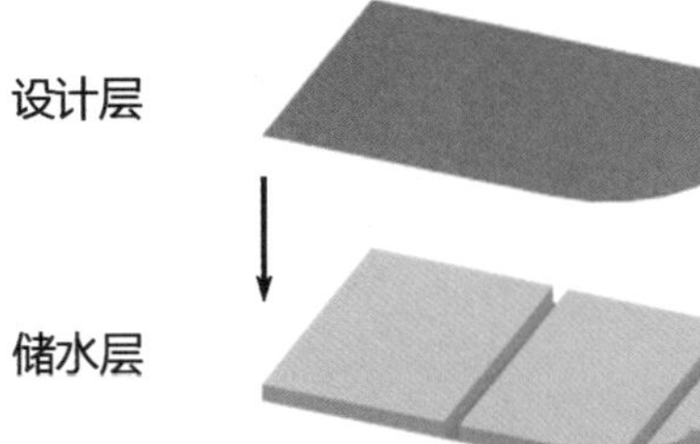

3.廊道功能植入

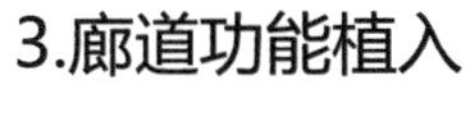
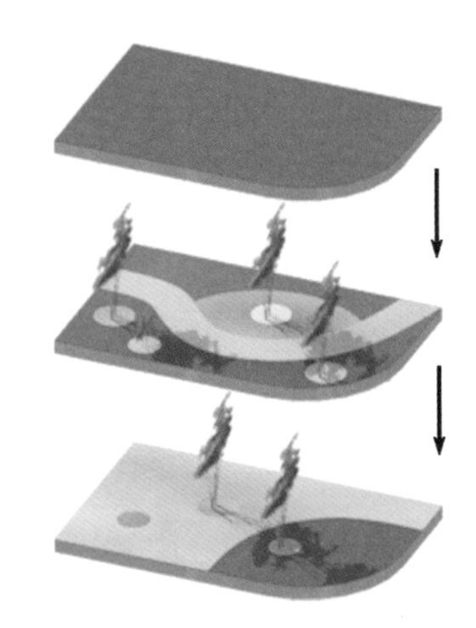

[工业元素提取及利用]

1.铁路

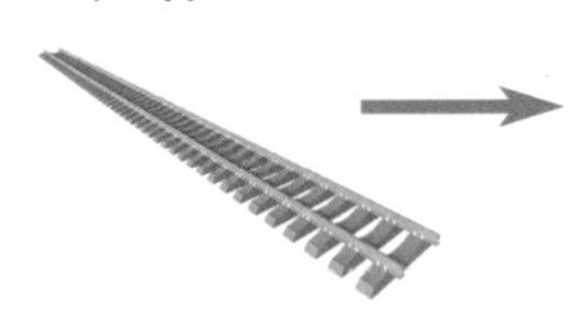
现状铁路

结合建筑小品进行布置

观光体验火车

休憩娱乐

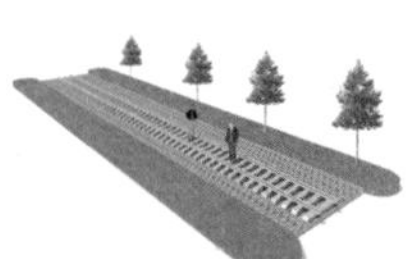
生态步行道

2.管道

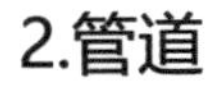

现状管道

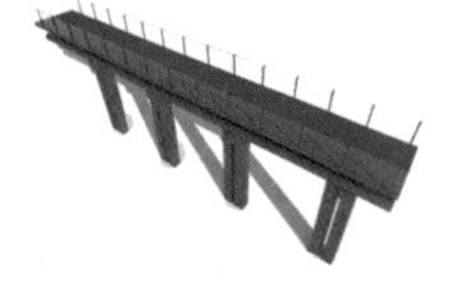
上加廊道

人行廊道

休憩娱乐

廊边绿化

[节点图]

一二纺节点效果图

临街商业效果图

库房改造效果图

商业餐饮街效果图

滨水景观节点效果图

滨水景观效果图

[鸟瞰图]

各校作品展示

北京工业大学

河北农业大学
北京工业大学
北京林业大学
北方工业大学
天津城建大学
河北工业大学
河北工程大学
河北建筑工程学院
吉林建筑大学

指导教师感言

武凤文

从 2017 年发起联合毕设，到 2019 年，从北京到天津，再到河北，京津冀“X+1”联合毕设走过了一轮，京津冀三地各具特色。感谢中国城市规划学会的支持和指导及各地方政府、设计院及京津冀城乡规划专业高校联盟的齐心协力。北京工业大学建筑与城市规划学院作为首届主办单位，由武凤文老师和程昊淼老师带队，参加了此次联合毕设。

此次联合毕设在京津冀高校城乡规划专业联盟的优质教学平台上，在教学质量的提升、职业素质的培养等各方面都为学校师生提供了锻炼平台，提出了更高标准的毕业设计教学要求。以“传承与共生 ”为主题，以保定市恒天纤维片区为设计场地为保定市工业遗产地段建设出谋划策。选题具备问题复杂性、层次丰富性、解答多元性，为大家带来了多种可能性的设计空间。

不论是作为教学过程的辅导和讨论，还是作为活动过程的展示与沟通，这种实景式、过程化的方式改变了传统单一的学校模式，形成了信息最大化的校际协同育人模式，使得老师和学生都受益匪浅。同时本次活动也为行业学会、设计院、政府机构和京津冀高校之间提供了一个交流学习的平台，进一步加强了多方合作，充分发挥了行业学会的技术指导作用，使得各方能有机会就一个问题进行头脑风暴式的深入剖析探讨，在碰撞中产生新的动力和潜能。

北京工业大学 2014 级学生赵康琪同学参加了本次联合毕设，在教师团队的指导下，进行了多轮方案比对，在工业遗产资源挖掘、确定目标人群、设计定位、产业筛选、方案构思和节点设计等方面进行了反复研讨与斟酌，最后呈现给大家优秀的设计成果。在此谨向各位老师的悉心付出和各位同学的不懈努力致以最诚挚的感谢！虽有很多不舍，但是雏鹰终将翱翔，祝同学们在新的校园里展翅高飞！

从第一届京津冀七所高校，到本届的九所高校，各校都获得了足够经验，明年主办的院校已蓄势待发，作为联合毕设发起人之一，衷心祝愿京津冀联合毕业设计越办越好！

程昊淼

保定是一个历史悠久的城市，地处京津冀 1 小时都市圈内，曾经是华北地区重要的重工业基地，保定西郊遗留下的八座工业厂区，不仅为这个城市留下了曾经热火朝天的工业记忆，也留下了大面积的工业厂房、数量众多的工业构筑物和工业机械构件。利用好这些工业遗迹，有选择地保留、拆除建筑物、构筑物和工业机械构件，营造再属地化的城市街区是本次设计需要重点解决的问题。在指导设计的过程中，积极启发学生对工业遗迹再利用方式的思考、对工业遗迹与产业链空间布局紧密结合的探索，充分学习已有案例的优秀经验和存在的问题，使本次毕设的方案能够创新中带有理性，面向前沿的同时又能脚踏实地地解决一些实际问题。

在与其他院校交流过程中，我也了解到许多有益的授课经验以及对专业课程内容的安排。特别是最终汇报评图环节，是一次非常难得的交流学习的机会，所有参加学校的师生都以高水准完成了联合毕设，许多优秀的设计理念、图纸表达方法以及汇报方式都令我受益匪浅。

学生感言

赵康琪：很感谢可以有机会参加这次的京津冀“X+1”联合毕业设计。五年的校园学习和积累在这最后一次的舞台上尽可能地呈现展示，并且在这最后一次设计中得到了进一步的升华提升。在这次毕业设计的过程中，从前期调研、发展研究、目标定位、规划布局再到分区城市设计，整个过程就是对五年学习的一个完整总结。另外，在前期调研、中期交流和终期汇报中，可以和其他八所学校的同学交流，从平时校内交流拓展到了校际的交流，了解到了各个学校不同的特色、不同的思维和多元的表达，拓展了自己的思维方式和规划理念。最后感谢我的指导老师武凤文老师和程昊淼老师的指导与鼓励，也十分感谢联合毕设为九所高校规划专业学生搭建的交流与展示的平台。

释题与设计构思

释题

工业遗产再利用是一个悠久的话题，国外很早就面临老旧工业区的改造、开发和再利用问题。在我国深化改革、调整产业结构的大背景下，全国各个需要转型的老工业基地均已经开始对旧工业区、工业遗产进行改造和再利用的规划和设计。保定西郊八大厂的转型和改造就是在这种背景下应运而生。

被选为本次城市设计基地的恒天纤维厂拥有德国援建的工业厂房，是风格独特的现代工业建筑的遗存，具有很高的保存价值。如何将工业遗产的新时效性与城市空间相结合，如何使其功能、定位与我们的设计理念相融合，如何使其成为一个具有全生命周期的新活力城市街区，这些问题成为指导我们进行设计的核心问题。因地制宜，为这一片区选择一个可持续发展的产业链和产业模式则是我们进行具体空间布局和空间营造的前提和依据。

保定市处于京津冀的 1 小时都市圈内，紧邻雄安新区，拥有巨大的区位优势。随着雄安新区规划的出台和落地，其巨大的能量势必将辐射至保定，雄安新区的外溢产业和服务产业亦将会带动保定市的发展。根据 2017 年保定市的人口统计数据，60 岁以上的老年人口占总人口的 18.6%，高于同年河北省和全国的 60 岁以上人口比率，人口老龄化程度高于全省、全国平均水平。同时，在开放二胎的大背景下，儿童数量占总人口数量的比例逐年增加。儿童、老人对公共空间的需求增加、使用时间增长，对于附加人流（父母、子女、朋友等）的吸引能力不容小觑。

综合以上几点原因，本次毕业设计的设计策略选择以老人和孩子为突破口规划整个园区。通过对各种空间的塑造，满足全年龄段不同人群的需求，如交往空间、私密空间、体育活动区域、休闲活动、游憩玩耍、文化交往、业余学习、生活体验及餐饮娱乐，打造一个以康养产业为主导，包括养老、运动、休闲、体验式农业、购物等子产业，配合与之相关的医疗研发产业和城市记忆展览功能的全时段、全季节和体验式的“城市庭院”。

设计构思

方案：城市庭院——保定市恒天纤维片区城市设计

设计者：赵康琪

河北省保定市恒天纤维片区城市设计规划过程中充分重视老工业区作为保定西郊八大厂之一所代表的城市记忆，以“保护、改造、创新、活力”为产业导入点，带动保定市产城融合，让老工业基地和新业态交相呼应，迸发城市发展的蓬勃生机。通过空间复合策略、复合活力策略、生态网络策略、慢行交通网络策略和空间重塑策略将园区规划为六大功能区。主要目标人群为老人及儿童，从而吸引全年龄段的人群，建立老人友好和儿童友好型社区；保留原有第二产业的建筑及空间特色，引入文化产业和教育养老产业，塑造多元丰富的产业生态；治理工厂宗地，结合厂区污染情况进行分时序的开发；引入海绵城市的概念，改造宜居舒适的生活环境；利用建筑内部的大空间与外部空间结合设计，塑造生态活力全时段的公共空间；结合西郊工业文化带，打造特色的文化体验，全面多方位开放园区。最终通过分期建设和智慧运营管控将整个片区打造成为一个全时段、全季节、全年龄段的体验式城市庭院。

项目区位

保定

保定市

纤维厂

本规划项目位于河北省保定市竞秀区，范围为西郊八大厂之一的恒天纤维片区，北至复兴西路，东通乐凯北大街，南邻盛兴西路，西至专用铁路，总用地面积约为100 公顷，选取其中的30公顷进行具体的城市设计。

文化分析

保定

春秋战国时期燕、中山在境内建都 | 北宋军事重镇故于清苑县治所设保塞军 | 改顺天路为保定路 | 废保定路改保定府设保定总督，同时置保定总监军 | 直隶巡抚移驻保定 | 沿清代直隶省建制，留保定府撤清苑县 | 保定解放建保定市 | 省会迁天津 | 省会返迁保定 | 省会迁往石家庄 | 成为历史文化名城 | 保定地区和保定市合并建立保定市

春秋 · 宋代 · 元代 · 明代 · 清代 · 民国 · 1948 · 1957 · 1958 · 1960 · 1966 · 1968 · 1985 · 1986 · 1994 · 1997 · 2009 · 2015

纤维厂

在前民主德国专家援助下，纤维联合厂开工 | 开车生产，结束我国不能自己建厂生产化学纤维的历史 | 新建厂房，成亚洲最大粘胶长丝生产基地 | 保定天鹅集团有限公司成立 | 成为保定第一家上市公司 | 新型纤维投产 | 粘胶长丝生产线政策性关停

保定于公元前 295 年建城，1986 年被国务院命名为中国历史文化名城，是京津冀地区中心城市之一 ，素有“北控三关，南达九省，畿辅重地，都南屏翰”之称。

保定西郊集中着我国“一五”期间兴建的八大厂，恒天纤维厂就是其中之一，为我国工业化进程做出了杰出的贡献，是一代保定人的记忆。

保定民俗文化丰富，特色经济发达，现有曲阳石雕、安国药市、保定老调、清苑哈哈腔、徐水舞狮等国家非物质文化遗产15处。保定是中国第九大菜系“冀菜”发源地，从保定历代文物中的谷物工具、熟食陶器，还有商代的爵、中山国的羊羹等，都印证了保定饮食的历史。

将保定当地特色文化融入地块设计，结合活动进行设计。

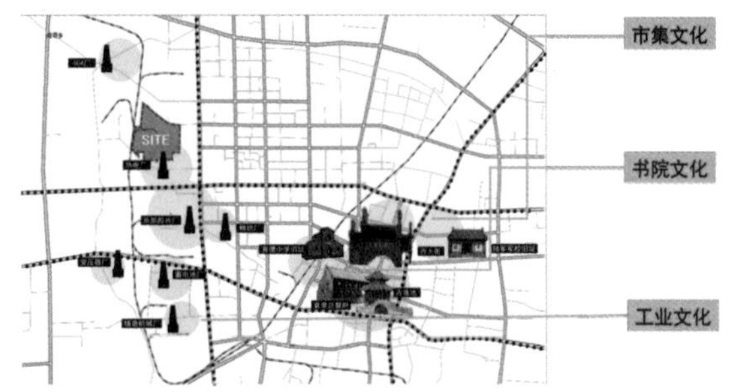

保定市区文脉资源

城市中历史文化丰富，集中于莲池区，拥有西大街、莲池、育德中学旧址、直隶总督府和陆军学校旧址等历史文化古迹。城市西侧分布着我国“一五”期间兴建的八厂，具有丰厚的历史价值。

2010～2018年各年提及“保定西郊”的微博数量

自2010年起，人们对于保定西郊的关注度逐年上升，并从2015年起呈倍数增长。

70条微博中，去除无用项和“保定”“西郊”等关键词，出现次数最多的为“西郊八大厂”“工业”“辉煌”“国营”“历史”“梦想”等词汇。

从部分关键词可以看出，当地人对于这片地区未来发展为文化展示空间、活动场所和休息娱乐场所

社会分析

城区公共服务设施分布

中心城区内公共服务设施分布不均，多数设施集中于城市中心区及铁路东侧，养老服务设施、文化设施和公园的分布情况较为严峻。

周边公共服务设施

由于保定西郊均为工业用地的历史原因，导致基地周边公共服务设施匮乏的现象产生，并且随着城区中各大居住区的建成，人口数量较之前有所上涨，导致配套设施严重不足。文化设施和社会福利设施的缺乏尤为显著，不符合当今社会发展需求。

产业分析

京津冀协调发展产业对接

保定市位于京津冀城镇群中，且在京保石发展带上，紧邻雄安新区，承接非首都功能，是京津产业转移承接地和外资进入京津市场的墙头堡。

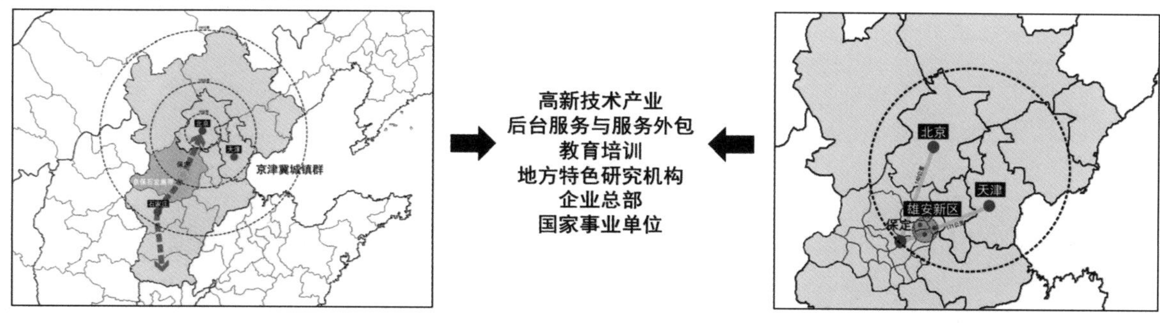

	京津冀城镇群	雄安新区	保定市域	综合
科技创新产业	√ √ √ √	√ √ √	√ √	√ √ √
商务商贸产业	√ √	√ √ √	√ √ √	√ √ √
地方文化产业	√ √ √	√ √ √ √ √	√ √ √ √ √	√ √ √ √
教育养老产业	√ √ √	√ √ √ √	√ √ √ √ √	√ √ √ √

基地内部分析

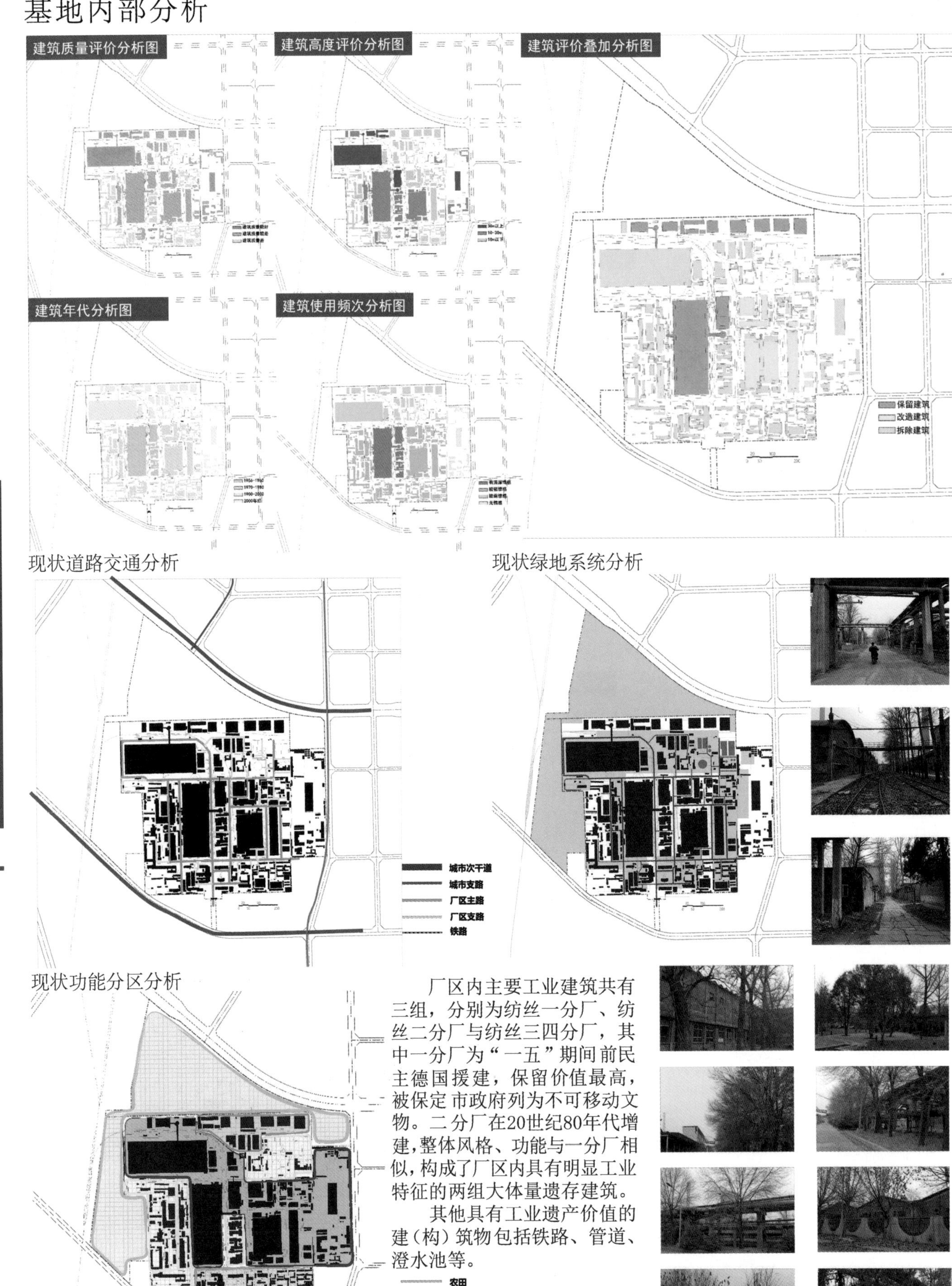

厂区内主要工业建筑共有三组，分别为纺丝一分厂、纺丝二分厂与纺丝三四分厂，其中一分厂为“一五”期间前民主德国援建，保留价值最高，被保定市政府列为不可移动文物。二分厂在20世纪80年代增建，整体风格、功能与一分厂相似，构成了厂区内具有明显工业特征的两组大体量遗存建筑。

其他具有工业遗产价值的建（构）筑物包括铁路、管道、澄水池等。

基地发展机遇

发挥区域优势

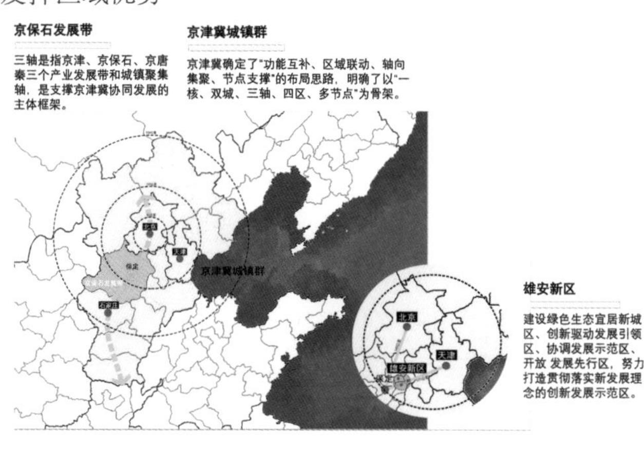

承接非首都核心功能

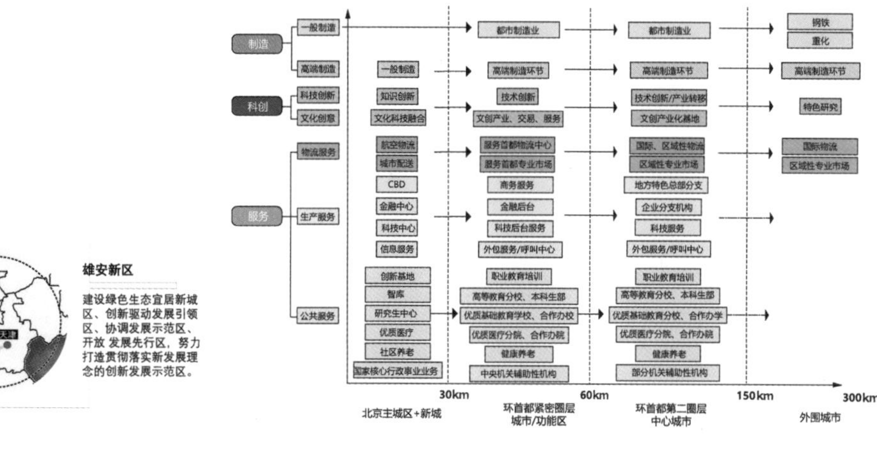

国家大力发展生态文化

延续保定历史文化景观轴

建立保定市西郊八大厂工业遗存文化带

打造再属地化的绿色智慧产业园

根据《京津冀协同发展规划纲要》和非首都功能疏解的区域空间组织规律，总结归纳出保定市作为京津冀城镇群中的二级城市可以承接和发展的产业。

由于保定市临近雄安新区，更有可能受到雄安新区的正面辐射，保定市可承接的产业可上升至上一层级。

上位规划解读

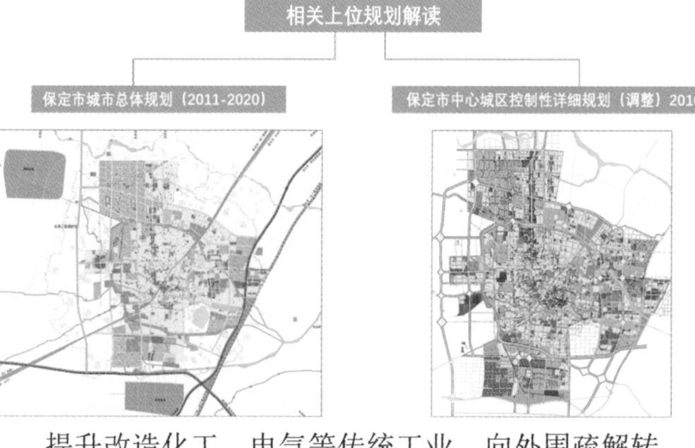

提升改造化工、电气等传统工业，向外围疏解转移，原有用地置换为居住、绿地或公共设施用地。

传统产业（八大厂）改造景观区。

化纤厂周边以工业和居住为主，可容纳人口5.36万人，配套公共服务设施较少，西部为规划西湖公园和体育新城。

产业布局

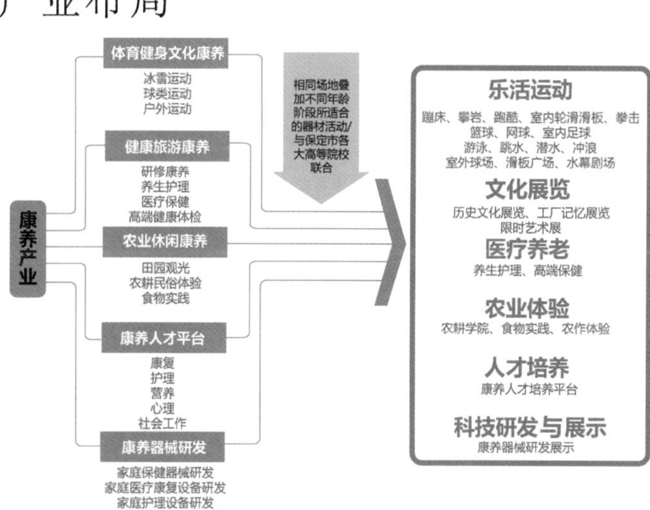

方案空间构思

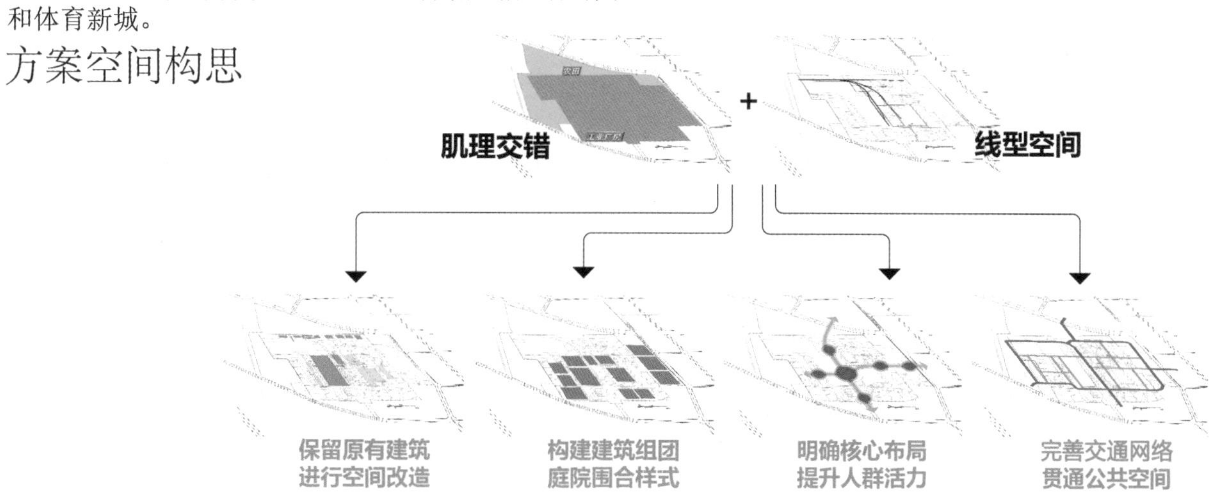

总平面图

特色果林
农田种植区
农耕学院
老年活动中心
春不老工坊
户外运动区
水下餐厅
介助型老人康养区
水幕剧院
康养公寓
运动体验区
特色书店
工业展览馆
康养器械研发
康养器械创客沙龙
实景体验影院
康养特殊人才培训
大学生创业基地
手工体验工坊
园区物业管理
儿童职业体验中心
社区医疗卫生中心
社区活动中心

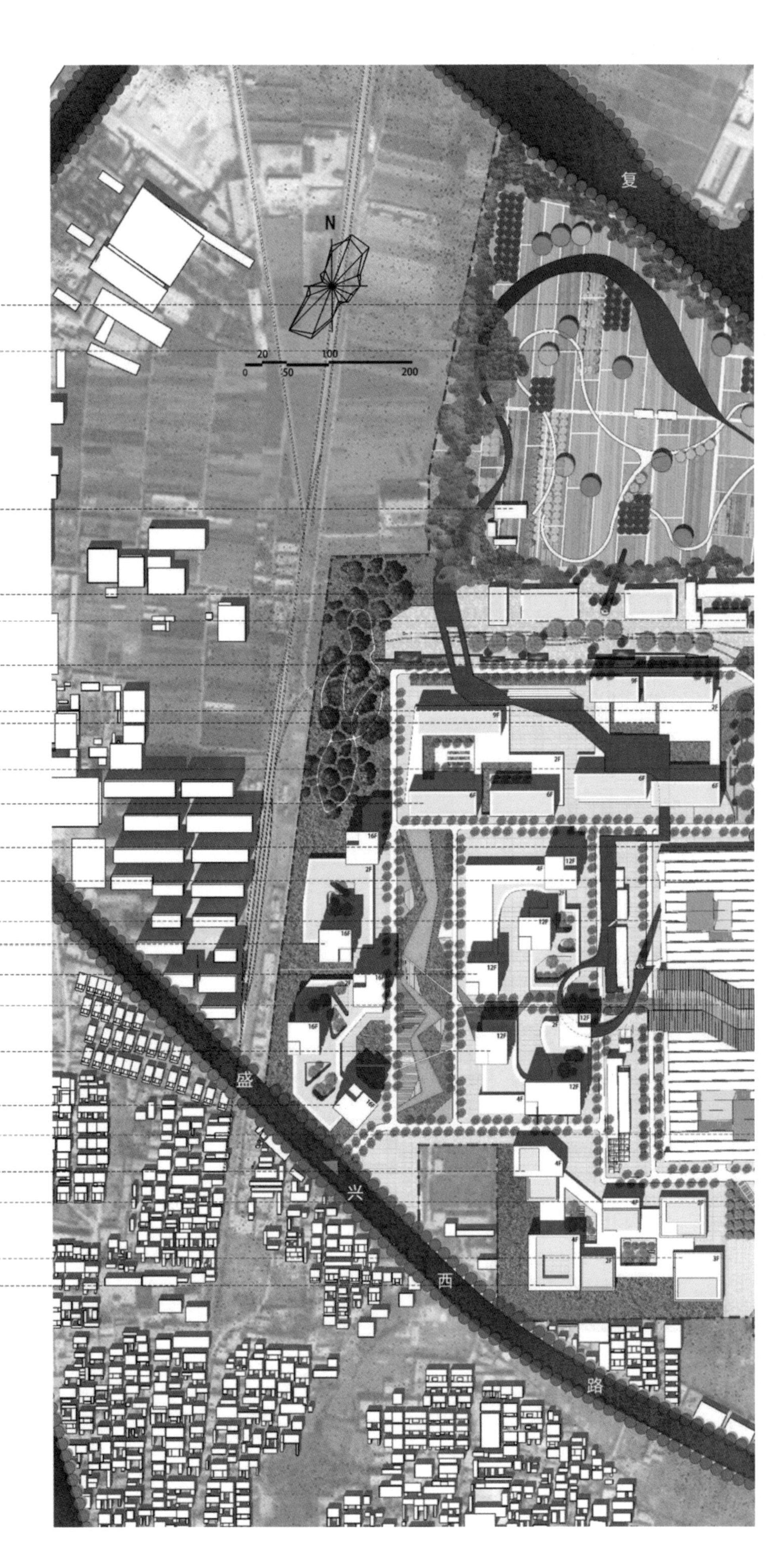

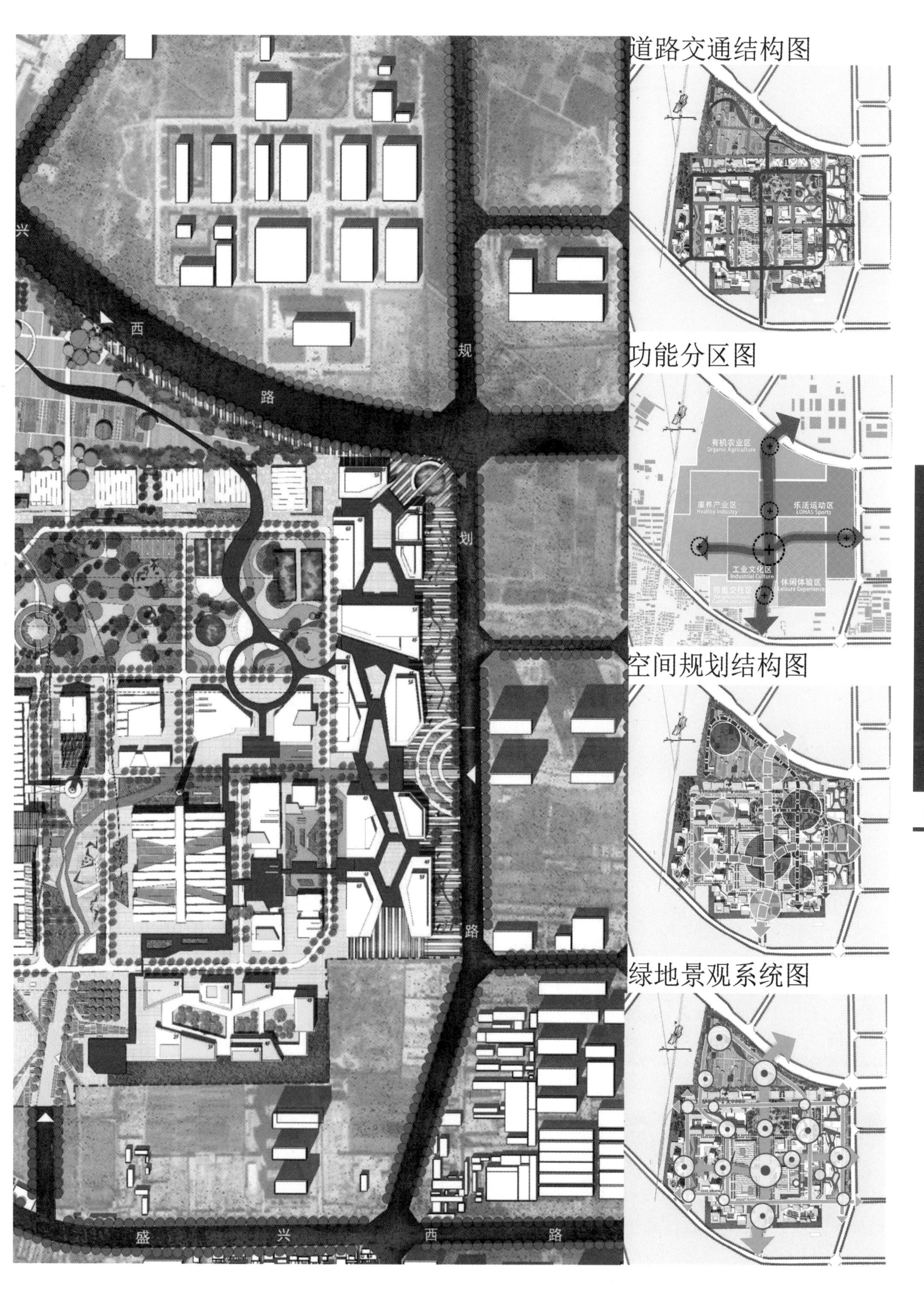

道路交通结构图
功能分区图
有机农业区
Organic Agriculture
康养产业区
Healthy Industry
乐活运动区
LOHAS Sports
工业文化区
Industrial Culture
休闲体验区
Leisure Experience
空间规划结构图
绿地景观系统图
兴西路
规划一路
盛兴西路

空间复合策略

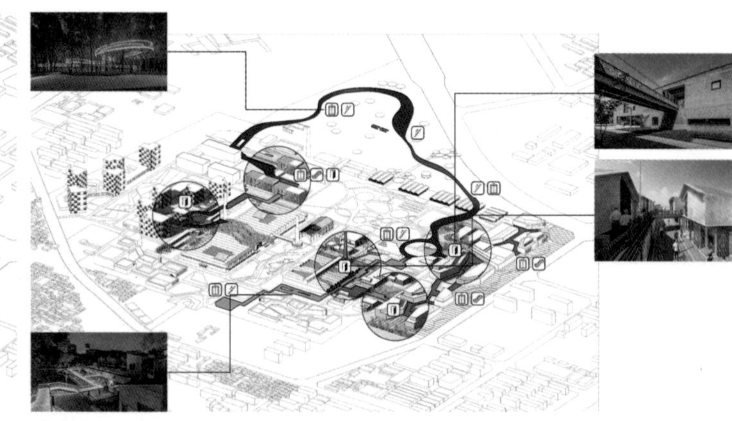

廊道引入

在城市存量发展集约用地的背景下，打造多层级空间，充分利用垂直空间。

提高步行可达性及丰富步行体验，结合厂区内部分原有管道、保留建筑及新建建筑与地面空间，建立红色廊道，将园区内的各个片区贯穿。

廊道与建筑和场地缝合

通过楼梯、坡道和电梯等方式与地面进行连接，并且将地面功能延伸至廊道。

与建筑的联系方式为外架、插入、融合、远离等。

为原本被建筑体量打断的各个小广场提供了更加连贯通畅的步行体验。

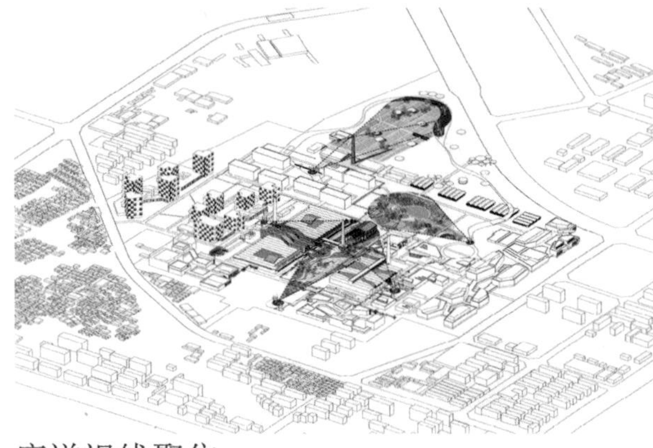

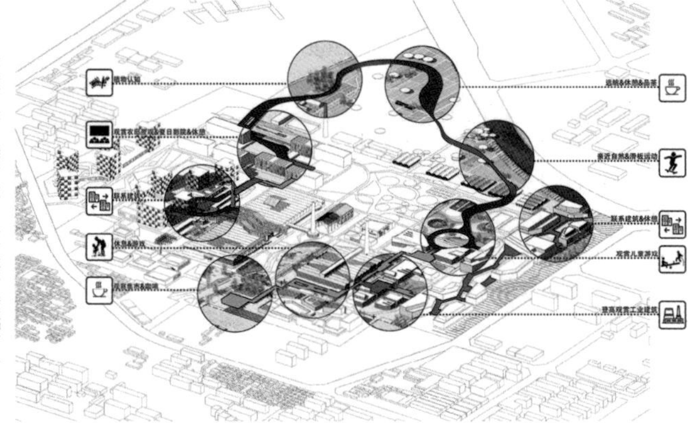

廊道视线聚焦

廊道上任意景观节点的视线范围均指向园区内部重要的景观节点，充分发挥廊道观景的作用。

廊道多功能耦合

当漫步廊道上时，人们可以一路探寻整片园区中的工业建筑和生态之美。通过廊道的高度变化可以欣赏不同的美景，廊道不同空间大小变化，适合不同尺度的活动。

复合活力策略——全季节活力

在不同季节，利用园区内部空间场地举办季节限定活动，丰富园区内部工作人员及保定市区的文化活动，创造新型文化庭院。

春季弹性使用

春日赏花游园

抽芽读书会

夏季弹性使用

夏日电影院

户外表演

夏日宴会

秋日弹性使用

丰收采摘

赏秋叶

冬日弹性使用

冬日滑冰

冰雕节

复合活力策略——全年龄段活力

根据原有保留管道，结合景观设计和场地功能，设计三条园区主要流线，分别为儿童主要流线、中青年主要流线和老年人主要流线。利用流线引导贯通连接不同功能的空间，使每个年龄段拥有专属的城市庭院。

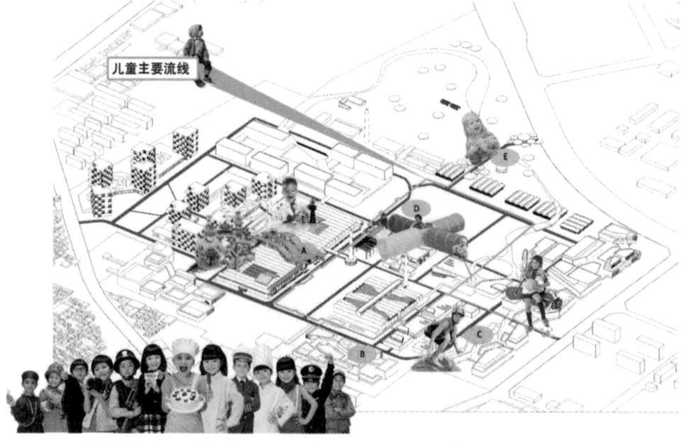

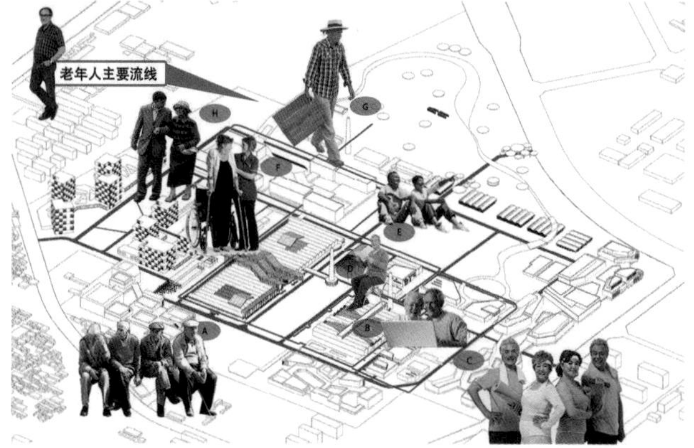

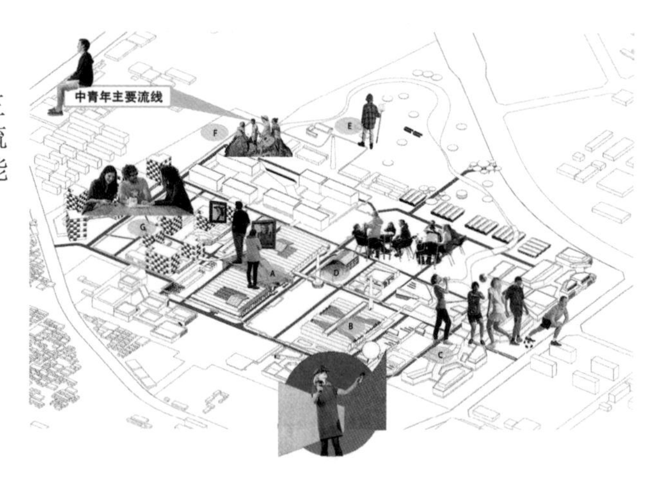

儿童主要流线

A 工业记忆互动展览

结合纺织厂化工特色进行化学小互动；工厂乐高玩具搭建，了解工厂独特的建筑形式，增加趣味性。

B 儿童职业体验馆

微型剧院、医院、法院、面包房、录音棚、考古场地等

C 各类运动项目体验学习

球类、水中、极限等

D 户外活动场地

室外球场、滑板广场、水幕剧场、儿童剧院等

E 教育农田

在自然中认知各类植物，了解农耕文化

中青年主要流线

A 保定历史展览、定期更换的艺术展览

B 影院、VR游戏厅、纺织、瓷器手工体验与工作室结合

C 各类运动项目、运动商业、轻食

球类、水中、极限等；服饰、器械、配件等

D 人文书店、工厂主题咖啡厅、排气塔登高远眺

E 科研农田、观赏农田、认领农田

游客或城市居民体验乡村生活

F 林间游憩

G 科技研发、特殊服务人员培训

老年人主要流线

A 社区活动中心、周末市集

B 老人兴趣活动及体验课程

C 各类运动项目、交往空间

D 人文书店、工厂主题咖啡厅

E 老年公寓

复合活力策略——全时间段活力

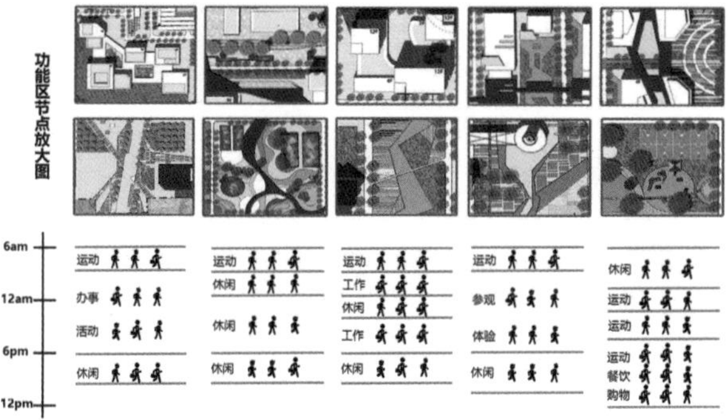

建筑重塑策略

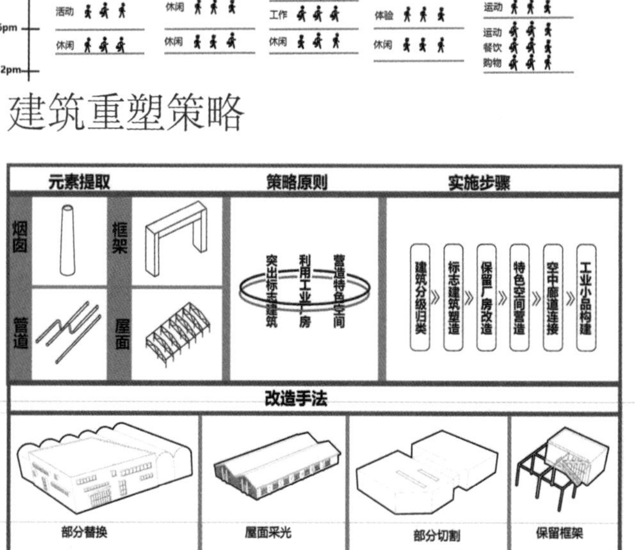

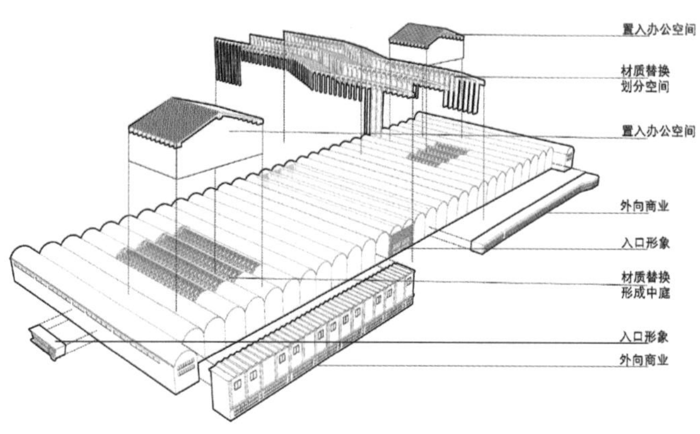

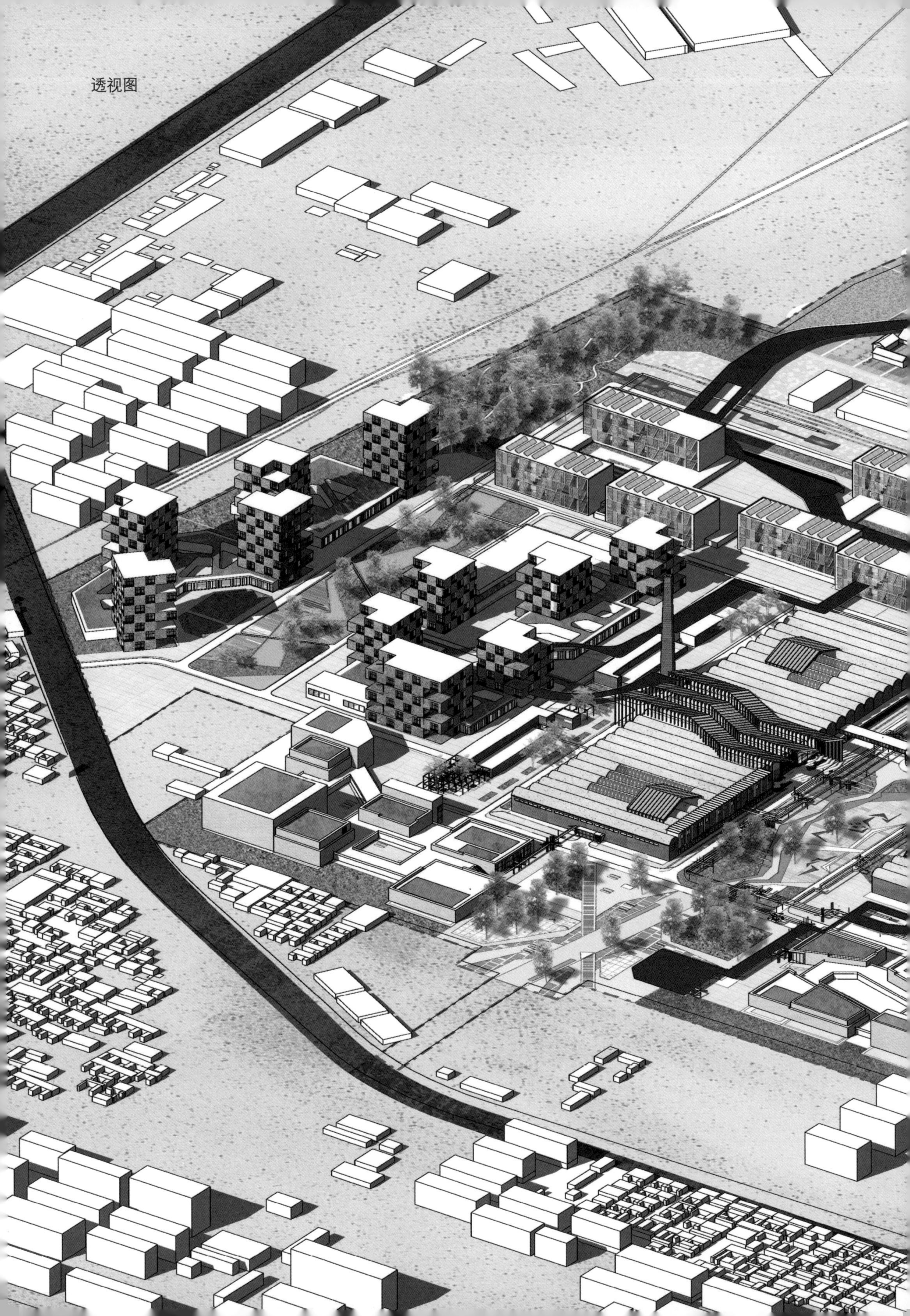
透视图

分区城市设计 I
——有机生活区

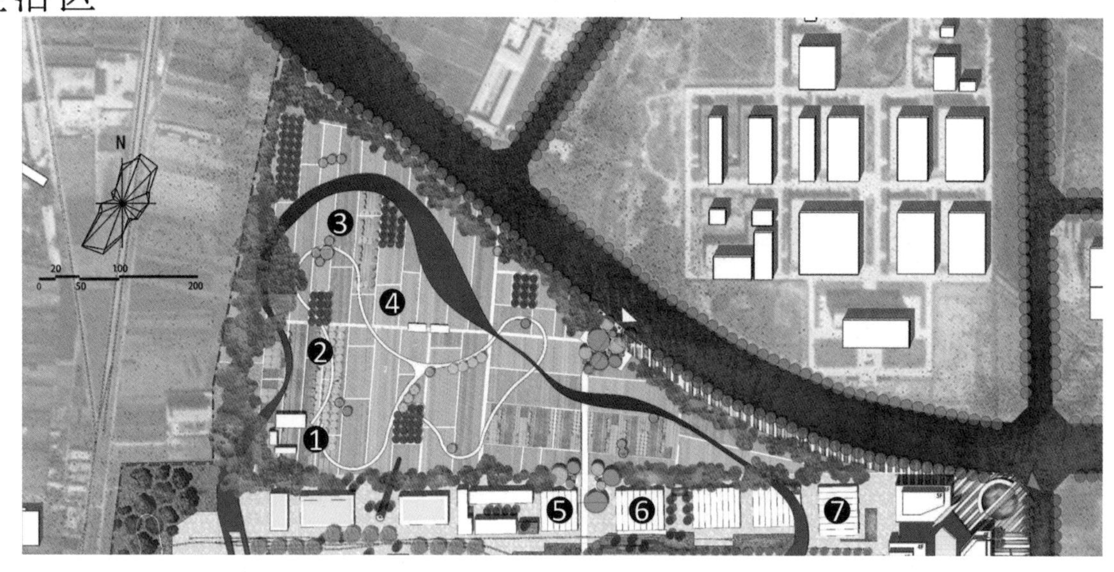

1. 农耕学院
2. 特色果林
3. 遮阳亭
4. 农田种植区
5. 萝卜干工坊
6. 实验农田
7. 有机餐厅

食物实践，一院一坊

通过生产区、体验区和销售区三个环节，让参与者在完整真实的食物实践中体验农耕文化，重新思考人与土地和自然的关系。

一院——农耕学院，以农耕自然、体验劳作和收获为主题，以青少年儿童为对象的教育基地。

一坊——春不老腌菜工坊，以保定市特产春不老为主题，进行传统加工和展示的文化园区。

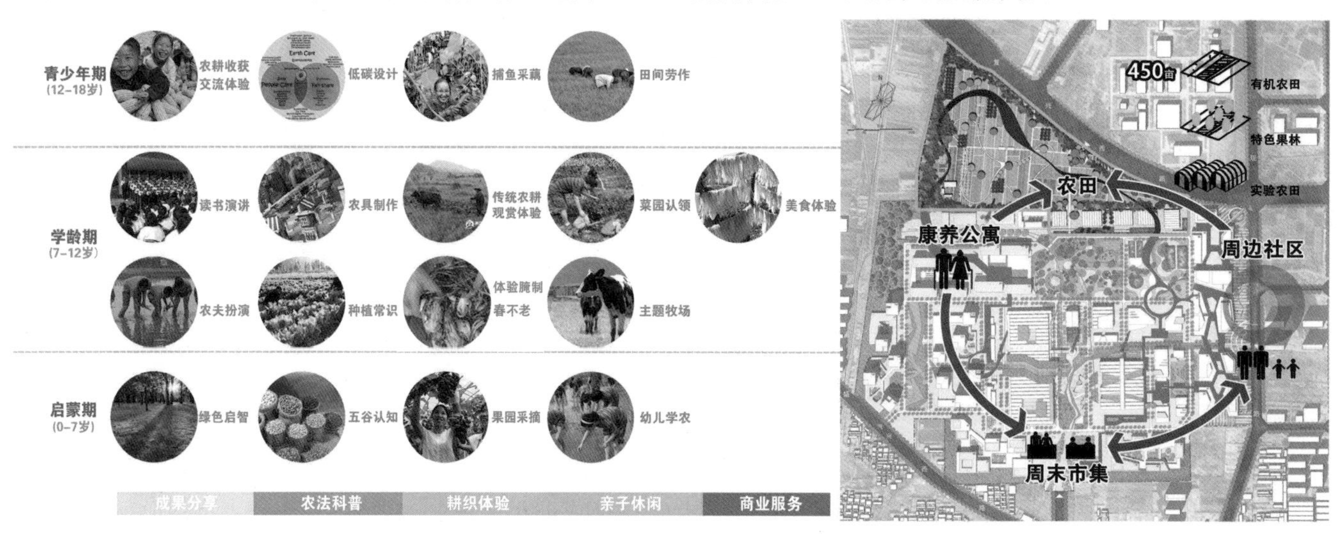

农耕学院活动项目设计——全年龄，多形式，全参与

根据不同年龄阶段儿童的心理和活动特点进行活动策划，不同板块对应设置不同年龄阶段的儿童活动内容。

分区城市设计Ⅱ
——银发产业区

❶ 老年活动中心
❷ 介护型老人康养区
❸ 康养公寓
❹ 医疗器械研发
❺ 康养器械创客沙龙
❻ 大学生创业基地
❼ 特殊康养人才培训中心

银发产业，一带系五区

通过景观带将老年活动中心、康养中心、医疗器械研发创新中心、特殊康养人才培养中心和大学生创业基地五个片区相串联，组成银发产业区。

养老模式的转变

传统：以周边居民为主，居住在养老院中，仅满足生活的基本需求。

新型：加入活力养老、生态度假和医疗养老，为老人提供更高标准的精神和活动需求的空间场所。

传统

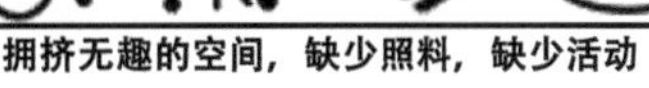

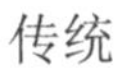

新型

校企共建

创客沙龙

研发中心

交流咖啡厅

康复、护理、营养等人才培养

各校作品展示

北京林业大学

河北农业大学
北京工业大学
北京林业大学
北方工业大学
天津城建大学
河北工业大学
河北工程大学
河北建筑工程学院
吉林建筑大学

指导教师感言

大家从初遇到相识，再到专业技能上的切磋，一切都仿佛还在昨天。经过这次的联合毕业设计，同学们在各个方面都得到了比较大的提升。从一开始的场地调研、前期分析，再到初步方案、方案的深化，同学们一直在朝着更高的要求而努力奋斗。在一次一次的汇报中，反省自身的问题，学习兄弟院校同学们的长处，最终得到了一个比较令人满意的设计成果，为化纤厂未来的发展做出了一个基本的设想。作为老师，我感到十分感动和欣慰。这也许就是联合毕业设计的意义，在这个即将毕业的阶段，大家互相激励，相互学习，共同进步，更上一个台阶，为以后的学习和工作打下坚实的基础。同时也很感谢主办学校的付出，是你们的无私奉献，才有了这样圆满的结果。希望同学们和老师们都能不忘初心，为规划事业而奋斗。

李翅

转眼间，为期三个月的京津冀联合毕业设计已经落下帷幕，回想这三个月的种种，感慨良多。我很荣幸作为同学们的指导老师，代表北京林业大学参加这样一个充满意义的联合毕业设计。非常感谢主办学校的无私付出，本次活动的成功举办离不开幕后的工作者们。同时也很感谢每一位同学，这三个月的时间对你们来说虽然充满挑战和痛苦，但是最终也苦尽甘来。在一次一次的调研、分析、规划、设计中，你们逐渐找到了自己的目标，最终交出了让老师满意的答卷，我为你们的进步感到高兴，为你们的无悔青春呐喊。希望同学们在今后的学习道路上，能够一直永葆初心，不忘老师的教诲，争取做一个对社会有贡献的规划师。

李飞

学生感言

钟子凡：首先，能参与到本次京津冀联合毕设中，本人感到很幸运也很紧张。一方面是这种多校联合的活动，参与者必定高手如云，评审者也是专家辈出，本人的经验、阅历、技术都不到位，最终成果能否与各校一争高下不得而知；另一方面在大学这几年中，我完成过的设计作业并不少，但如此专业的项目从未接触过，参与其中必然是锻炼自身能力与设计技巧的好机会。其次，在完成联合毕设项目的过程中，我也确实了解到了很多过去不曾知晓的内容，不仅包括保定市的历史文化、工业设计的步骤技巧，还包括同学间的合作沟通、老师的指导解疑，这些都为我今后的学业与工作提供了诸多帮助。最后要由衷感谢我的导师能选择我参与此次重要的活动，也要感谢我的队友们能帮助我共同完成此次设计作业。

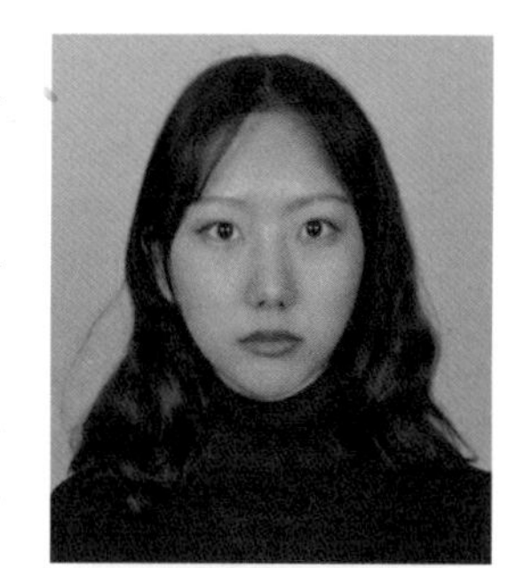

闫慧中：参加联合毕设的三个月是一次收获颇多的旅程，第一次深入地走进保定这个既熟悉又陌生的城市，第一次和来自不同学校的规划学生亲密地交流，第一次听到规划行业的专家们精彩而深刻的点评，我在其中学习着也成长着。在参加联合毕设之前，我一直希望通过一次优秀的毕业设计为我的大学生活画上一个圆满的句号，但是现在，我意识到真正的圆满是在认识自己的不足的同时仍然具有前行的动力，这一次的经历给予我的不是结束，而是在规划专业继续学习的热情。感谢主办方河北农业大学，感谢指导老师与队友们，感谢各位优秀的参赛同学，你们是我大学生涯中一段难忘的回忆。

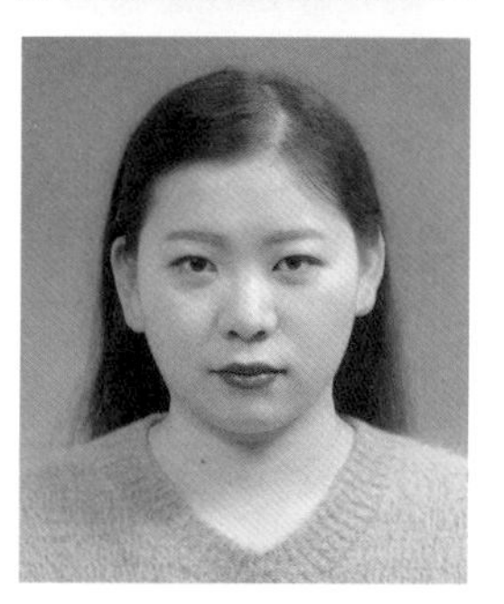

芦祯：在联合毕设完成之际，我首先向关心和帮助指导我们的李翅和李飞老师表示衷心的感谢！在毕业设计工作中，遇到了许许多多这样那样的问题，但是在小组同学的帮助下以及老师们的亲切关怀和悉心指导下，我们的毕设得以保质保量地完成。同时借着这次联合毕设的机会可以和其他兄弟院校之间多多交流，也见识了其他学校的设计风格。在今后的工作生活中我也将吸取此次联合毕设过程的经验教训，进一步提升个人专业技能。

陈璇：我很荣幸在即将毕业的时候参加了这样一个有趣、有意义的联合毕业设计，这为我本科五年的生活画上了一个圆满的句号。在刚开始得到这个消息的时候，我感到一丝惶恐，不知道自己是否有能力承担这样一个重要的任务。为了不让老师和同学失望，我刻苦钻研，努力寻找解决设计问题的方法。在现场调研中，跟同伴们一起发现问题；在设计中，跟同伴们一起探讨最优解；在每一次的汇报中，认真学习兄弟院校同学们的长处，与同学们进行思维上的碰撞。同时，很感谢老师们辛勤的付出和同伴们的鼓励，我的成长离不开你们的帮助。

释题与设计构思

释题

工业遗产作为人类文化进步与历史发展的见证，具有非常重要的价值。在国内城市飞速发展的大背景下，如何结合不同城市工业遗产的区域背景和内部特征，实现其在物质、功能、经济上的复兴，并得到城市居民的认可和共识，成为当今国内工业遗产改造更新中的一个焦点问题。

本次“X+1”京津冀联合毕业设计以传承与共生为题，将视角转向了保定市著名的西郊工业区，将西郊八大厂之一的保定化学纤维联合厂作为同学们规划改造的对象，是一次十分具有现实意义的设计尝试。进入后工业时代，如何处理已不适应现代城市功能的老工业区，如何平衡工业遗产保护与改造的关系，如何从区域乃至城市的视角进行规划研究，如何利用保定市当前的历史机遇为老工业区的改造创造机遇与条件，都是同学们需要关注的问题。

保定化学纤维联合厂并不是一座孤立的工业园区，它与保定市西郊工业区的其他老工业园紧密联系，在考虑化纤厂的改造利用时，需要将整个工业区作为一个整体考虑，关注各个厂区的有机联动，使各个厂区各具特色、优势互补、有效合作。同时，规划的视野也并不能局限在保定市的西郊，雄安新区的规划建设赋予了保定市全新的使命，为保定注入了更多的机遇与活力，这要求同学们放眼未来，设计出能够与时代发展紧密结合的新型片区。

在从更广阔的视角出发，确定了化纤厂的改造定位之后，就需要对化纤厂本身进行详细的规划设计。在这一阶段，首先需要明确工业遗产保护的要点，以明确的法规和条例作为指导，结合前期的调研和分析，确定需要保护的工业建筑与景观。工业园区内的现状建筑需要按照保护、修缮、改善、保留、整治改造分等级进行分类，进而进行进一步的规划设计。在进行详细设计的过程中，需要考虑到时代与记忆的传承，如何在保留老工业区工业记忆的同时使其承担起新的时代使命，良好地融入现代城市，服务市民生活，并继续为城市的良好运转贡献力量，是同学们设计时需要考虑的重点。我国的工业遗产保护仍处在起步阶段，同学们在学习过程中的每一次尝试都具有重要的意义，只有经过一次次的探索与交流，才能集中更多的力量为工业遗产保护与更新探索出更合理有效的方式。

设计构思

方案一

传承·共生——保定市恒天纤维工业遗产片区城市设计

指导老师：李翅　李飞

本次规划以保定市恒天纤维片区为研究对象，预期建成一个工业遗产与生态景观相融合、工业记忆与居民生活相交错、工业时代与后工业时代相穿插的工业遗产保护文博园区。园区功能以遗产保护、生态恢复、文化重塑等为主，辅以参观游憩、交通导流、设施补全、科研创新、商业开发等，为保定市及周边的人们带来更丰富的文化体验。

方案对其核心生产空间、空间整体格局、建筑群落空间的历史风貌进行保护，并保留特色工业建筑的结构，结合城市发展更新其使用功能。此外要特别注重两个问题，分别是工业遗产的保护与场地精神的重塑。

厂区地处保定市工业遗产核心保护区，是一块具有极高价值的工业文化遗存片区。厂区内部主要由车间、仓库、传输、交通基础设施等要素构成，此外周边还有与工业生产相关的其他社会活动场所。因此要对场地内各类型的建筑进行逐一分析，对其工业建筑风格、辅助设施肌理进行整理并加以保护或改造。

方案要根据历史遗存、现状条件、城市生活方式以及可持续性发展的要求，注重该片区与城市各部分之间空间形态的营造，贯彻可持续发展的指导思想，恢复其生命力。深化、细化该地块空间环境，创造有一定历史文脉延续的新城市空间，为城市旧区和工业遗产注入时代活力。

方案二

修“生”之廊——工业遗产织补廊道

指导老师：李飞　李翅

工业遗产改造是当前城市更新的重要课题。如何更好地保护与利用具有重要意义的历史遗存，尤其是近现代工业遗产对于城市发展意义重大。目前，我国在经济新常态背景下，正面临如何对遭到严重破坏的工业遗产的功能及生态进行挽救与改造的问题。本次联合毕设旨在以保定市恒天纤维厂老厂区改造为平台，探求西郊八大厂片区的改造可行性，以及恒天纤维厂工业遗产的历史文化传承、功能、建成环境、交通、生态等多方面现状及存在问题。首先我们运用触媒理论，在关注建筑单体开发的同时，也关注工业遗产与周边发展区域方面建立良好关系的可能性，做到对要改造区域内的触媒要素进行认知和筛选，从而提出修“生”之廊——工业遗产织补廊道这一设计主题。然后运用“城市双修”理念，做到“修”——修复联络主要遗产空间廊道；“渗”——景观绿地增设雨污渗透廊道；“通”——联通厂区景观视线通廊；“转”——转化厂区生产运输轨道为园区游览通廊。一方面发挥生态修复技术手段在空间品质提升中的作用，重建空间景观体系，提升生态承载力；另一方面完善场地交通体系，通过打造工业遗产展览园，织补城市功能中此类型的缺失。利用“城市双修”新理念达到对其功能及文化的修补、生态的修复，以期在化纤厂自身得到完善的基础上促进周边区域的发展。

方案一

传承·共生

保定市恒天纤维工业遗产片区城市设计

学生：钟子凡 闫慧中
指导教师：李翅

区位条件

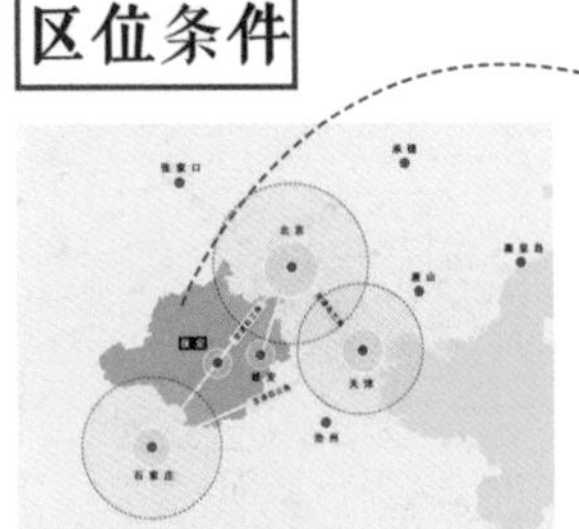
|京津冀城市群

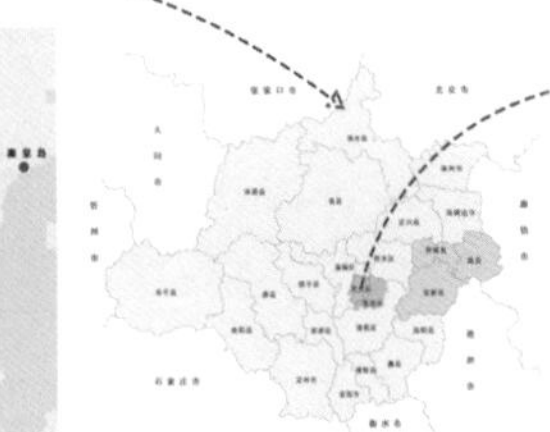
|保定市行政分区

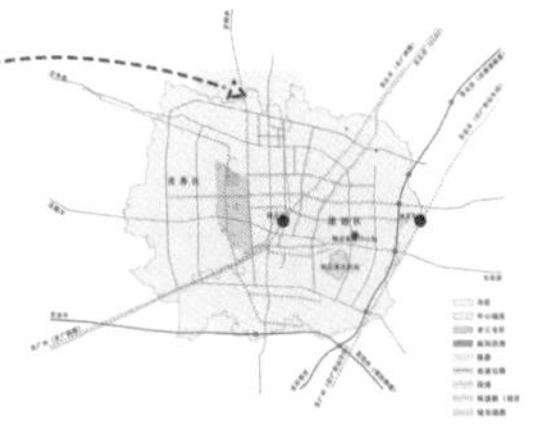
|保定市交通条件

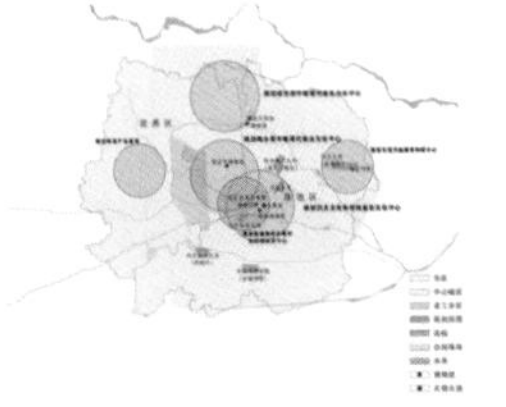
|保定市要素分布

保定天鹅化纤集团有限公司位于保定市竞秀区盛兴西路1369号，地处保定市西郊工业区。保定是国家历史文化名城，以先进制造业和现代服务业为主的京津冀地区中心城市之一，市辖5区、15县、3县级市。2015年5月，保定市的南市区和北市区经合并形成莲池区，莲池区是保定市的核心城区，是保定古城的所在地。2015年5月，保定的新市区更名为竞秀区，竞秀区是保定市的传统工业区，是一座城乡结合的新型城区。

上位规划

|保定市总体规划（2011-2020）

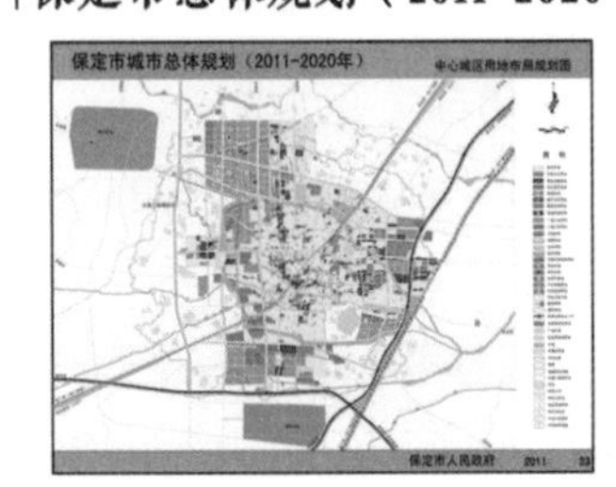

保定市总体规划（2011-2020年）中，保定市西郊厂区部分仍被规划为工业用地。设计地块部分全部作为工业用地，地块内部规划有一条南北向的道路 将地块分割为两部分。

|保定市主城区控制性详细规划

保定市中心城区控制性详细规划（2016）对主城区和中心城区进行了重新界定，西郊八大厂片区对工业用地进行了缩减，适当增加了居住商业以及其他基础设施用地。

规划背景

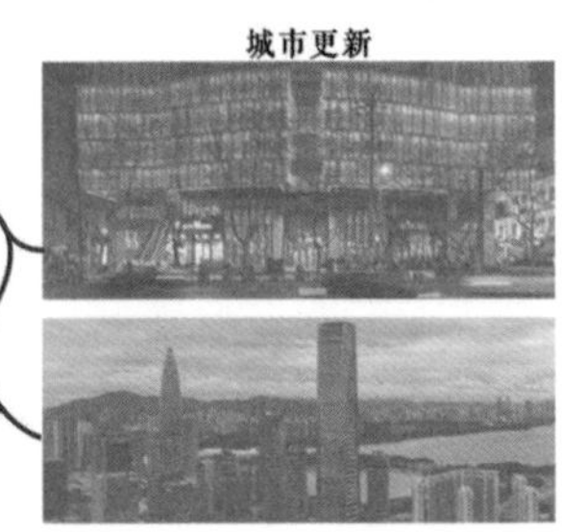

项目计划突出原有德式建筑元素，挖掘园区历史价值，保留典型的工业建筑物、构筑物、铁路以及园区内大量珍稀树种，将工业遗产与生态景观相结合。项目建设过程中将充分重视老工业区作为保定西郊八大厂之一所代表的城市记忆，以“保护、改造、创新、活力”为产业导入点，借助合作方的品牌和资源优势，积极聚焦科技创新、金融产业，搭建创新平台，带动发展保定市产城融合，让老工业基地和新业态交相呼应，迸发城市发展的蓬勃生机

历史沿革

1957年 1957年10月化纤厂开工兴建

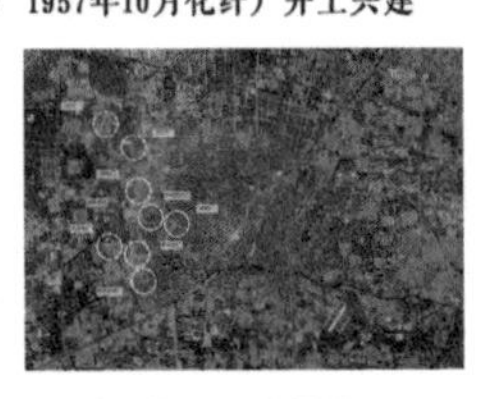

1960年 1960年7月1日正式投产

1985年 建厂之初隶属于国家纺织工业部，后归河北省管理，1985年2月，归保定市经委

1996年 1996年，保定化纤厂改制为保定天鹅化纤集团有限公司

2009年 2009年，整体并入中国恒天集团有限公司

2010年 2010年8月25日更名为恒天纤维集团有限公司

2015年 2015年6月，2.2万吨/年的粘胶长丝生产线全部政策性关停

现状分析

保定天鹅化纤集团有限公司地处河北省 保定市西郊工业区，是我国1957年兴建的第一座大型纤维联合企业，是河北省大型企业集团之一。主要产品为天鹅牌粘胶长丝和熔融 纺氨纶丝，粘胶长丝年生产能力达 22000吨，是世界上最大的粘胶长丝生产厂家之一。

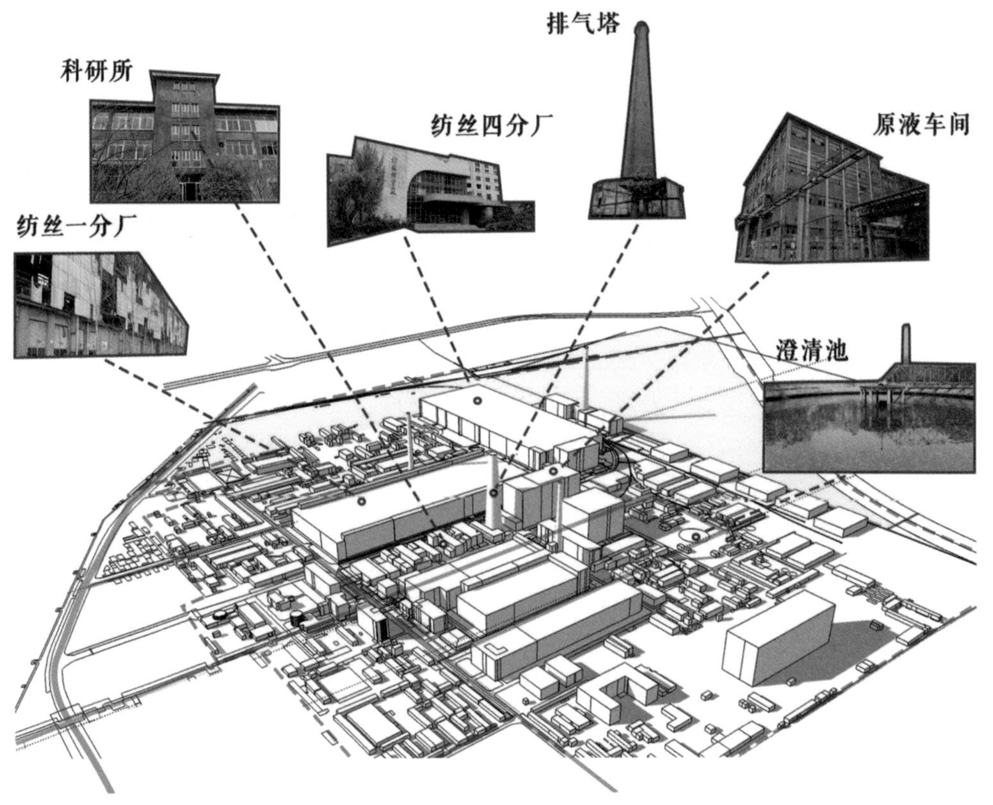

传承·共生

保定市恒天纤维工业遗产片区城市设计

学生：钟子凡 闫慧中
指导教师：李翅

地块风貌

技术路线

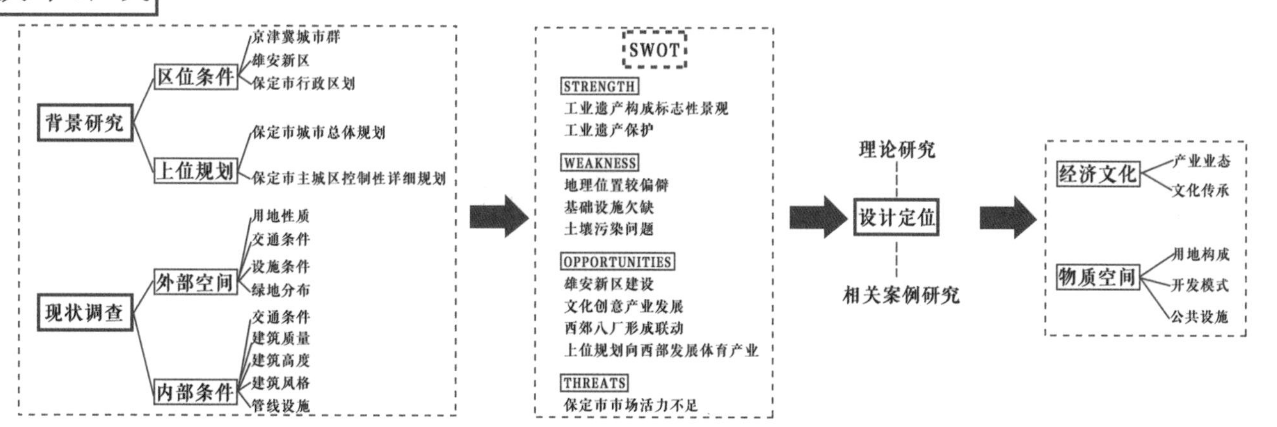

传承·共生

保定市恒天纤维工业遗产片区城市设计

学生：钟子凡 闫慧中
指导教师：李翅

外部条件

周边用地性质

绿地分布情况

周边教育设施

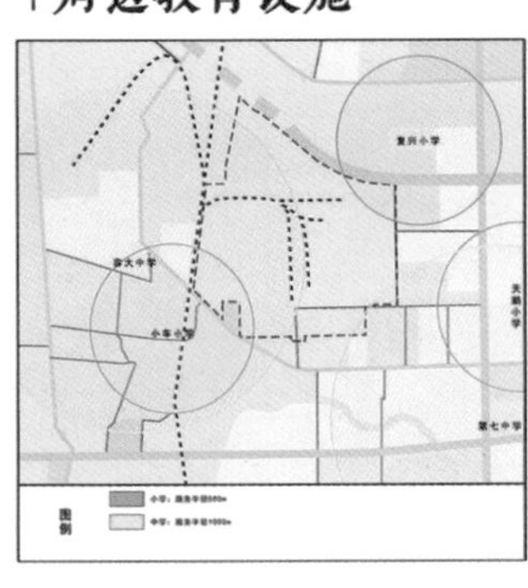

周边交通情况

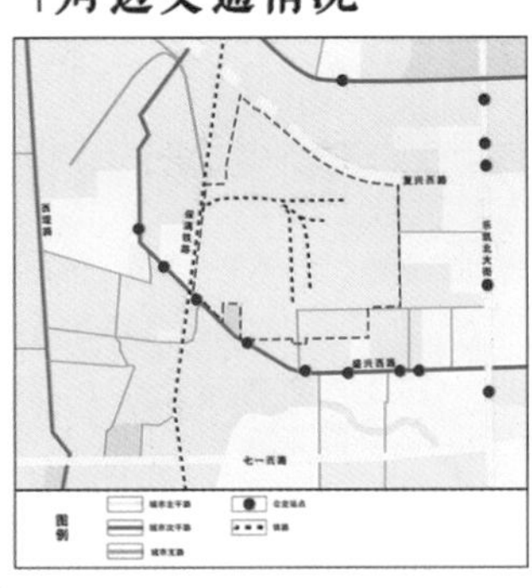

内部空间

现状交通条件

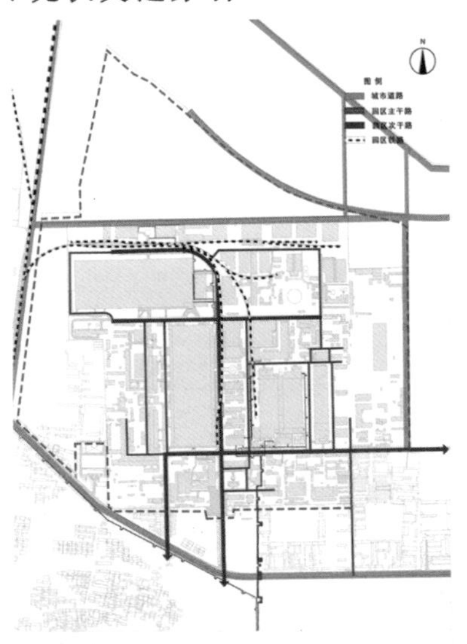

现状建筑高度

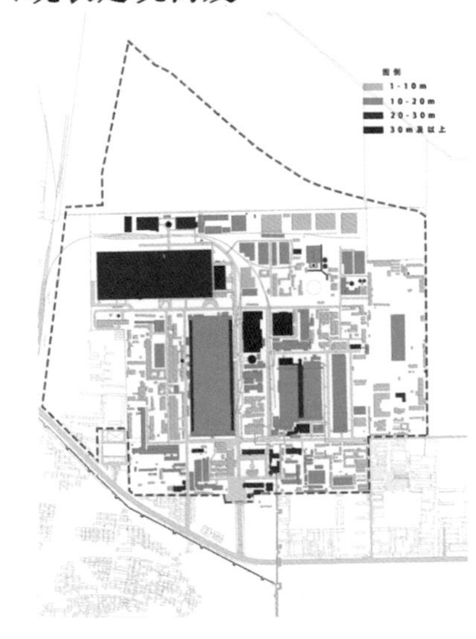

现状建筑风格

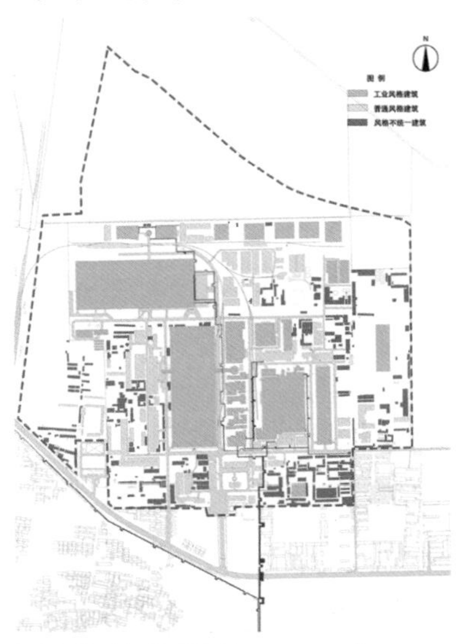

现状建筑质量

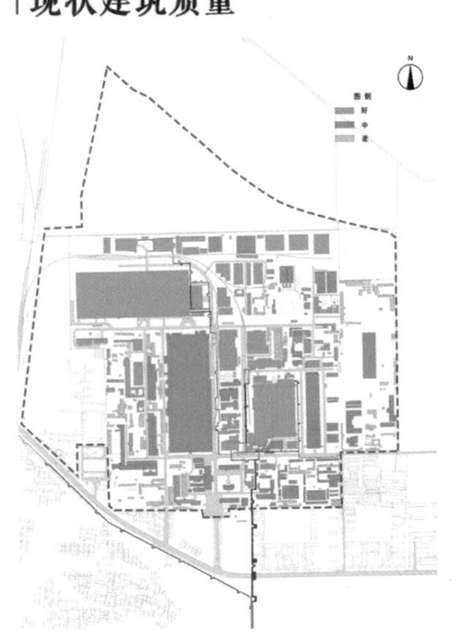

保留建筑

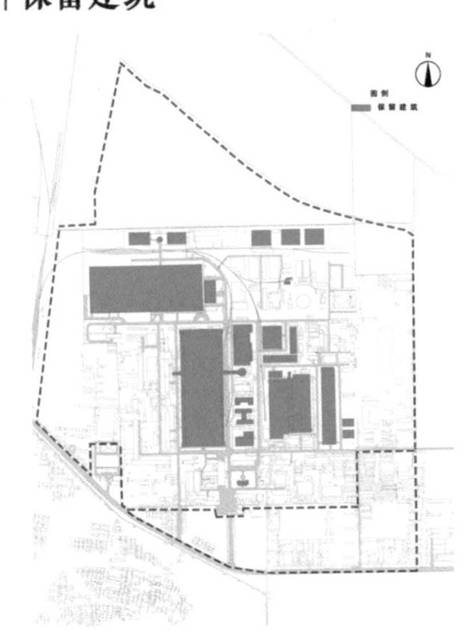

现状管线设施

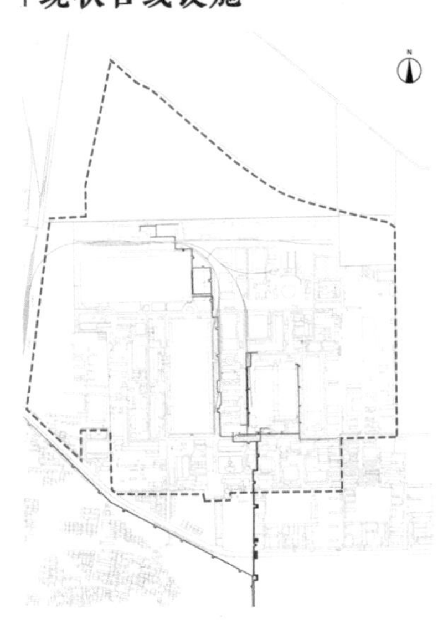

传承·共生

保定市恒天纤维工业遗产片区城市设计

学生：钟子凡 闫慧中
指导教师：李翅

总平面图

	工业文化博览	科研商务	文化创新	办公	居住	商旅服务	防护绿地	商业开发	总计
用地面积/公顷	40.9	8.6	10.8	4.7	10.1	12.3	14.7	29.9	136
建筑面积/万平方米	43.0	11.1	13.6	7.3	15.8	12.5	1.0	53.8	158.1
建筑密度/%	35%	29%	23%	26%	21%	24%	3%	38%	
容积率	1.05	1.29	1.26	1.55	1.57	1.34	0.07	1.80	1.16

总用地面积：136公顷
建筑用地面积：40.76万平方米
总建筑面积：158.07万平方米
建筑密度：29.98%
绿地面积：57.72万平方米
绿化率：42.43%
容积率：1.16
地面停车位：252个

传承·共生

保定市恒天纤维工业遗产片区城市设计

学生：钟子凡 闫慧中
指导教师：李翅

鸟瞰图

道路断面设计

7.0 6.0 20.0 2.0 20.0 6.0 7.0
1.0 70.0 1.0

车行体系以原有道路为基础，适当拓宽并打通部分道路，形成田字型道路网架。四周连接城市道路，增加园区交通顺畅度与可达性。

5.0 10.0 5.0
20.0

5.0 4.0 10.0 4.0 5.0
1.0 30.0 1.0

5.0 3.5 18.0 3.5 5.0
0.5 36.0 0.5

天际线

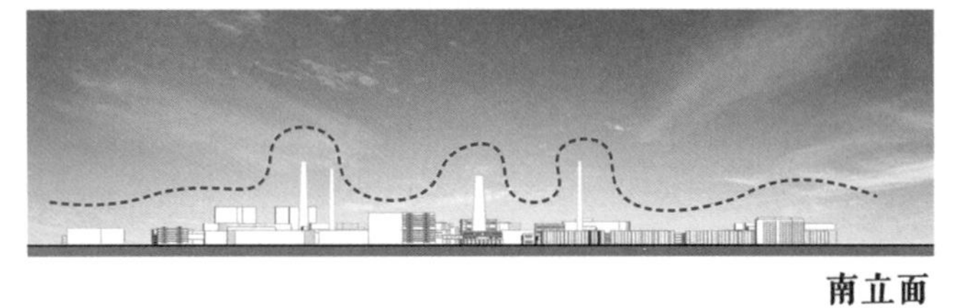

南立面

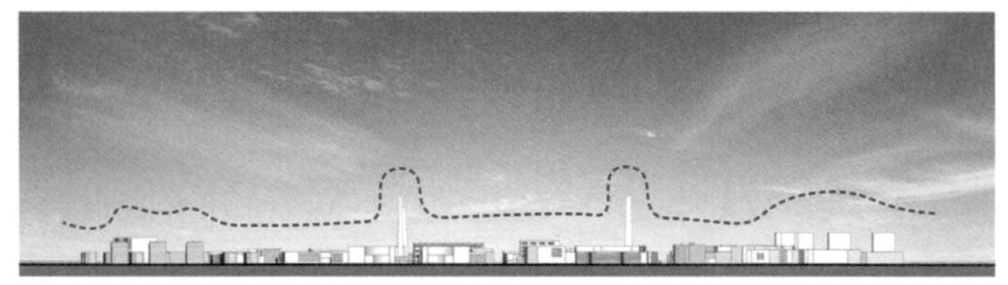

东立面

传承·共生

保定市恒天纤维工业遗产片区城市设计

学生：钟子凡 闫慧中
指导教师：李翅

设计分析

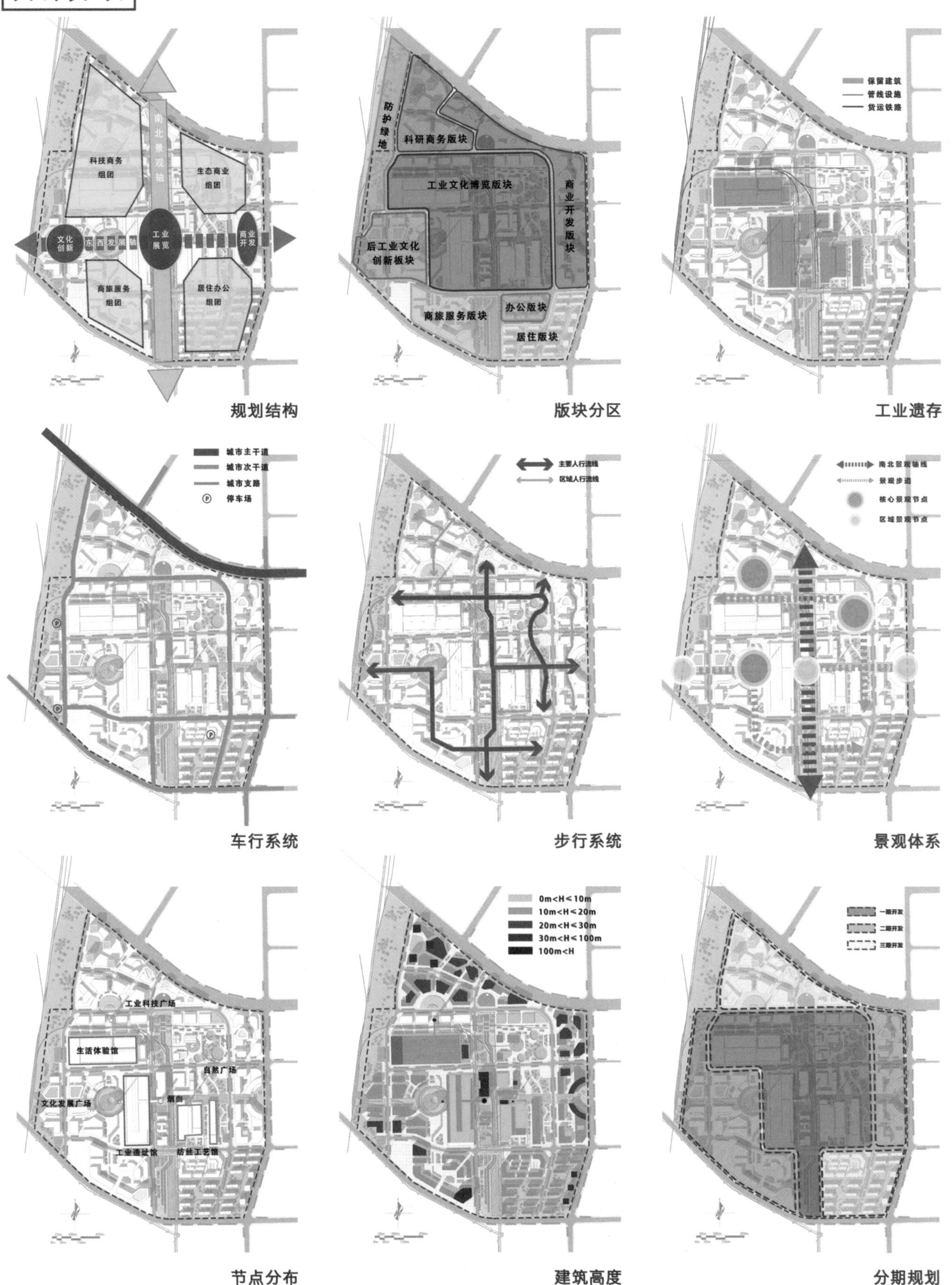

规划结构　版块分区　工业遗存
车行系统　步行系统　景观体系
节点分布　建筑高度　分期规划

传承·共生

保定市恒天纤维工业遗产片区城市设计

学生：钟子凡 闫慧中
指导教师：李翅

节点设计

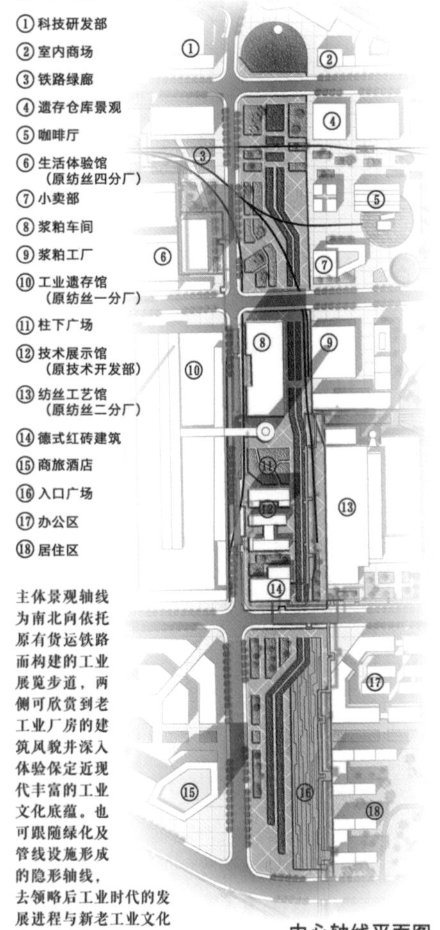

主体景观轴线为南北向依托原有货运铁路而构建的工业展览步道，两侧可欣赏到老工业厂房的建筑风貌并深入体验保定近现代丰富的工业文化底蕴。也可跟随绿化及管线设施形成的隐形轴线，去领略后工业时代的发展进程与新老工业文化撞击而产生的美。

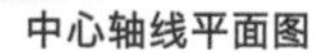
中心轴线平面图

入口广场

办公服务区

中轴广场

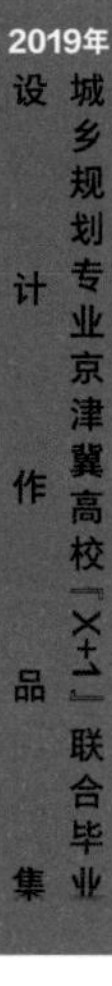

传承·共生

保定市恒天纤维工业遗产片区城市设计

学生：钟子凡 闫慧中
指导教师：李翅

节点设计

厂区内主要广场共有三处，西北侧工业科技广场，东北侧自然广场以及西侧文化发展广场。各版块内有各自的景观绿化，为各处人群构建可随时驻足、休憩、欣赏的绿色景观。

自然广场平面图

商业街入口

文创中心

自然广场

传承与共生——保定市恒天纤维片区城市设计方案

01项目概况

区位分析

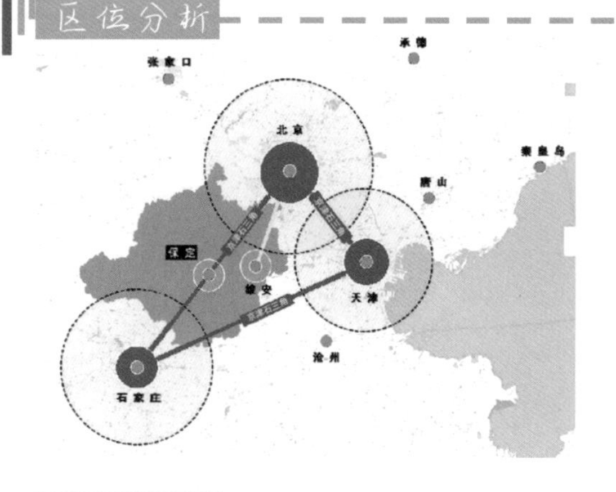

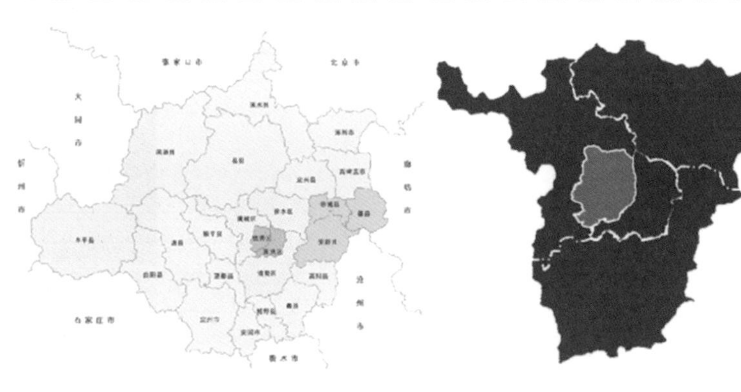

上位规划

图例

工业遗产

文化创新

休闲娱乐

科技办公

现代服务

老城 竞秀区 一五计划 昔日建设 化纤 摇篮 粘胶长丝 棉纺厂 保定故事 纺织 热电厂 澄水池 父辈故事 传统手工业 西郊八大厂 新中 天鹅纤维 记忆 机械厂 保定老厂 城市 公园 604厂 历史 传统工艺

现状照片

纺丝三分厂 园内管道 原液车间 澄水池 纺丝一分厂 备料车间 机械车间 科研所 具有工业特色的柱子 植物资源 4号废气塔 1号废气塔 3号废气塔 原液车间内部结构

保留建筑排序

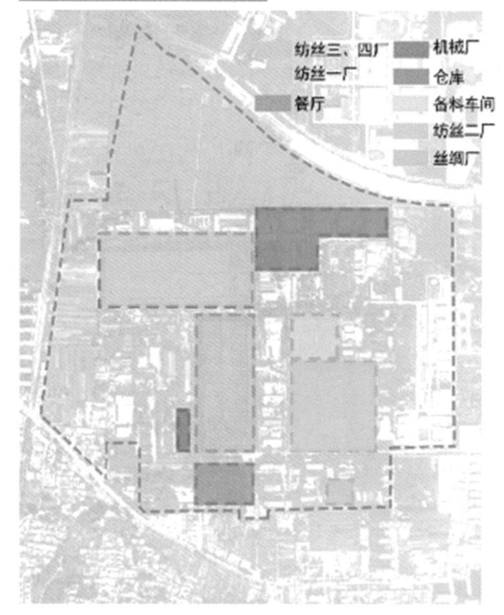

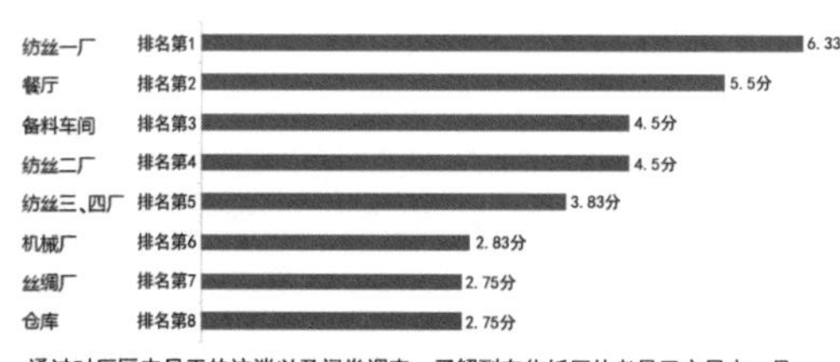

建筑	排名	得分
纺丝一厂	排名第1	6.33分
餐厅	排名第2	5.5分
备料车间	排名第3	4.5分
纺丝二厂	排名第4	4.5分
纺丝三、四厂	排名第5	3.83分
机械厂	排名第6	2.83分
丝绸厂	排名第7	2.75分
仓库	排名第8	2.75分

通过对厂区内员工的访谈以及问卷调查，了解到在化纤厂的老员工心目中，最早建设的纺丝一分厂和餐厅等区域的德式风格老厂区在他们心目中具有重要价值，是基地开发重点关注的区域。

西郊八大厂现状分析

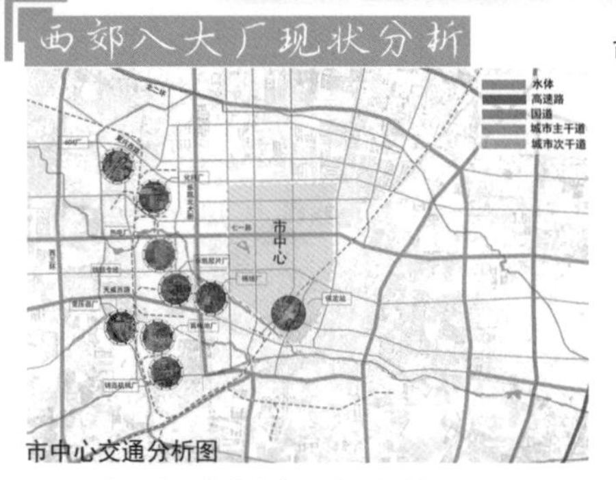
市中心交通分析图

西郊八大厂集中分布于乐凯北大街、西三环、天威西路和七一路附近，乐凯北大街是其中串联西郊八大厂的主要道路。西郊八大厂作为保定的重要老工业区，区域内的保满铁路（现已停运）将八大厂串联起来，并与京广铁路搭接，为老工业区协同发展、工业旅游联动发展提供了有利因素。

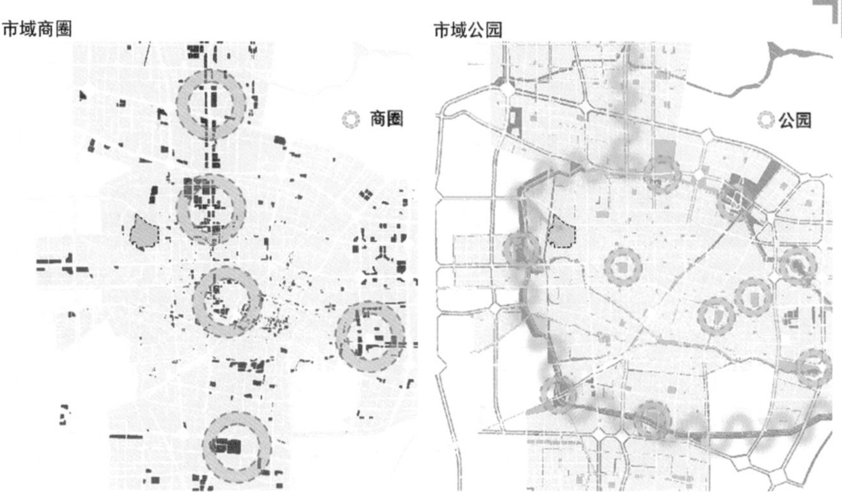

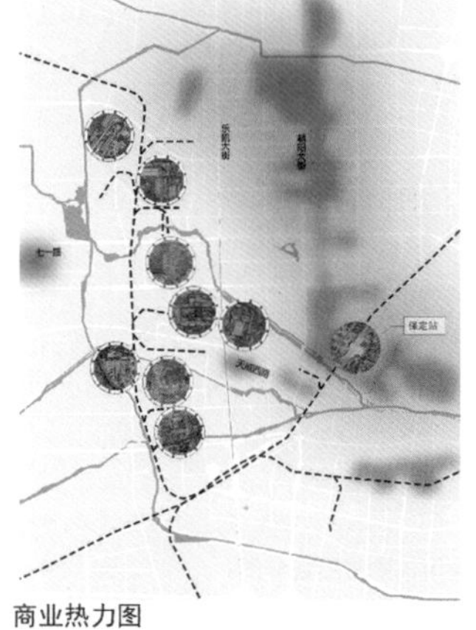
商业热力图

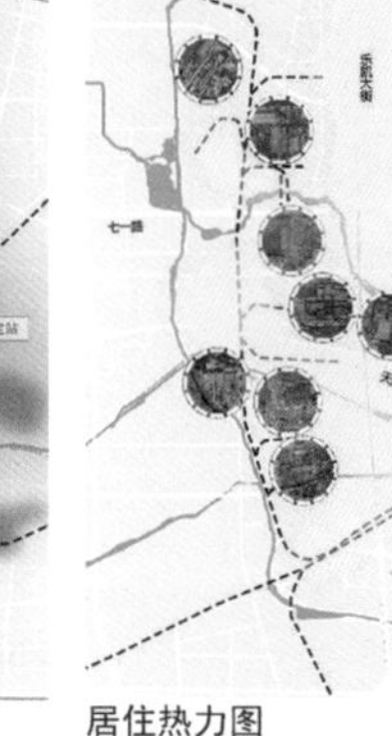
居住热力图

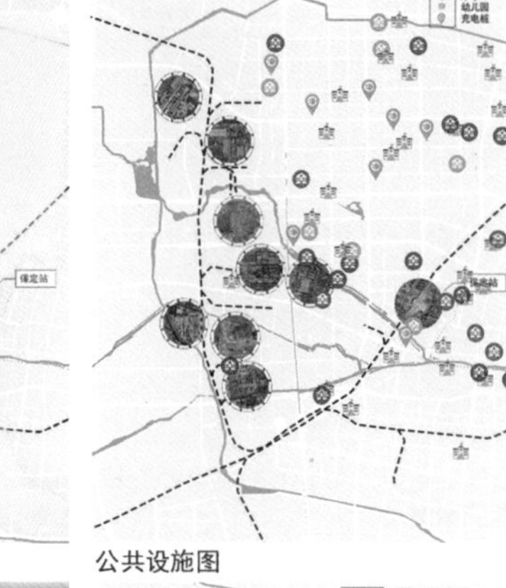
公共设施图

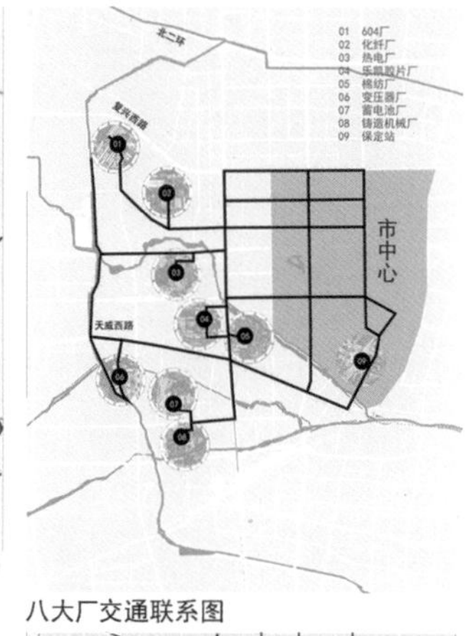

八大厂交通联系图

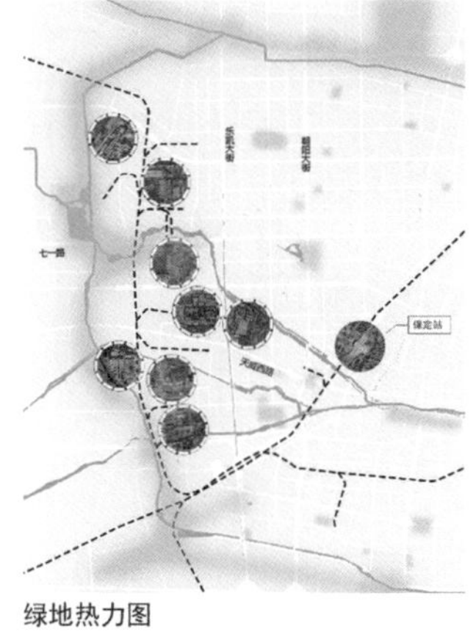
绿地热力图

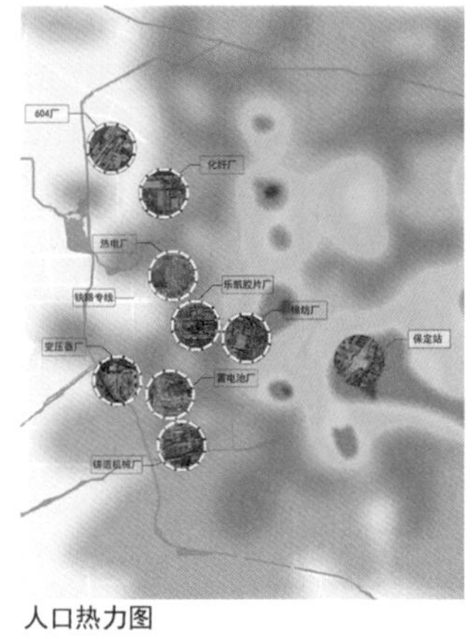
人口热力图

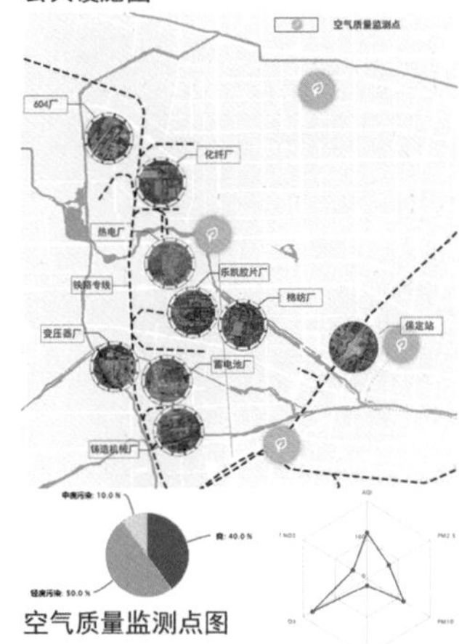
空气质量监测点图

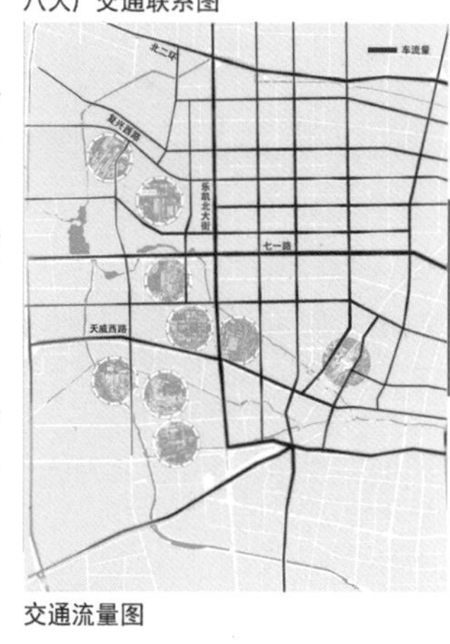
交通流量图

基地周边分析

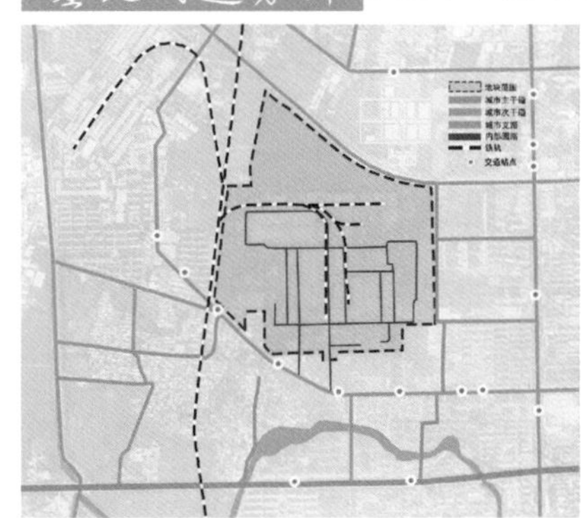
基地周边交通分析图

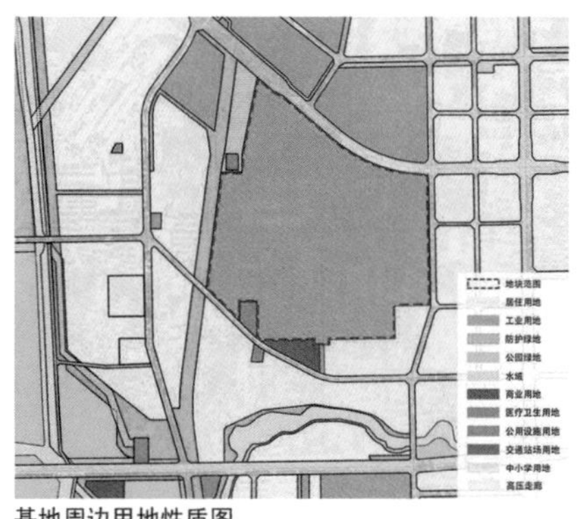
基地周边用地性质图

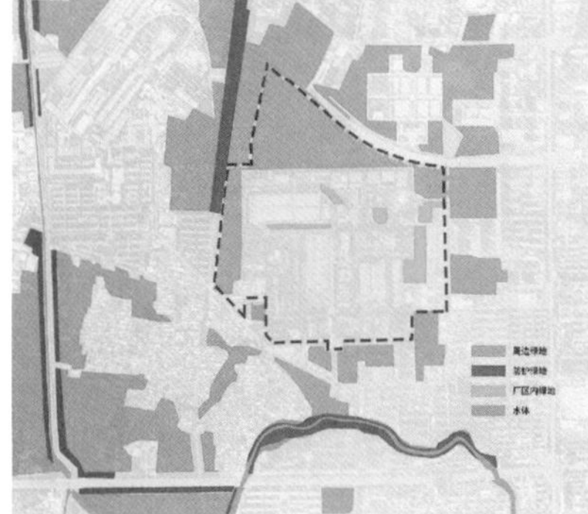
基地周边绿地分布图

基地现状分析

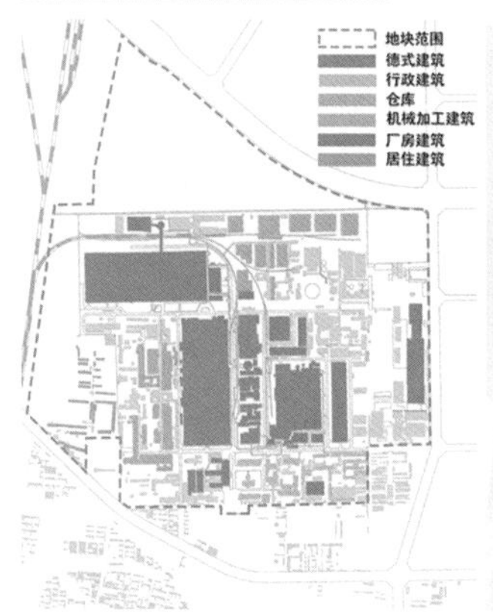

基地工业遗产资源分布图

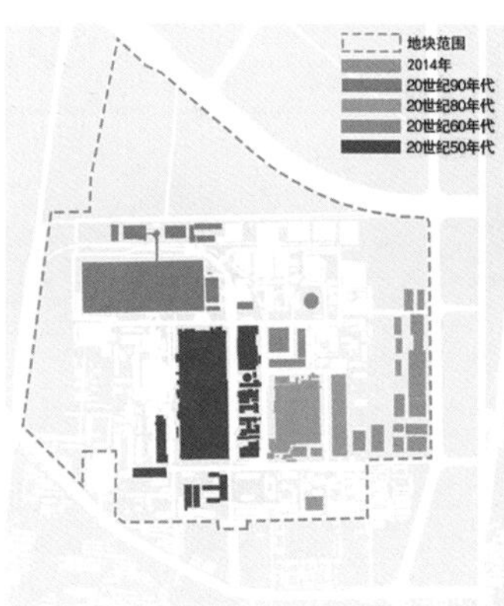

建筑年代图

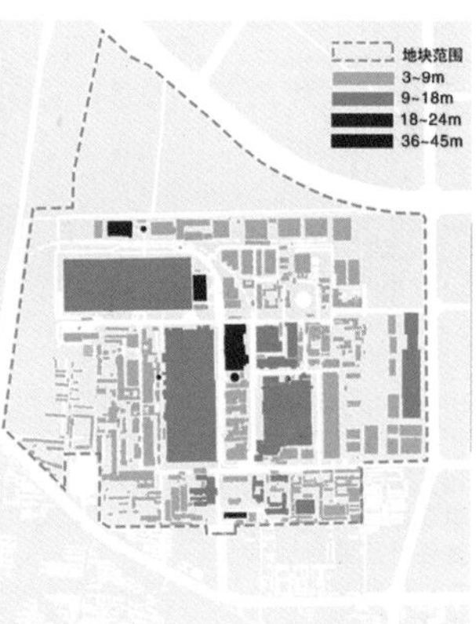

建筑高度图

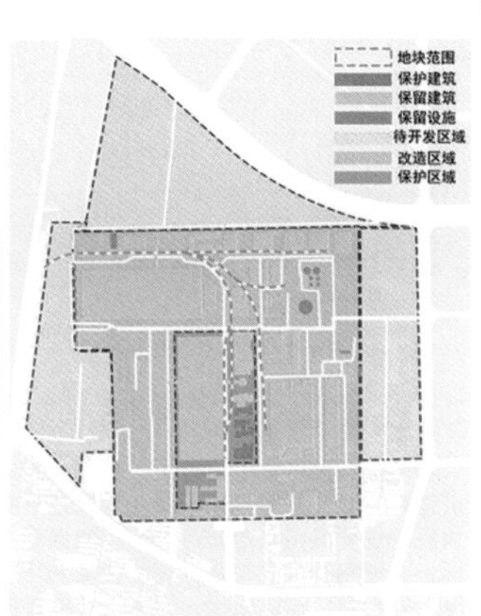

保护建筑分布图

内部污染源图

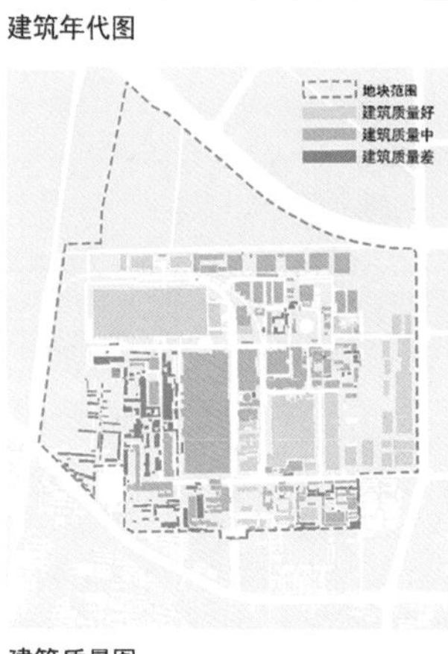

建筑质量图

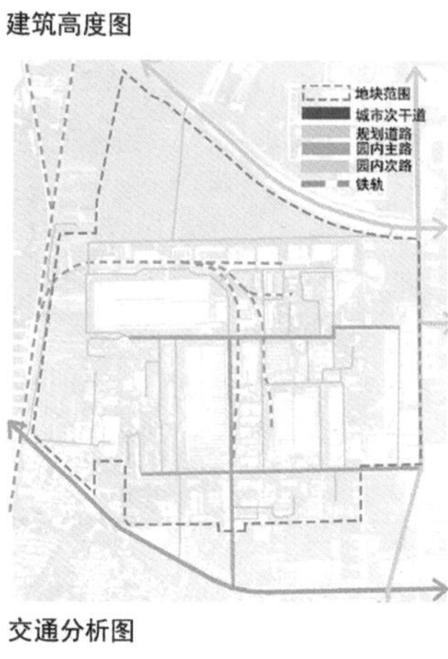

交通分析图

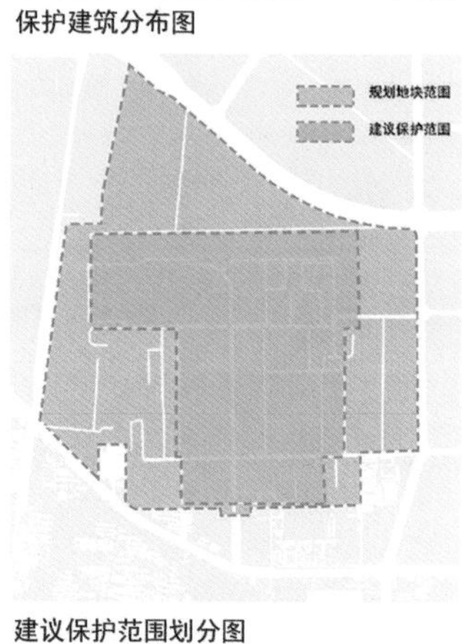

建议保护范围划分图

植物资源图

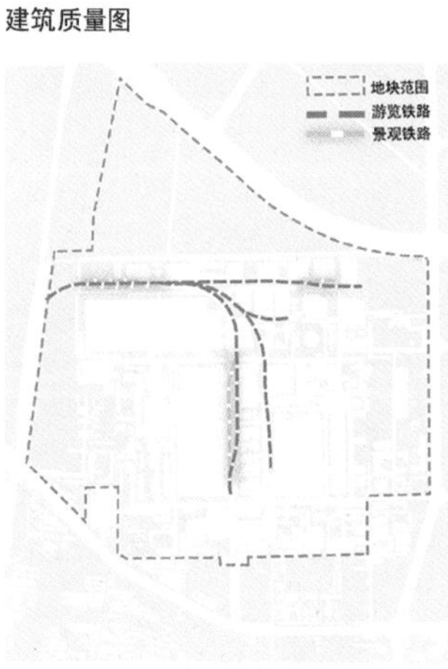

铁路改造方式图

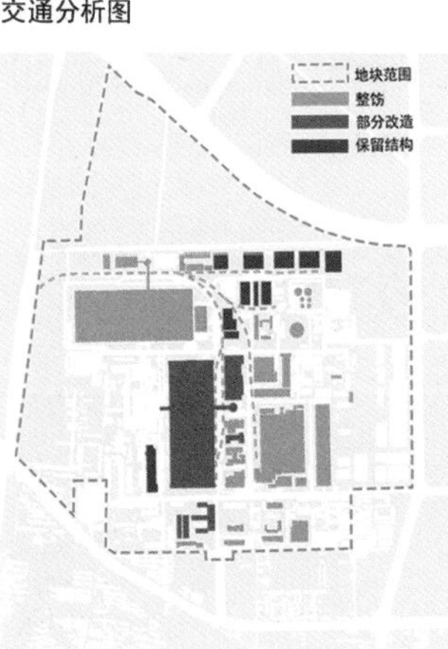

建筑改造方式图

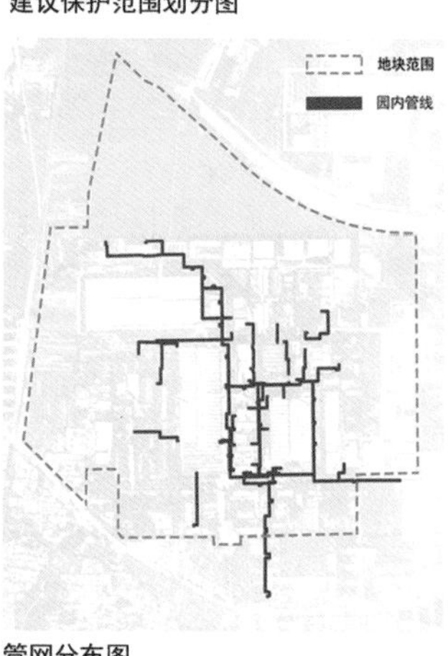

管网分布图

基地空间演化

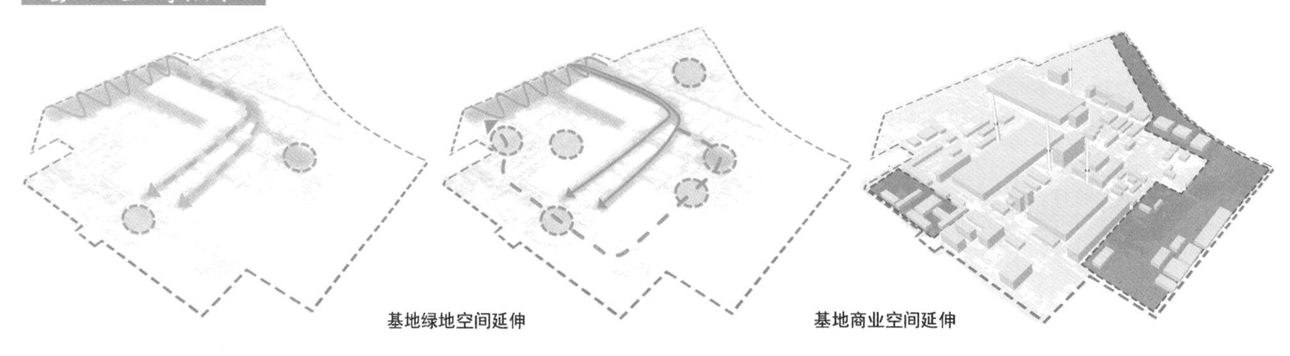

基地绿地空间延伸

基地商业空间延伸

SWOT分析

优势：**工业遗产资源丰富，**德式风格的厂房、烟囱、铁轨。
区位条件优越：距离保定火车站、市中心较近。
行业技术领先：拥有国内第一条粘胶长丝生产线、国家级企业技术中心。

弱点：**基础设施和服务设施条件差，**部分破损建筑没得到维护。
工业遗产资源开发欠缺，没有有效利用现有的工业遗产元素。
场所记忆丢失，空间活力不足。
土地功能丧失，搬迁后的厂区土地荒废，部分地块已丧失基本土壤功能。

机会：**政策机遇，**生态文明城市建设要求需要，**二产向三产转变，京津冀协同发展。**

威胁：受**雄安新区影响，**原本向西发展的城市总规目前停止，原本规划的**保定西站停止，**保定市西部的发展步伐放缓。

触媒元素

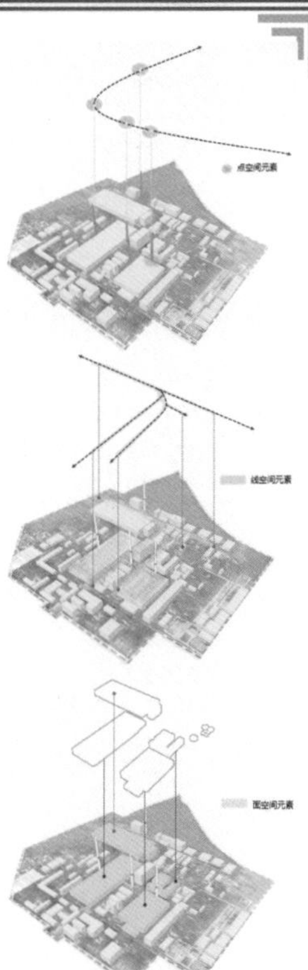

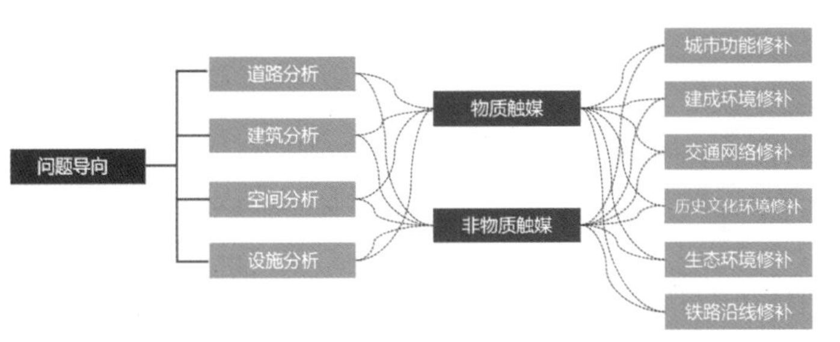

从基地本身来说，恒天纤维厂在拉动保定市经济发展的同时承载了当地居民的深刻记忆，继承和物化人们对老厂区的认同感和归属感，所以化纤厂的场所精神也是一种触媒要素，可以吸引人们了解保定市工业历史。

纺丝一分厂因其建筑外观具有独特美学特质，是厂区肌理结构的关键要素，其配套的废气塔是区域的地标，所以在最大限度地保持纺丝一分厂的主题风貌的基础上加以改造，可以成为传承场所精神的标志性景观。

设计重点

工业遗产修复廊道

修——修复联络主要遗产空间廊道。

生态景观廊道

渗——景观绿地增设雨污渗透廊道。

景观视线廊道

通——联通厂区景观视线通廊。

生产运输廊道

转——转化厂区生产运输轨道为园区游览通廊。

澄水池广场具有强烈的空间认知特征，是人们感知工业场所精神的重要元素。对其生态环境质量进行提升，将其改造成园区中集会、交流、休憩等互动活动的平台，使之成为优质的公共开放空间。

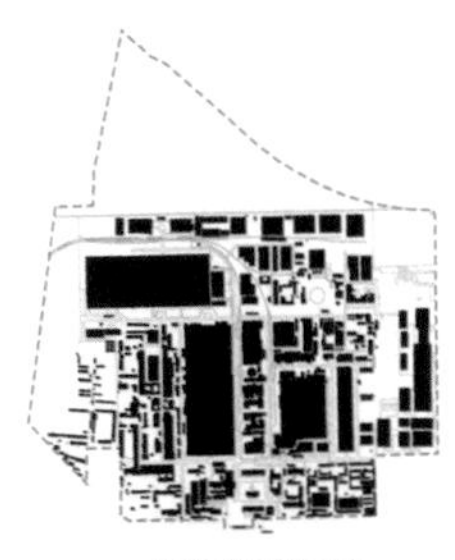

原有基地肌理

肌理分段

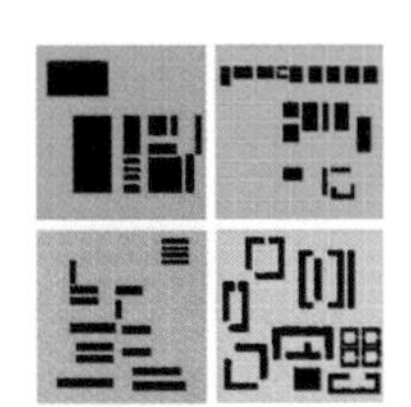

肌理抽象

肌理延续

原有基地肌理内最显眼的就是**厂房建筑，**也是**基地肌理的主要构成元素，**因此首先延续厂房建筑的构成形式，其次基地北侧仓库区的建筑排列方式比较规整，其肌理比较有特点，可以对其进行延续。西侧建筑肌理主要是条形肌理，在后续改造中也可以延续。其他部分的建筑则采用围合式的建筑排布。

基地人群分析

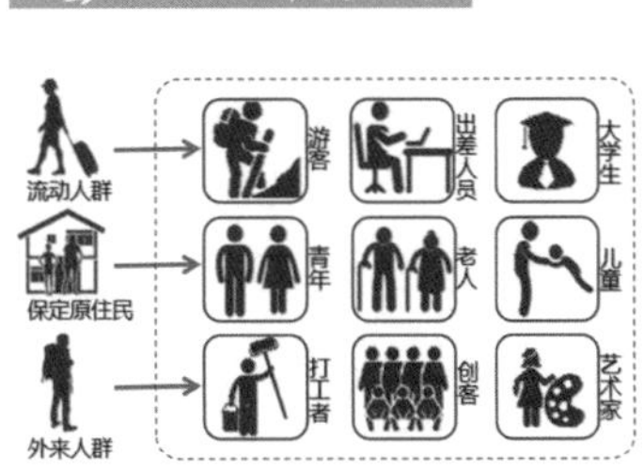

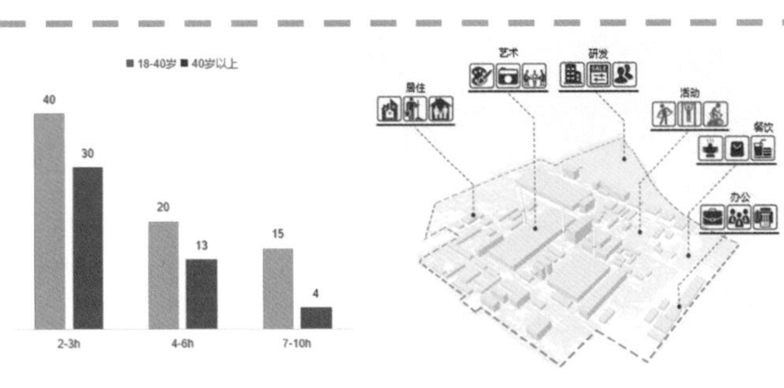

西郊八大厂片区内可能的人群分布主要有流动人群、原住民、外来人群。据数据统计，保定市原住民最多，其次是外来人群以及流动人群。故基地主要面向的人群有周围居民、游客、创客和艺术工作者。在122份有效问卷中，18～40岁间的青年人普遍活动时间多。

北京林业大学

总平面图

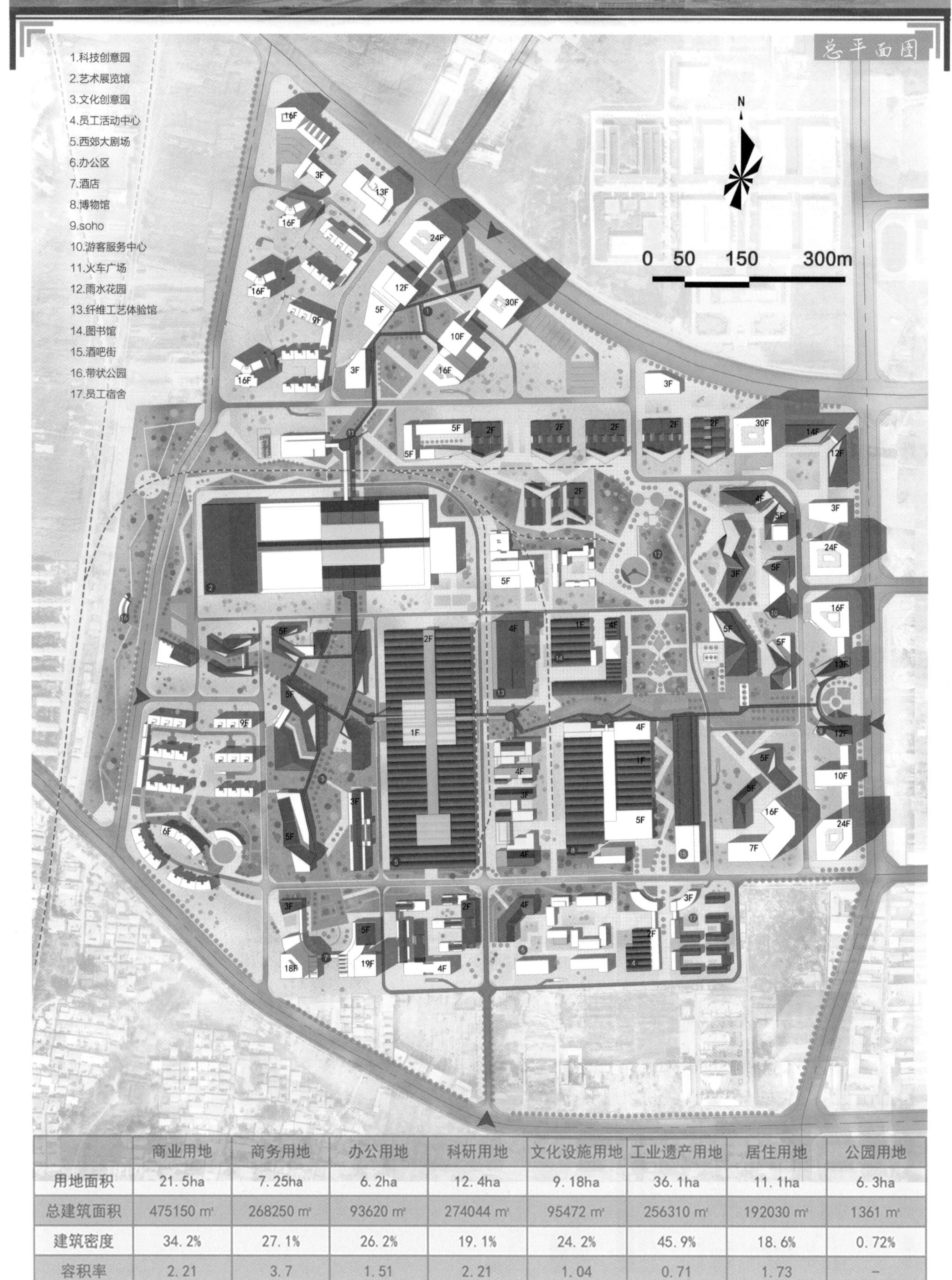

	商业用地	商务用地	办公用地	科研用地	文化设施用地	工业遗产用地	居住用地	公园用地
用地面积	21.5ha	7.25ha	6.2ha	12.4ha	9.18ha	36.1ha	11.1ha	6.3ha
总建筑面积	475150㎡	268250㎡	93620㎡	274044㎡	95472㎡	256310㎡	192030㎡	1361㎡
建筑密度	34.2%	27.1%	26.2%	19.1%	24.2%	45.9%	18.6%	0.72%
容积率	2.21	3.7	1.51	2.21	1.04	0.71	1.73	-
绿地率	-	-	-	-	-	-	-	0.78

方案分析图

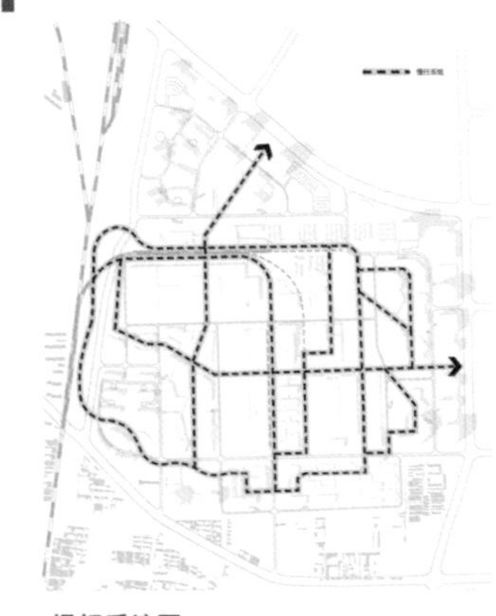
慢行系统图

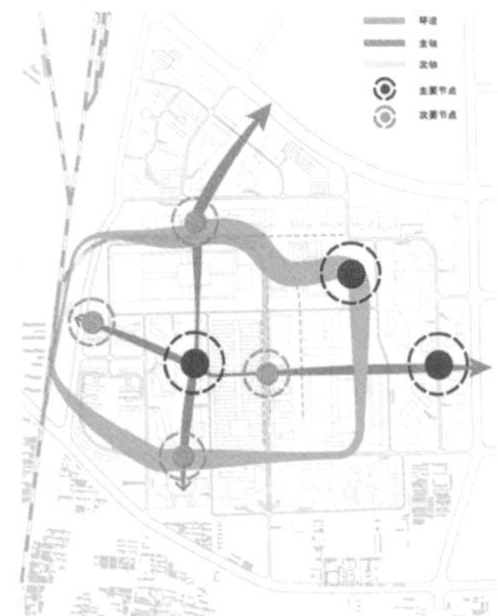
规划结构图

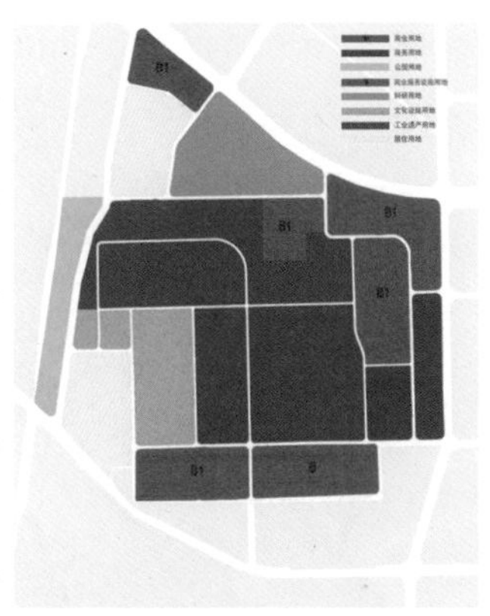
用地分析图

道路分析图

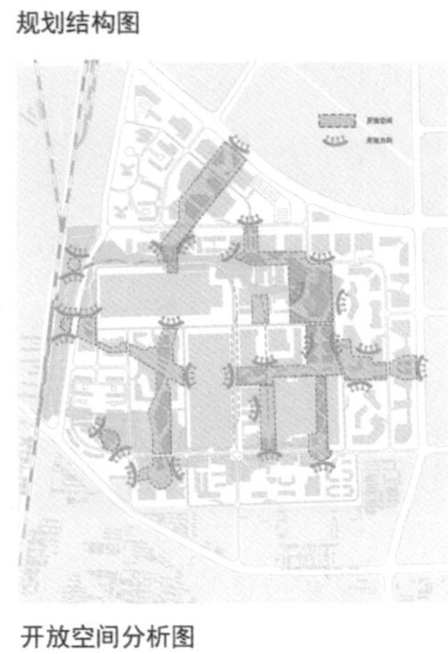
开放空间分析图

功能分区图

静态交通图

游憩空间图

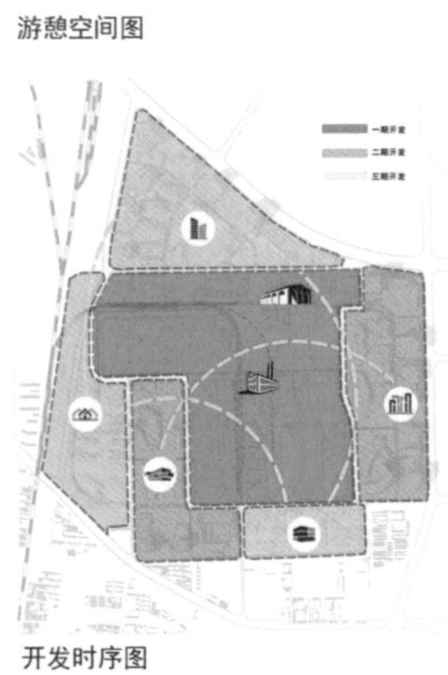
开发时序图

绿地系统图

立体交通图

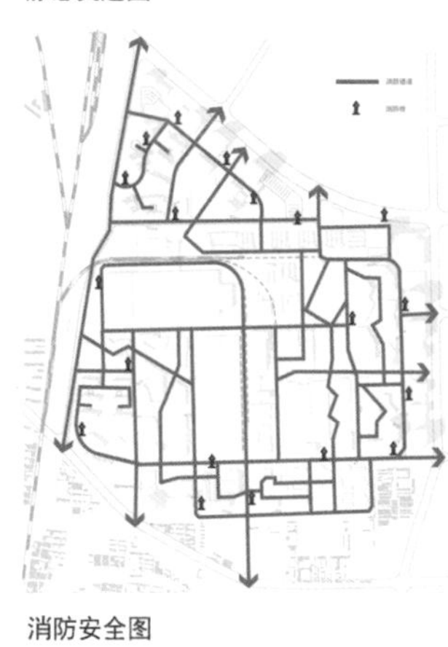
消防安全图

效果图

景观视线轴　soho前广场　雨水花园

鸟瞰图

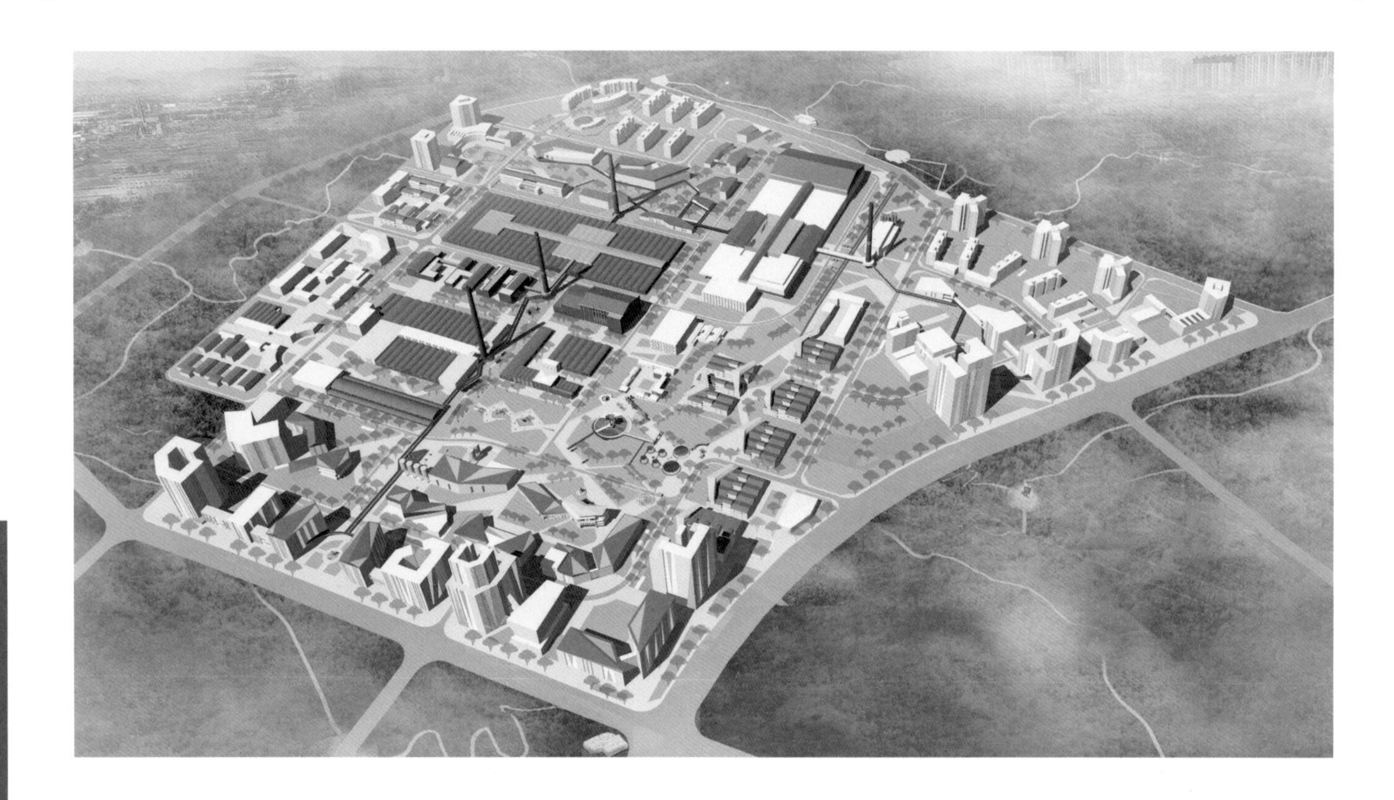

效果图

澄水池广场

soho前广场

科创园广场

雨水花园

组团效果图

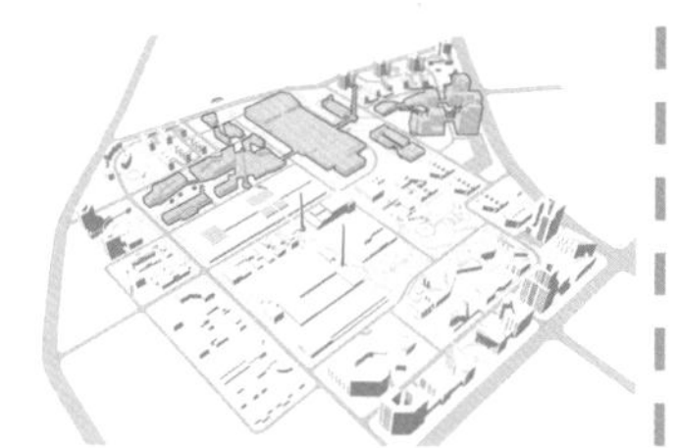
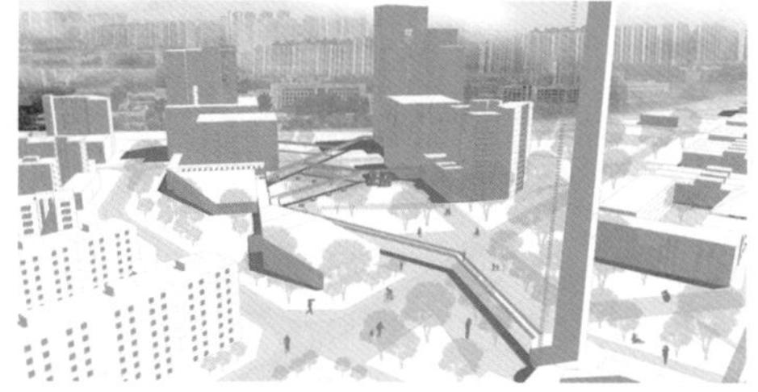

科创园与文创园

商业区与餐饮服务区

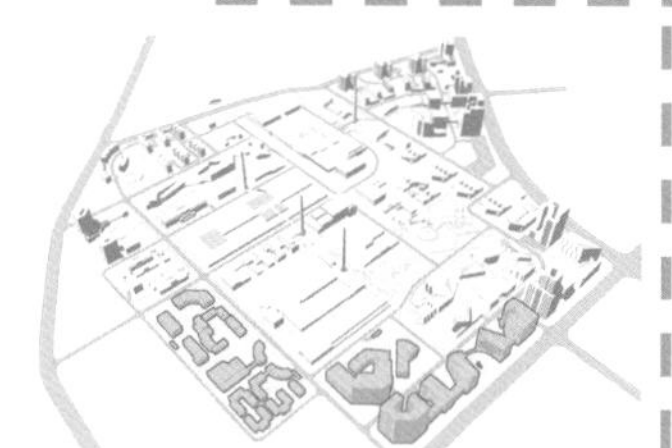

园区管理处与商务区

展览体验区与文化艺术区

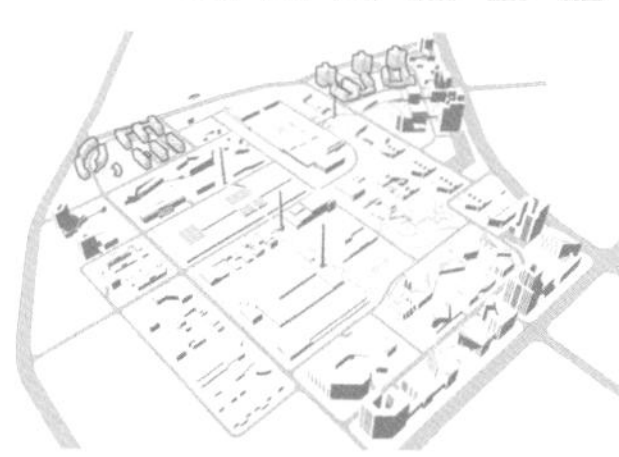
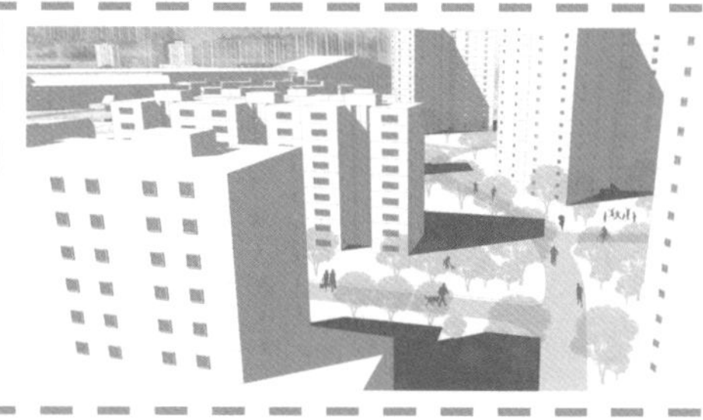

居住小区

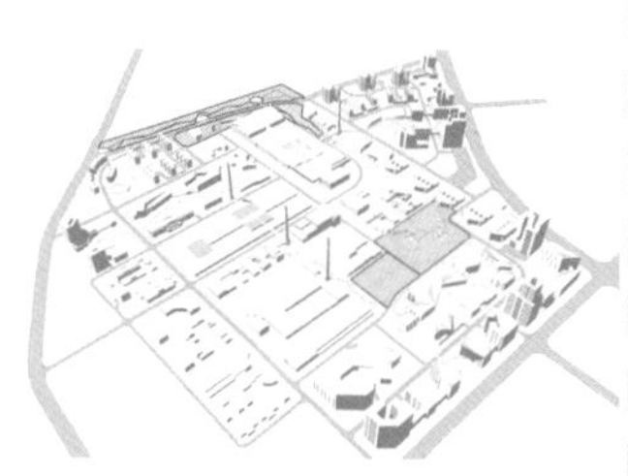

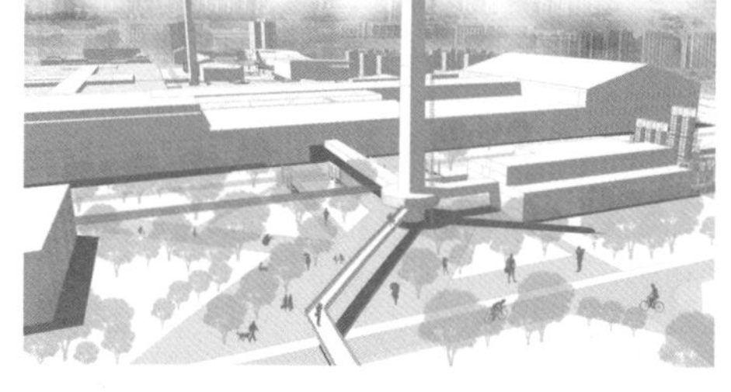

澄水池广场

各校作品展示

北方工业大学

河 北 农 业 大 学
北 京 工 业 大 学
北 京 林 业 大 学
北 方 工 业 大 学
天 津 城 建 大 学
河 北 工 业 大 学
河 北 工 程 大 学
河 北 建 筑 工 程 学 院
吉 林 建 筑 大 学

指导教师感言

又一年的联合毕设结束了。每年伴随忙碌的毕业设计送走可爱的学生们，情绪总是复杂的，甜蜜又酸涩，不舍又欣慰。

今年的联合毕设在保定，保定是一座历史悠久的城市，从直隶总督府到今天的雄安新区，保定是一座青春又古老的城市。而这次的题目是工业遗产、城市历史、城市与产业的转型，各种充满矛盾的要素在这里交织，题目很难，解题不易。而这个题目又充满深意，似乎演绎了中国城市发展的转型四十年，演绎了中国城市进步的四十年。这些转型更带给每个设计者更深度地对于城市的思考。

交流与碰撞，沟通与展示，得到与付出，联合毕业设计搭建的平台是未来京津冀规划院校合作的基础。联合毕业设计已经从北京一天津一保定走完了一个完整的京津冀巡回，这三年对京津冀三地的问题研究带来了不同院校的规划合作和规划思考，未来希望联合毕设走得更远，更好……

李婧

“X+1”京津冀联合毕设已经进入第三年：从流淌着运河古韵的张家湾古镇，到充满市井气息的天津西沽，再到本次的规划地段保定纤维厂片区，变化的是不同城市的不同气质，不变的是老师、同学们的热情与责任。

保定是一座有着悠久历史文化的古城，纤维厂片区则是承载着独特工业文明记忆的场所：该片区对于保定市的城市更新而言具有怎样的积极影响？区域内的工业建筑是否具有重要的遗产价值？如何评判其艺术、文化与技术价值？什么是适宜于该片区的发展策略？我们能够做些什么？这样的问题无疑值得我们深思。

作为指导教师，必须为我可爱的学生们点赞：严谨的现状研究，准确的发展定位，独辟蹊径的、基于叙事情节的规划思路，将我们带入了保定老工业区更新的“大江大河”，厂工老宋、手艺人老宋、商务精英小宋、创业小宋等角色的倾情演出，以如此独特的视角展现了老工业区的过去、现在与未来。原来，设计可以如此好玩！

梁玮男

学生感言

彭竞仪：很感激在临近毕业时有机会参加京津冀高校“X+1”联合毕设，和其他学校共同探讨保定恒天纤维片区的工业遗产保护与再利用设计。这个过程中，我接触到了一个好的毕业设计选题，进行了较为细致的设计研究，并且通过联合毕设的交流平台，学习到了其他学校同学们很多优秀的思考方式、设计方法及表达技巧，了解了其他学校的教学体系和优势方法。在各学校的汇报交流及专业评委点评过程中，我们相互取长补短，相互促进，共同完成我们的毕业设计，并收获了知识和成长。

王珊：还记得初到恒天纤维厂调研时，这里厚重的工业氛围深深地感染着我，方方正正的厂房，泛着时代记忆的红砖墙面，极具特色的拱形屋顶，斑驳破损的铁轨，不带杂质的高敞明亮的空间，它们都因岁月留下的痕迹而别有韵味；而天空还是湛蓝，树木依然繁茂，叶子依旧绿得亮眼，它们仿佛牵起了岁月的长线，让奄奄一息的纤维厂尚有一丝生气。因此在设计上我们采取兼容并蓄的策略，精神存、面貌新，用现代设计手法完美复刻铁路、红砖、厂房、高塔等，让工业记忆永远延续，同时，在旧的记忆中植入符合现代需求的新记忆，让这里重现昔日的辉煌与活力。

周扬：很庆幸自己参加了这次联合毕设，虽然期间任务繁重，忙得焦头烂额，但是收获颇丰，于日后的专业学习和工作都十分有益。也感谢各个学校的老师、同学们，很高兴能有这个开放的平台相互交流学习。在设计初期，我们尚未找到合理的框架逻辑分析现状问题，对于方案主体框架有时意见分歧，有时方向有误，方案几经更改推翻，但也终于在大家的努力和老师们的引导启发下得到一致肯定。这段时间，我们也认识到了规划工作合作的重要性。对于“工业遗产改造”这个课题我们以前的专业课少有涉及，所以这次的毕业设计让我对这个方向有了更深层次的了解。此次毕业设计不仅是对我们大学五年学习质量的检验，也是在最后本科即将结束阶段让我们认识到，对待专业知识要理性思考、大胆创新、缜密负责，规划师任重道远。

释题与设计构思

释题

本次联合毕设以“传承与共生”为主题，引导学生挖掘、活化文化价值，更新、重塑产业功能，活化利用特色空间，以实现厂区的价值传承及与城市需求的共生。

文化的传承与共生——在地文化挖掘，异地文化共生

就文化而言，基地位于国家历史文化名城保定市，历史悠久，拥有四项第一的称号，具有较强的工业文化价值。但单一的厂区工业文化价值内涵不足以支撑整体片区的发展，因而需要深入挖掘在地文化，并根据区位条件整合异质文化，以带动片区整体发展。对于在地文化，追溯保定市工业发展史，可以提炼出工业文化与纺织文化两大在地文化;对于工业文化，可以扩充其文化内涵，延展其时空内容并考虑物质与非物质两大要素；对于纺织文化，可以在挖掘历史的基础上，着眼未来，关注新时代下纺织文化与新材料、文创的结合；对于异质文化，可利用保定市“冠军摇篮、体育之城”的体育文脉及基地靠近体育文化核心的地理优势，利用工厂的特色风貌来延续城市体育文化文脉。

功能的传承与共生——旅游功能扩展，产业功能共生

就功能而言，需关注地块的区位条件和上位规划要求；就地理区位来说，地块其实处于各级的核心区域，发展优势较大；就产业发展区位而言，地块地处商贸文化服务集聚带，链接天津、雄县、白洋淀核心承载服务区，并位于都市高端产业核心区和文创旅游片区交界处，具有发展文创旅游、现代服务的优势。另外恒天集团新材料产业园对接雄安重要产业——新材料产业，也为地块带来了发展机遇；就功能区位而言，地块位于西郊八大厂产业升级改造区，滨临市级体育中心、高新技术产业区及居住产业区，并远离商业综合服务中心，因此需着重发展高新技术产业和体育产业，并为居住区提供商业综合服务需求。同时，相关规划对基地的定位为工业旅游与工业文化博览。因此，可以确定基地的功能包含旅游服务功能和综合服务、商务办公、文化创意、科技创新等城市功能。

空间的传承与共生——厂区空间延续，城市空间共生

就空间而言，有两个关键点，一是需要尊重并延续厂区原有要素和格局，二是需要配合城市的需求，链接城市空间。因此，在空间结构的搭建上就需要延续厂区的格局，利用重要工业要素构建空间结构，来链接城市空间并突出厂区特色风貌。在道路交通上，可在厂区道路交通要素的基础上，完善道路交通结构，并创造慢行交通网络及静态交通空间，满足城市需求。对于景观绿化，需要充分利用厂区的现有绿化景观资源，进行结构完善，并创造多种公共空间，以满足城市需求。

设计构思

由李婧、梁玮男老师进行指导，由彭竞仪、王珊、周扬进行设计，以“空间叙事 • 大江大河”作为主题，探讨保定恒天纤维片区的更新改造。

设计首先详细分析了地块的区位条件，了解地块的优势、困境与诉求。另外，详细研究了厂区的历史价值与现状，并就建筑设施进行综合评估，为建筑改造保留及空间规划设计提供参考。随后，依据区位分析及厂区分析，对相关规划进行评估调整，并确定文化共生、功能共生的设计策略及“旅游文化点、城市公共核、创智新中心”的规划定位。

在总体城市设计层面，依据前期分析和设计策略，确定了“核心带动，双轴双廊”的规划结构及“T 区为核，四区辅助”的功能分区，以带动片区整体发展。在道路交通方面，打造“外围疏解，内部生态”的道路体系，并创建多种慢行空间。在景观生态方面，保留延续基地原有景观格局，并创造多样化的景观覆盖全龄。

在详细城市设计层面，从人的角度出发，依据规划定位，引入厂工宋运辉、手艺人宋运萍、商务白领 NANCY 宋、创业者宋巡、学生宋小宝、游客小怡六位不同年代、不同职位的主人公，从他们的切实需求出发，展开分区设计，进行空间叙事，具体讲述恒天纤维厂的“大江大河”。

区位分析

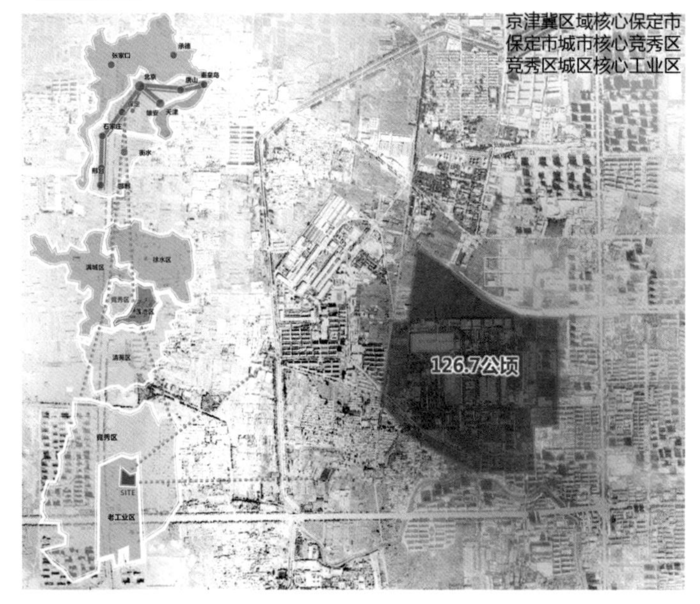

产业分析

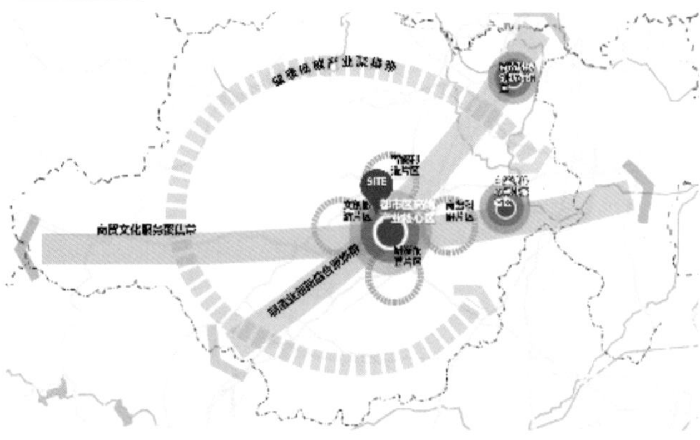

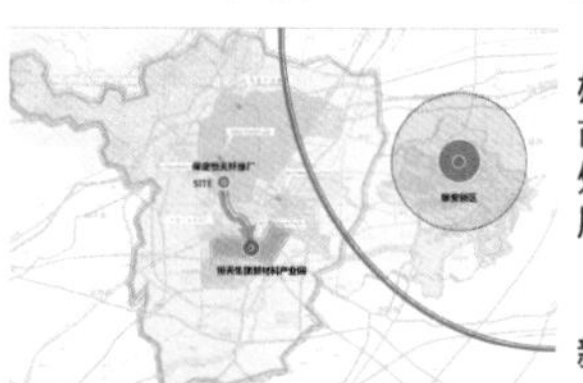

基地地处商贸文化服务集聚带，连接天津、雄县、白洋淀核心承载服务区，并位于都市区高端产业核心区和文创旅游片区交界处，是文创旅游、现代服务产业的优势发展地。

恒天集团新材料产业园对接雄安重要产业新材料产业，为基地带来巨大发展机遇。

功能分析

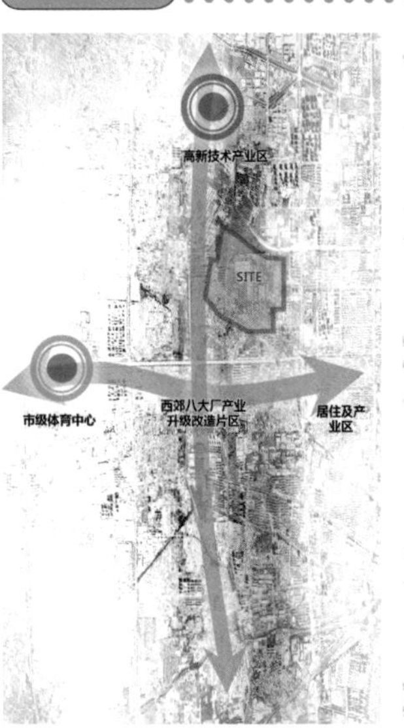

城市重要升级改造区域，科创、体育优势大

交通分析

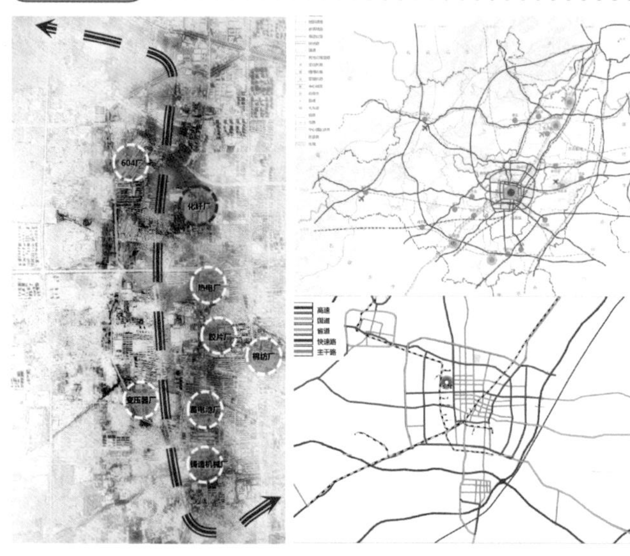

未来交通区位优势大，特色铁路连接八大厂区

历史文化

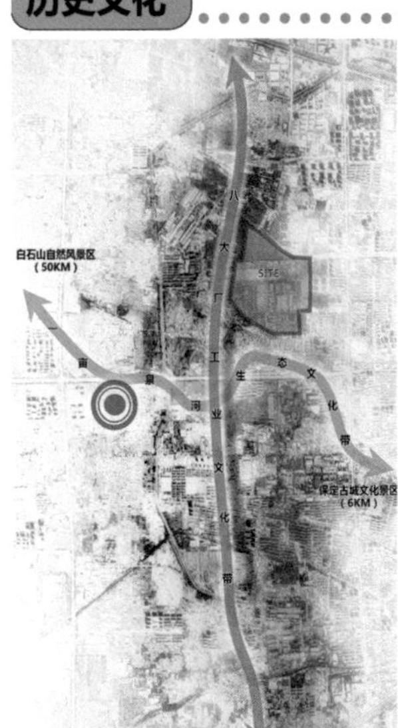

历史文化休闲核心集聚区、西郊八大厂文化带

景观生态

滨临城市蓝绿网络，西接城市大型景观节点

厂区现状

厂区建筑风貌鲜明，极具改造潜力

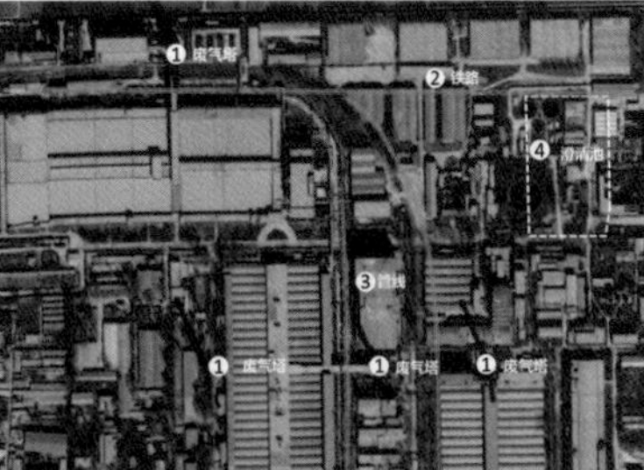

厂区设施特色丰富，极具利用价值

建筑评价

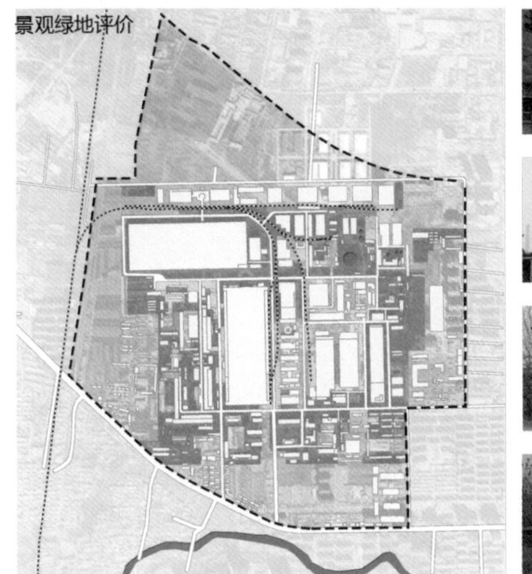

绿化景观资源丰富，但缺乏体系建设

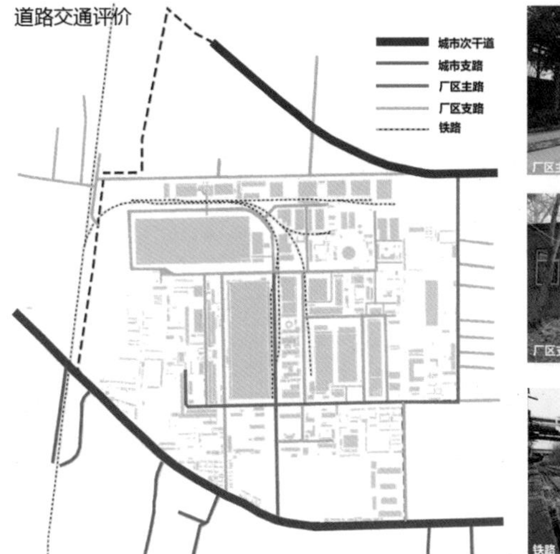

路网通达性差，缺乏成熟的道路体系建设

建筑评估

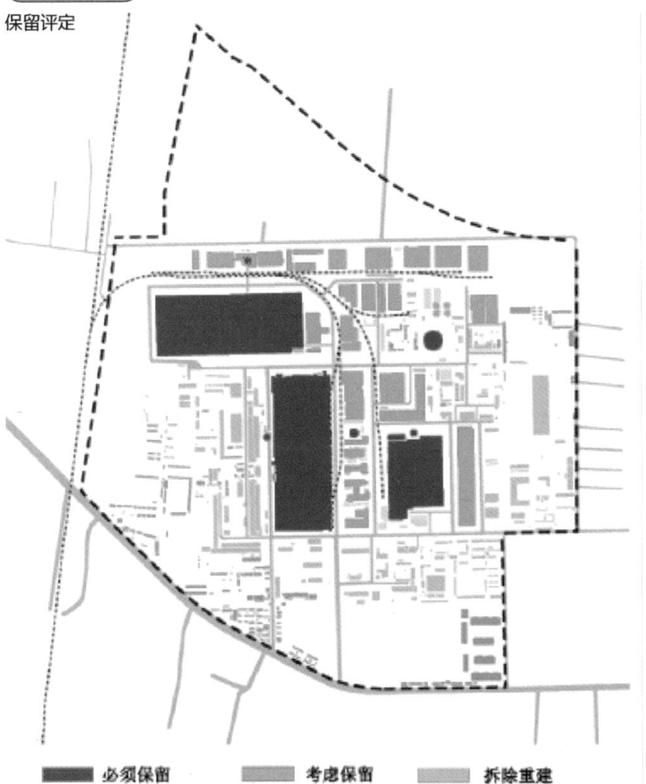

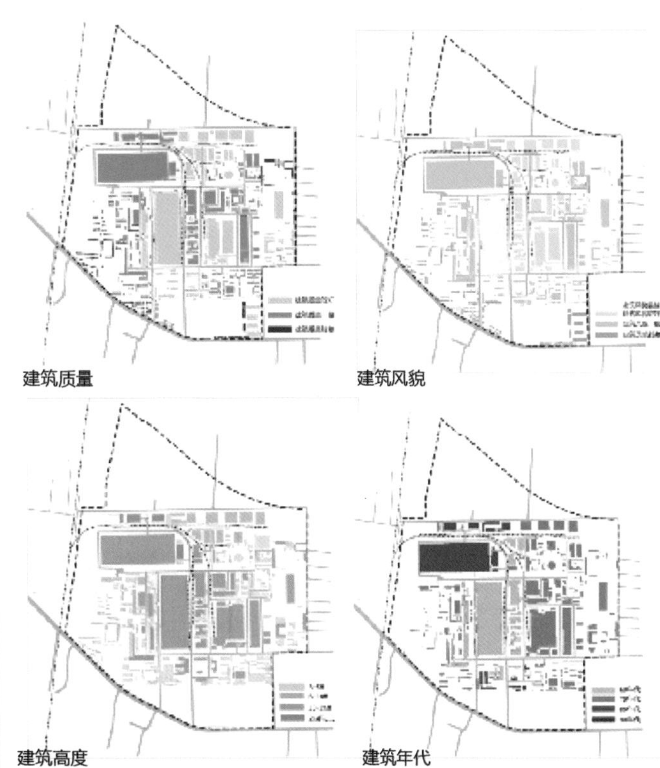

北方工业大学

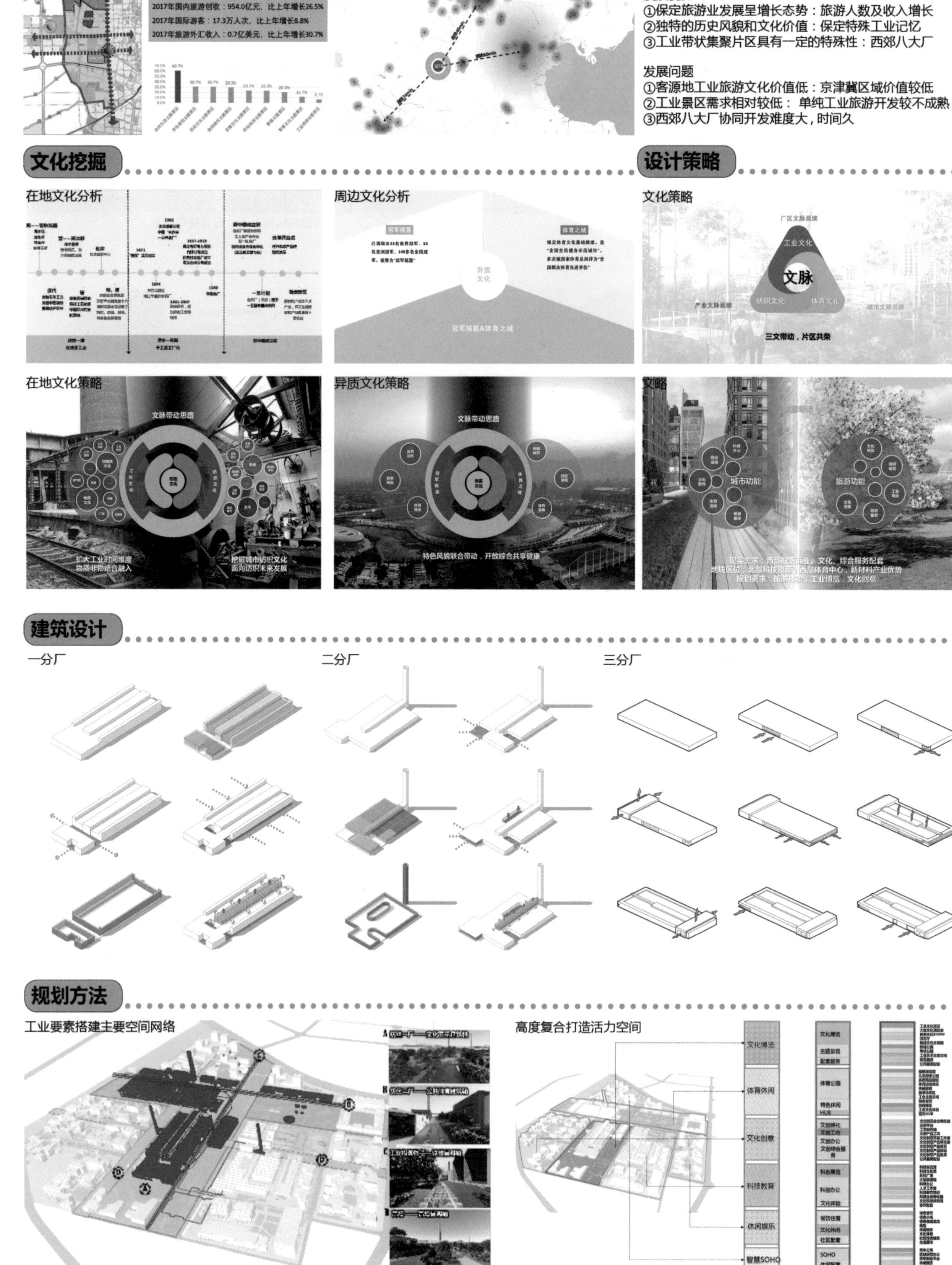
规划评析
全市有A级旅游景区：40个
全市4A级以上景区：15个
全市星级饭店：49家
2017年国内游客：9490.8万人次，比上年增长18.9%
2017年国内旅游创收：954.0亿元，比上年增长26.5%
2017年国际游客：17.3万人次，比上年增长8.8%
2017年旅游外汇收入：0.7亿美元，比上年增长30.7%
规划定位
工业旅游、工业文化博览园
发展优势
①保定旅游业发展呈增长态势：旅游人数及收入增长
②独特的历史风貌和文化价值：保定特殊工业记忆
③工业带状集聚片区具有一定的特殊性：西郊八大厂
发展问题
①客源地工业旅游文化价值低：京津冀区域价值较低
②工业景区需求相对较低：单纯工业旅游开发较不成熟
③西郊八大厂协同开发难度大，时间久
文化挖掘
在地文化分析
周边文化分析
冠军摇篮
体育之城
异质文化
冠军摇篮&体育之城
设计策略
文化策略
厂区文脉延续
工业文化
文脉
纺织文化
体育文化
产业文脉延续
城市文脉延续
三文带动，片区共荣
在地文化策略
文脉带动思路
扩大工业时间维度
物质非物结合融入
挖掘城市纺织文化
面向纺织未来发展
异质文化策略
文脉带动思路
特色风貌联合带动，开放综合共享健康
城市功能
旅游功能
建筑设计
一分厂
二分厂
三分厂
规划方法
工业要素搭建主要空间网络
高度复合打造活力空间
文化博览
体育休闲
文化创意
科技教育
休闲娱乐
智慧SOHO

设计分析

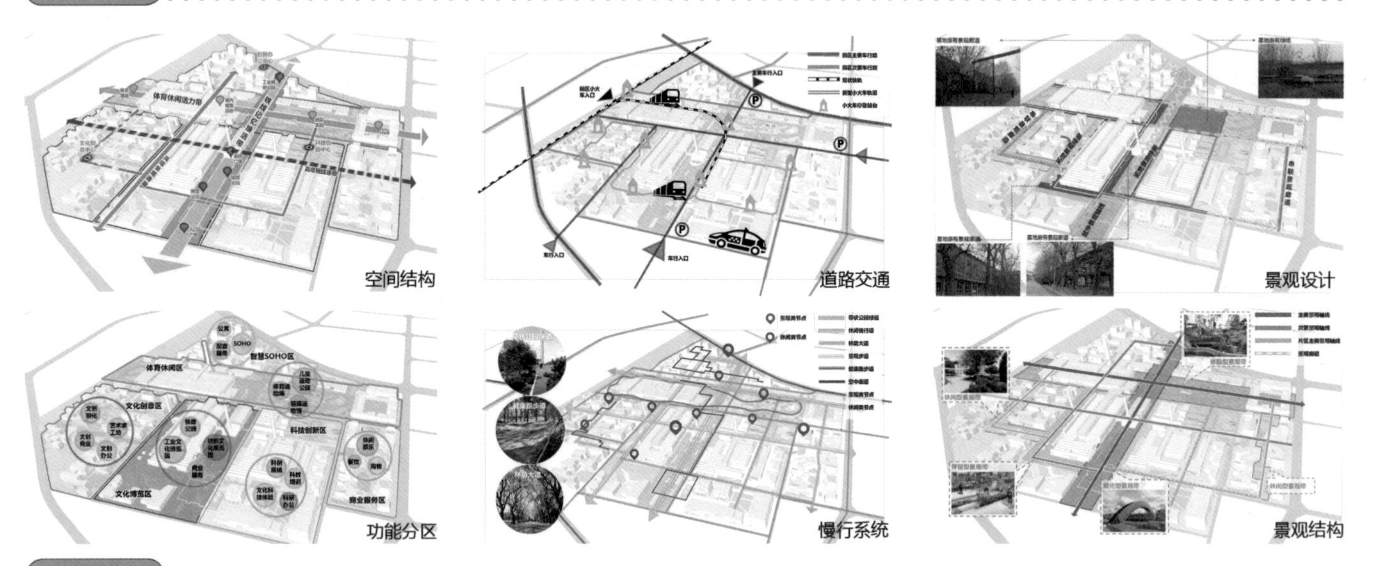

空间结构
道路交通
景观设计
功能分区
体育休闲区
智慧SOHO区
文化创意区
科技创新区
文化博览区
商业服务区
慢行系统
景观结构

总平面

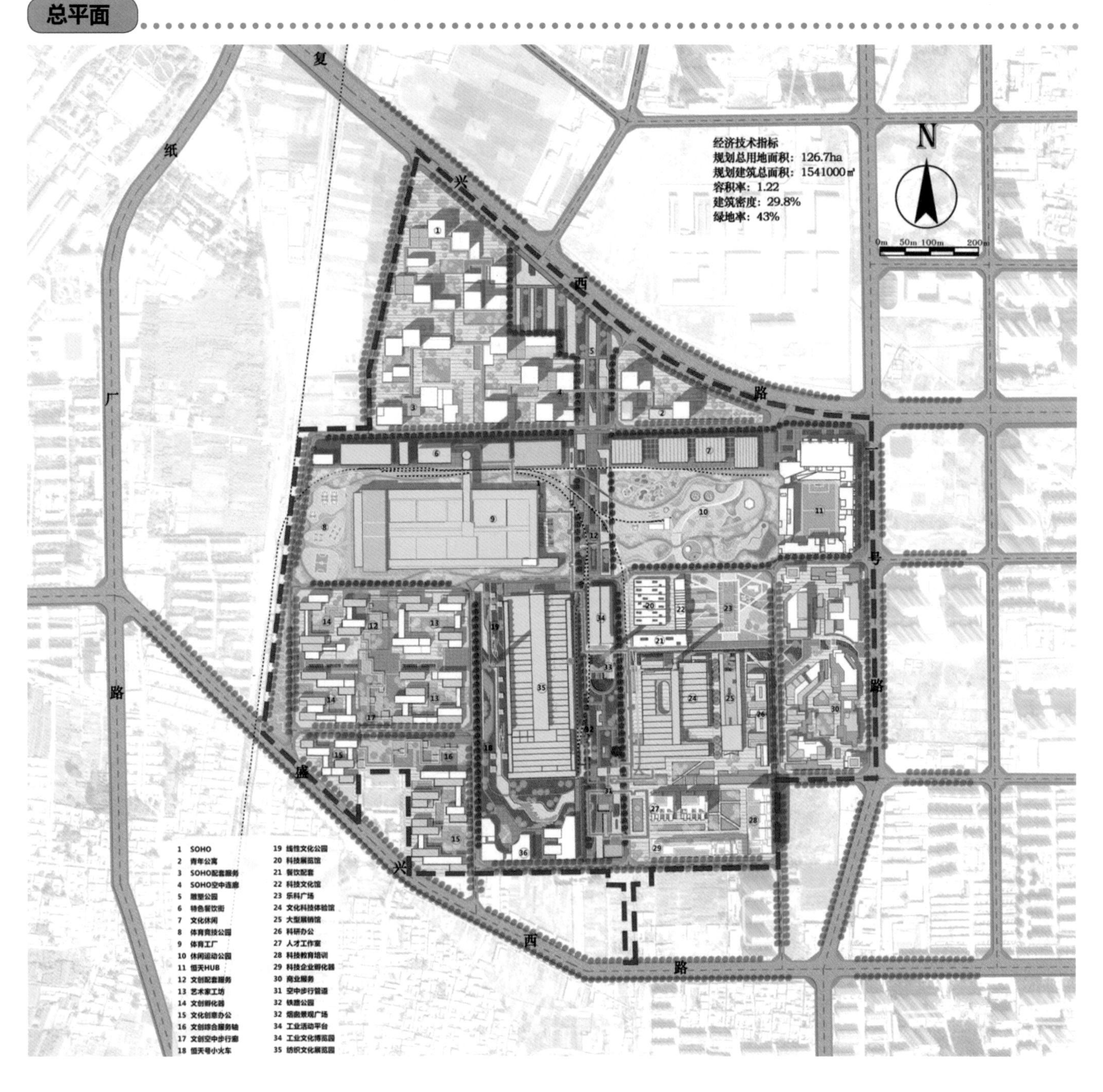

复兴西路
纸厂路
盛兴西路
号路
经济技术指标
规划总用地面积：126.7ha
规划建筑总面积：1541000㎡
容积率：1.22
建筑密度：29.8%
绿地率：43%
N
0m 50m 100m 200m
1 SOHO
2 青年公寓
3 SOHO配套服务
4 SOHO空中连廊
5 雕塑公园
6 特色餐饮街
7 文化休闲
8 体育竞技公园
9 体育工厂
10 休闲运动公园
11 恒天HUB
12 文创配套服务
13 艺术家工坊
14 文创孵化器
15 文化创意办公
16 文创综合服务轴
17 文创空中步行廊
18 恒天号小火车
19 线性文化公园
20 科技展览馆
21 餐饮配套
22 科技文化馆
23 乐科广场
24 文化科技体验馆
25 大型展销馆
26 科研办公
27 人才工作室
28 科技教育培训
29 科技企业孵化器
30 商业服务
31 空中步行管道
32 铁路公园
32 烟囱景观广场
34 工业活动平台
34 工业文化博览园
35 纺织文化展览园

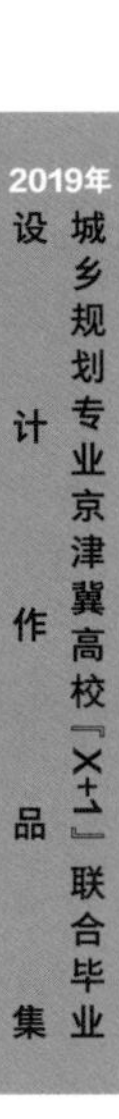

人物情感演绎

这是工厂改造的故事，也是时代的叙事
文化延续下的工业改造
既满足了城市在时代发展下的产业更新，也活化了空间

鸟瞰图

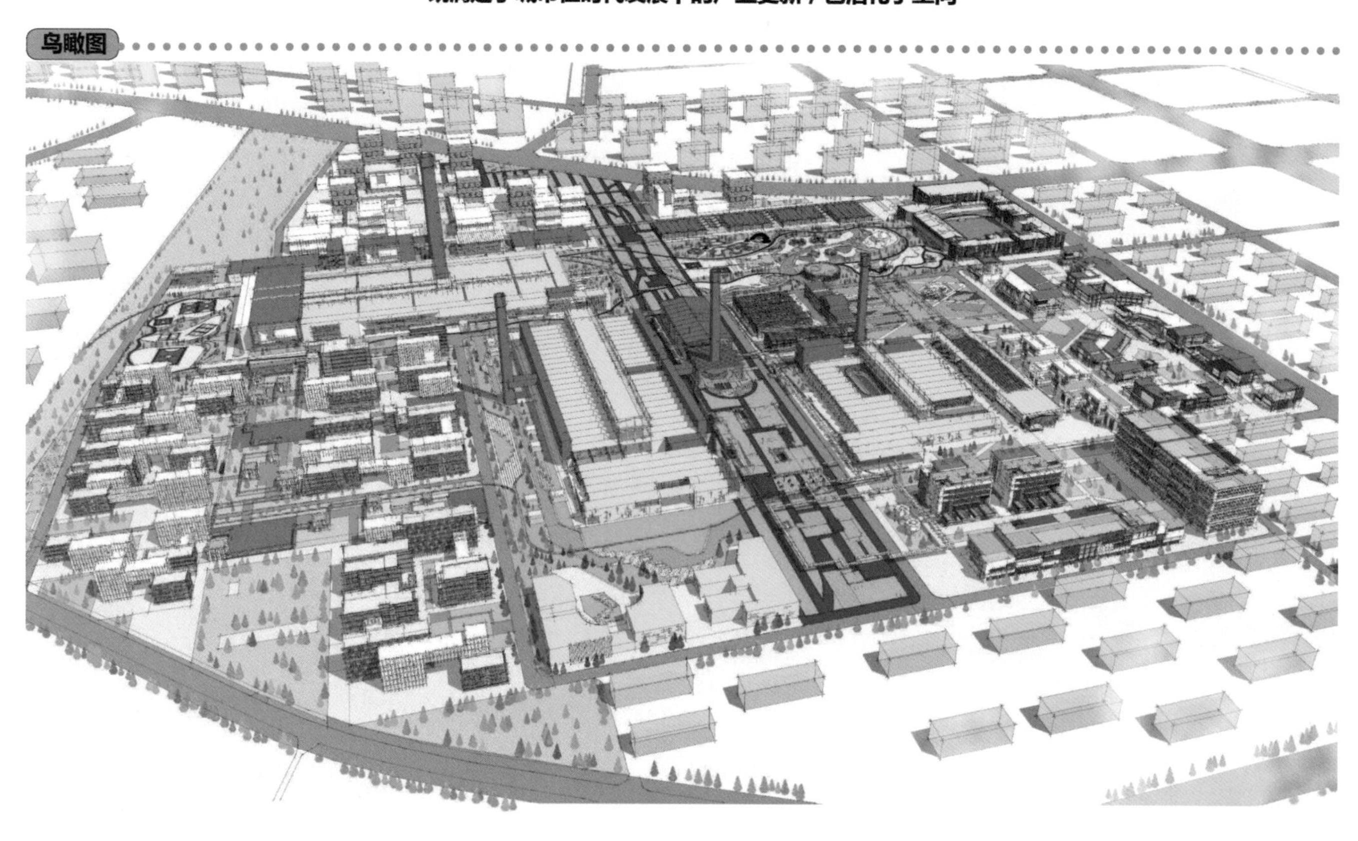

分区设计

核心区

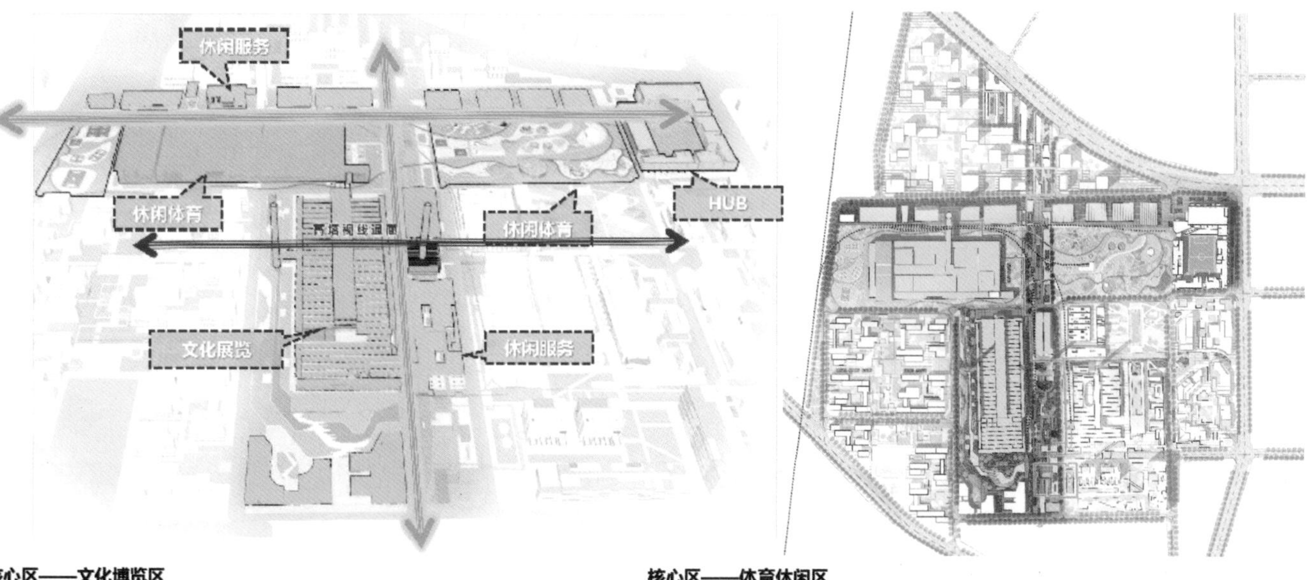

核心区——文化博览区

文化博览区鸟瞰图

核心区——体育休闲区

体育休闲区鸟瞰图

纺织文化展览园

工业文化博览园

景观服务建筑

户外展厅

铁线公园

流带公园

体育公园区

体育公园区

体育公园区

体育工厂区

体育工厂区

分区设计
文化创意区
文化创意区平面图
文化创意区鸟瞰图
艺术家工坊
文化创意绿化
文创商业
文创休闲教育轴
文化创意办公
景观绿化
办公建筑
文创综合体
空中连廊
小火车
建筑连廊
空中平台
智慧 SOHO 区
智慧 SOHO 区平面图
连接基地主轴线
连接视廊
青年公寓
创新办公
SOHO
片区主轴线
配套服务
基地北门户
智慧 SOHO 区鸟瞰图

分区设计

科技创新区

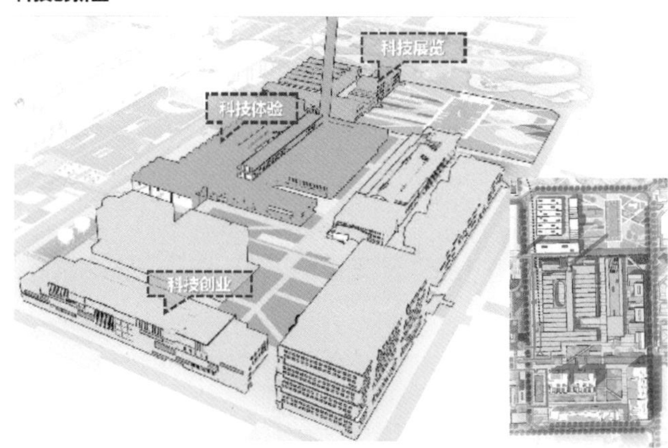

科技创新区平面图

科技创新区鸟瞰图

大型展销

人才工作室

创业孵化

乐科广场

教育培训

科技办公

文化体验

商业休闲区

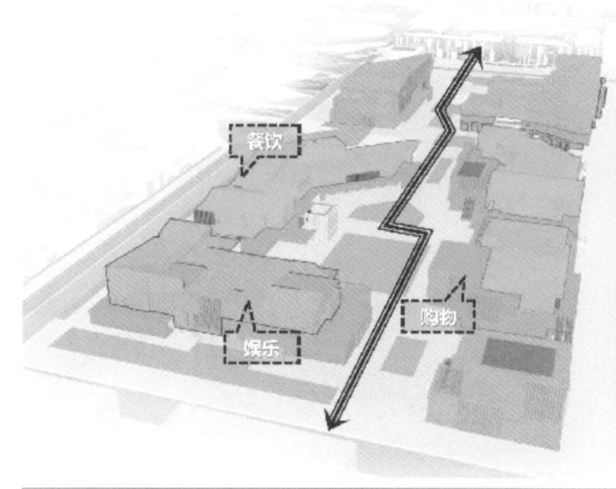

各校作品展示

天津城建大学

河北农业大学
北京工业大学
北京林业大学
北方工业大学
天津城建大学
河北工业大学
河北工程大学
河北建筑工程学院
吉林建筑大学

指导教师感言

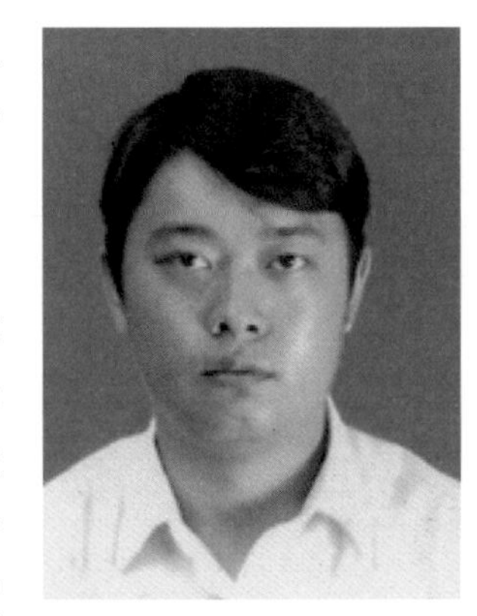

靳瑞峰

城乡规划专业京津冀高校“X+1”联合毕业设计已历三届，渐入佳境，我很荣幸这次能作为指导教师参与其中。毕业设计是对学生五年专业学习的一场练兵，同时能够在联合毕业设计这个舞台上与京津冀高校的师生相互交流，对学生来说既是挑战又是学习的机会，也为同学们的本科学习画上一个圆满的句号。

本次联合毕业设计以“传承与共生”为主题，聚焦工业文化遗产保护，紧跟当前经济高速增长向高质量发展转变的趋势，选择保定西郊八大厂地区为设计场地进行城市设计，为保定的城市更新和工业文化遗产保护献计献策。现场踏勘、问题梳理、反复比较分析、确定构思、深化方案……交流与碰撞、沟通与展示、得到与付出，联合毕业设计搭建的平台成就了学生本科阶段的谢幕演出，对学生而言，联合毕业设计的全过程远重于最后的结果。

数月下来，我与学生一起探讨工业文化遗产，一起经历方案反复之际的彷徨，一起歌颂青春畅想未来，很是欣慰。毕业季，祝同学们一路顺风，走出自己人生的精彩！祝城乡规划专业京津冀高校“X+1”联合毕业设计越办越好！

学生感言

马婕：很荣幸有机会参加这次的京津冀联合毕业设计，收获颇多。九所学校相聚河北保定，期间来自不同学校的学生相互交流、相互学习，在两次集体汇报中，我也看到了其他八所高校的风采，在与其他高校的交流和思维碰撞中，我的思维和视野都得到了拓展。评委老师的悉心点评，不仅让我对这次的方案有了一个更为清晰的认知，还对我今后的设计有着重要的影响。在此，我还要感谢两位老师的帮助与指导，让我在专业知识和设计经验方面都得到了提升。最后，非常感谢一直并肩作战的伙伴们，毕设期间遇到了很多困难，但都坚持着一一克服，谢谢你们让我在大学的最后时光做了一个不一样的设计，有了一段难忘的经历。

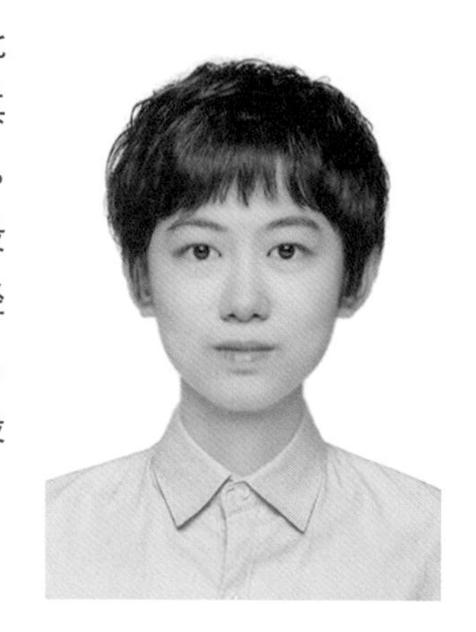

胡雪阳：特别幸运能够参加这次的京津冀联合毕业设计，感谢有这样的机会，让不同学校的学生相聚河北保定一起交流与学习。每个学校都有自己独特的思考角度与想法，大家对于保定恒天纤维片区的改造理念都颇有创意，让我大开眼界。从开幕式到终期汇报，从调研到成果呈现，思路慢慢清晰，成果渐渐完善，一路走来，谢谢我的指导老师和队友，老师的指导，队友的鼓励，在这次设计中给了我莫大的帮助，参加联合毕业设计是一个比较辛苦的过程，而我们一直都全力以赴，同心协力。在未来的日子里我会永远记得这次毕业设计带给我的一切，它们都会成为我前进道路上的财富与动力。

王静怡：很荣幸能参加这次联合毕业设计，三个月来与老师和各校同学的交流让我受益匪浅，专家对于我们方案的点评也让我对规划学习有了一个更深的认知。从开题到中期再到终期，不论是设计思路还是设计方法都深深地启迪着我。感谢联合毕业设计这个平台，让我学习到了很多以前没有的技能。在此我要感谢我的指导老师和小组成员们，感谢他们给我提供的帮助，整个毕设的过程是辛苦的，但收获也同样巨大，在这个过程中，我们学会了协调配合，学会了取长补短。经历了这次联合毕设，我也逐渐认识到了自己的优势以及不足之处，在今后的日子里我会继续努力，塑造一个更好的自己。

释题与设计构思

释题

保定西郊八大厂是工业文化和古城文化积淀最为深厚的地区，也是当代城市更新问题最为突出的地区。随着雄安新区的确立及保定城市向西向北发展的整体趋势，大尺度的新建设不断蚕食着原有的工业文化环境，旧有城市肌理呈现出空间破碎化的状况；该地的经济产业也并未呈现出旺盛的发展势头，无法吸引一些具有竞争力的人才前往。这便是工业文化地区在当前城市更新过程中面临的困境。因此，在题目给定的恒天纤维片区 100 公顷范围内，我们将聚焦上述问题，尝试探寻一些针对此类问题的解决办法。

西郊八大厂的独特性在哪里？如何维护并强化这样的特性？这是我们需要回答的核心问题。在我们看来，西郊八大厂的独特性体现在物质空间和生活方式两方面。以恒天纤维为例，“一五”时期建厂，几十年来的厂区生活塑造了该厂区独特的空间环境，空间环境也影响了该厂职工的生活方式，留下了独特的历史记忆，两者相互依存。因此，我们的研究和设计从空间环境和生活方式两个方面进行。在保护和延续历史积淀而成的恒天纤维厂区空间特色的同时，回应不同人群的需求，体现城市的人文关怀，营造宜人的、充满活力的城市生活。

在方法上，我们强调以问题为导向，并紧紧围绕“如何维护并强化西郊八大厂特色”展开工作；我们注重历史资料的搜集整理工作，厘清恒天纤维的历史脉络，找寻失落的文化资源，这对于西郊八大厂典型片区而言，其重要性不言而喻；我们注重以一种切实可行的方式进行研究和设计，在当前各种现实问题复杂交织的情况下，通过织补性的工作，尽可能地达成既定目标。

因而，在整个毕业设计的组织上，中期之前 8 名同学分为空间和生活两个大组，进行历史资料的梳理、现状问题的分析、整体策略的建构等方面的工作，形成对西郊八大厂地区更新发展的整体框架；之后则在整体框架基础上，对题目给定的恒天纤维片区进行概念性设计，注重对空间特色和生活特色的回应，以期展示我们对恒天纤维特色的设想。

概括而言，通过上述的思路与方法，我们注意到工业文化与古城文化在西郊八大厂历史发展中的重要地位，是形成西郊八大厂独特性的核心要素。据此，设计组提出了“古今叠蕴，触点激活”的总体构思和详细设计，强调、突出保留的恒天纤维片区老厂房与新建建筑的交融共生以及开敞空间由线连点及面的触媒激活，重塑全新的西郊八大厂典型片区的特色空间和公共生活网络。

设计构思

方案：古今叠蕴，触点激活

设计者：马婕、胡雪阳、王静怡

规划以“古今叠蕴、触点激活”为主题，“古今叠蕴”指保留的恒天纤维厂的老厂房与为满足当下要求新建建筑之间交融共生、多元共存。“触点”在设计中包含了开敞空间的点触媒、交通的线触媒以及功能的面触媒，由线连点及面，达到整个片区“激活”的目的。在总体布局方面，将整个规划片区以商务公寓、工业文化展示、创意 SOHO、特色民宿和文创这几个功能进行划分。功能布局同时结合街道环境空间进行设计，基本实现了城市设计的目的。片区从北到南有商务节点、文化性节点、绿色空间节点和商业节点。节点与功能连接，尤其渗透到文化、娱乐、商业文创等区域时，协调性更高。经过这种融合发展，最终塑造出一个活力共生、融合生长、叠旧续新的片区。

古今叠蕴·触点激活

传承与共生——保定市恒天纤维片区城市设计

项目背景 ■

区位关系

环渤海环京津“腹地”的河北省，地处华北平原，面向环渤海经济区，经济发达，交通便利，背靠我国最大的能源基地，资源丰富。

保定市位于河北省中部、太行山东麓，是京津冀地区中心城市之一。

基地所在的老工业区位于保定市城区西部的新市区。规划基地位于老工业区东北方。

周边居住区面积占比最多，商业用地分布较为零散，沿朝阳大街形成一定商业集聚，七一西路与西二环交汇处形成了一个新的商业中心。

四个较为集中的商圈及周边居住区是本地居民主要来向。北侧及东侧紧邻的交通站点是人群活动主要枢纽。

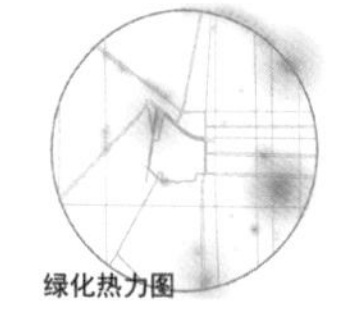

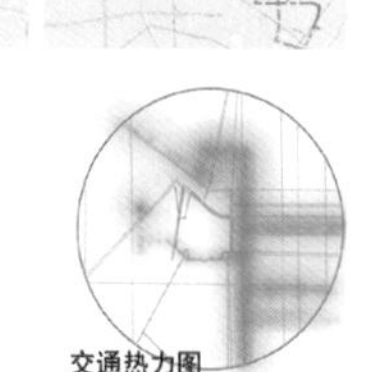

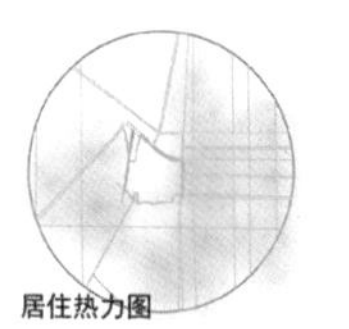

居住热力图

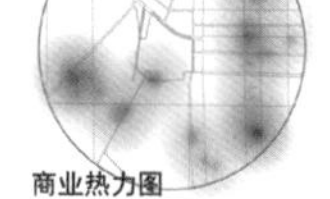

商业热力图

绿化热力图

交通热力图

上位规划解析

京津冀一体化大背景下，保定市由第二产业主导转型为文化创意、新兴产业和低碳生态共同主导。

上位规划赋予基地的功能可以为文化创意、现代服务、科技办公和休闲娱乐。

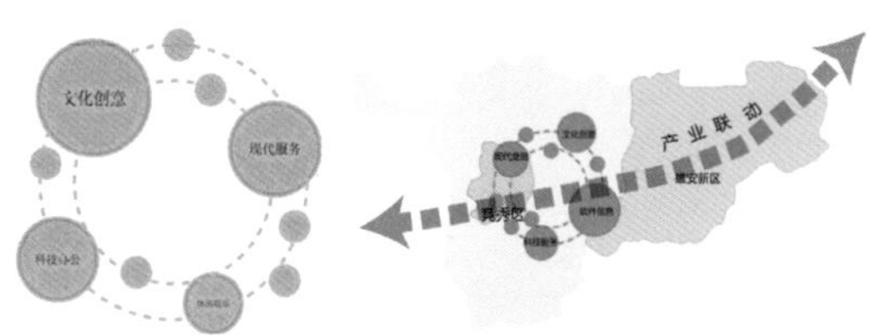

人群分析

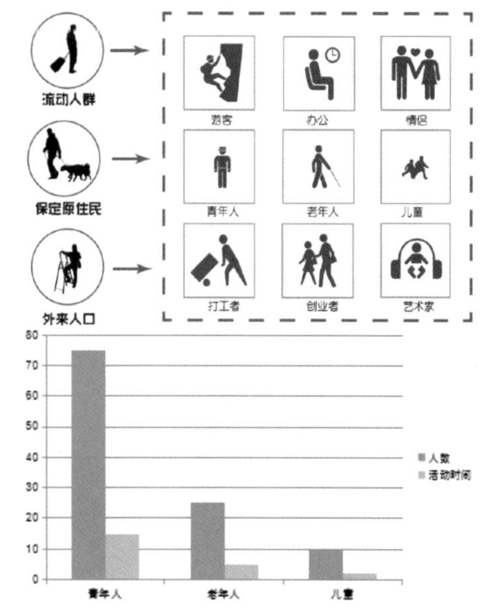

保定市可能人流种类为流动人群，保定原住民和外来人口。根据数据统计可看出，18~40岁青壮年为主要人群。青年人的活动时间最长。

故片区主要面向人群为“原住民”“游客”“创业者”“青年人”。

历史文化

化纤厂概况

保定市政府在京广铁路以西建立新的工业区，改变原来向东发展的计划。

由北向南依次排列的七个大厂，加上位于乐凯对面的保定第一棉纺织厂，就是保定人引以为傲的“西郊八大厂”。

保定化纤厂作为“一五”期间重要的工业遗产，在河北乃至全国发挥过举足轻重的作用。今天，老厂的工业遗存保留非常完整。

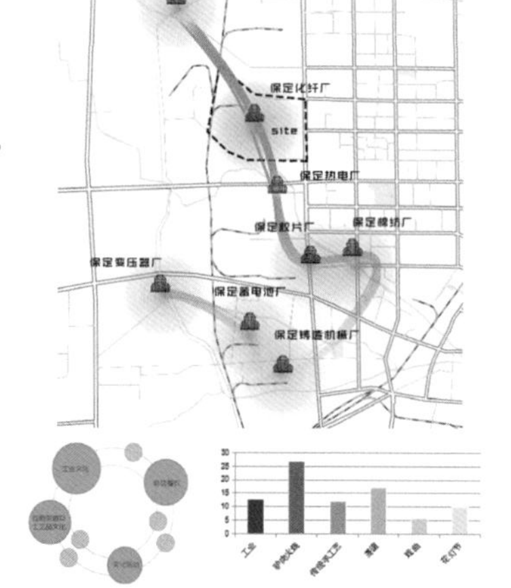

文化印象

保定市拥有丰富的历史文化资源。根据oxylabs大数据监测软件提取出关于保定市特征，可见出现频数较大的关键词。

分析这些关键词可以得出，人们对于保定记忆深刻的为工业文化、特色餐饮、其他文化和文化活动，可以看出片区未来发展为多元文化主导的活力空间。

现状分析

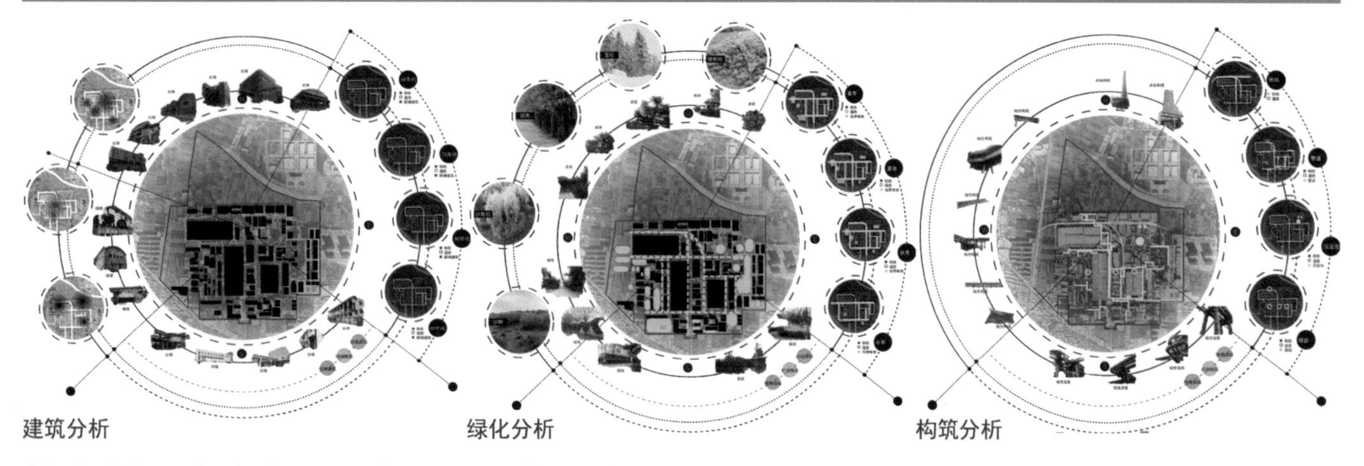

建筑分析

建筑风格：德式风格厂房。外形简练，属于现代简约派，讲求实用，多余的装饰都被摒弃，重视质量和功能。

建筑色彩：搭配上以砖红、暖白、墨绿为主，色彩庄重。

建筑年代：分布20世纪60、80、90年代建筑。

绿化分析

植物品种：区内树木茂盛，花草繁多，拥有大量的雪松、银杏、铺地柏、沙地柏、沙柳等珍贵物种。

绿化类型：地块内分为点状、线状和面状绿化。

绿化时令：渗透较好，四季均有绿化分布。

构筑分析

设施类型：有铁路、烟囱、管道和沉淀池。视觉上可分为点状构筑、线状构筑、现状设施。

设施现状：结构保存完好，可用作景观构筑。

道路分析

建筑质量

建筑高度

目标导向

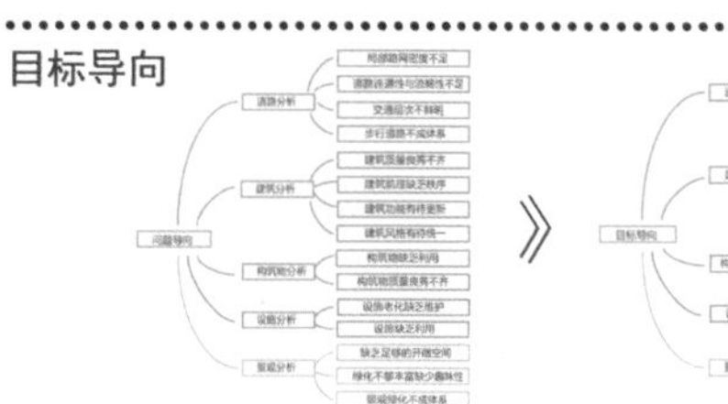

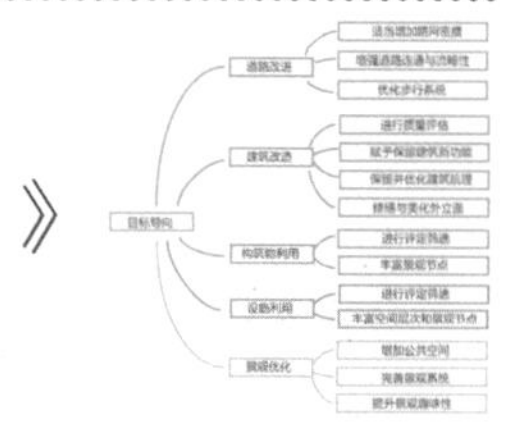

分形理论应用

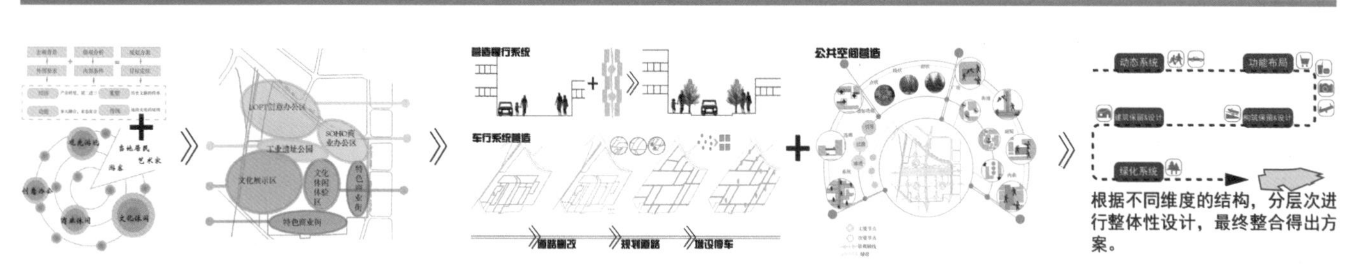

根据不同维度的结构，分层次进行整体性设计，最终整合得出方案。

规划鸟瞰

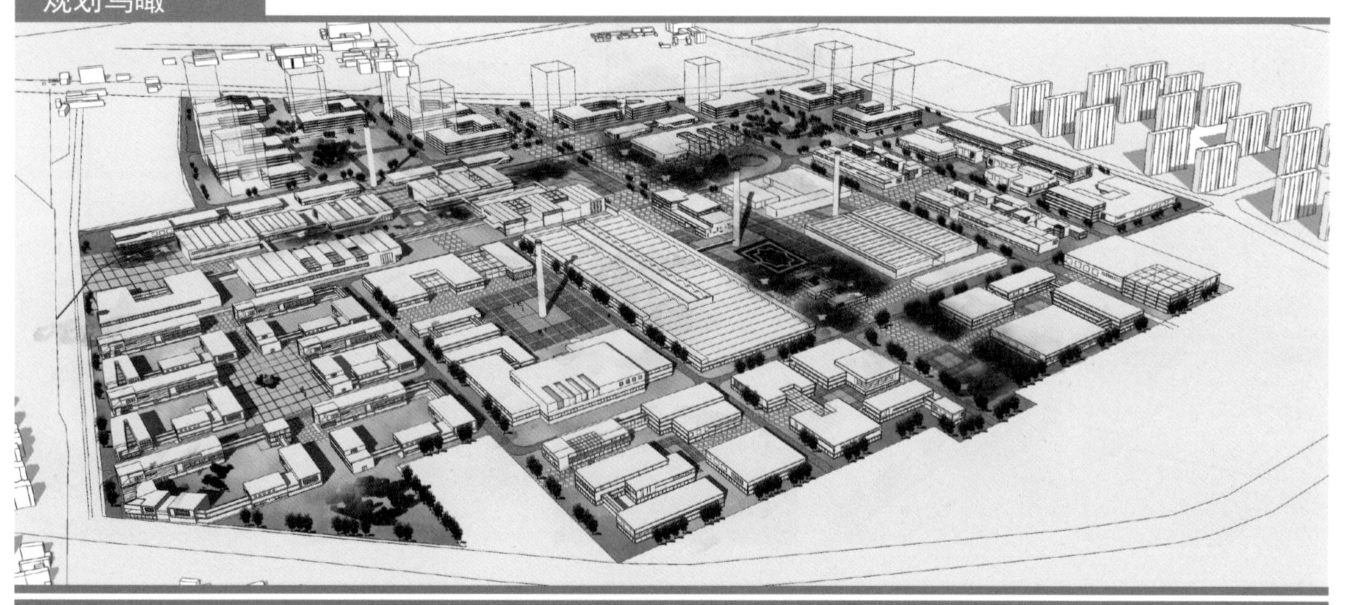

总平面图

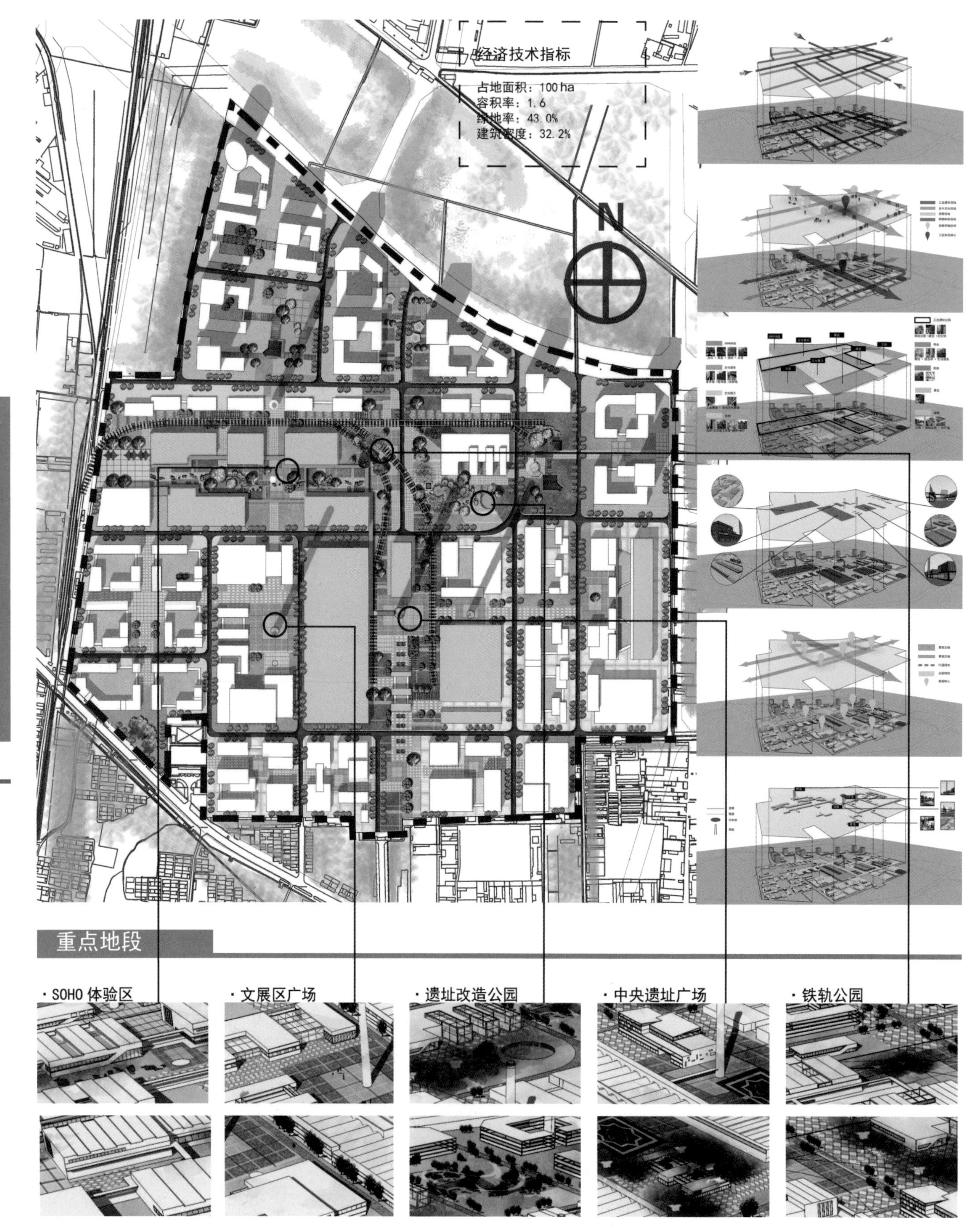

经济技术指标
占地面积：100 ha
容积率：1.6
绿地率：43.0%
建筑密度：32.2%
N

重点地段

· SOHO 体验区
· 文展区广场
· 遗址改造公园
· 中央遗址广场
· 铁轨公园

平面图

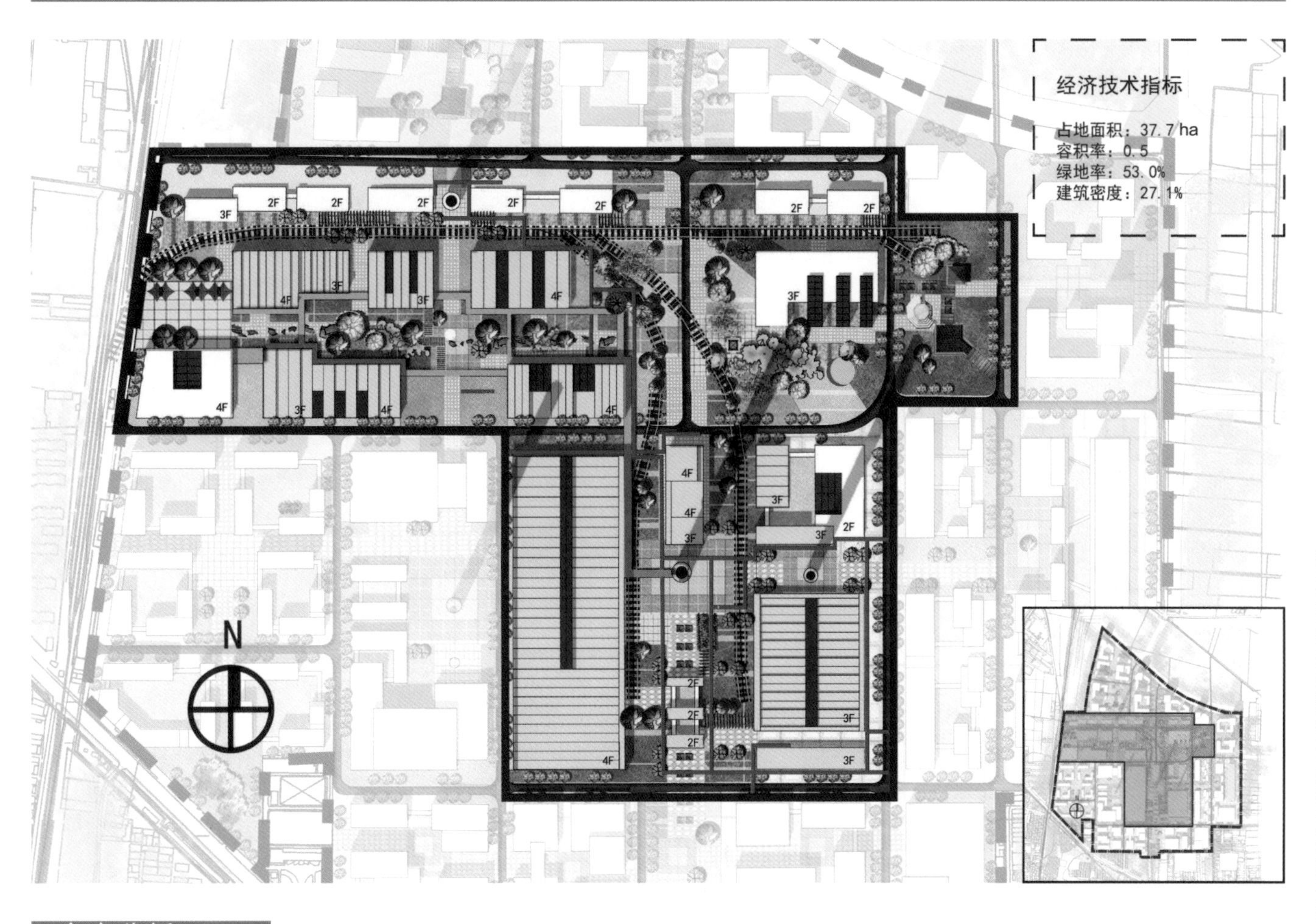

方案分析

将整个规划片区以商务公寓、工业文化展示、创意SOHO、特色民宿和文创等多个功能进行划分。

根据原有工业特色建筑及构筑布局，将中央烟囱所在的南北轴线贯穿，设定为工业遗产流线主轴，同时辅以东西向景观与文化双轴，连接多个节点，在功能片区中置入多种业态，达到引入人流、复苏工业文化的目的。

充分利用已有的道路设施，结合上位规划中的交通规划，考虑未来的交通需求，整顿已有的道路交通，规划合理的道路网络系统、公共交通、静态交通以及人行交通系统。

将人行和车辆的交通系统进行分流，并同时规划地面和空中的步行系统，打造高效率、方便舒适的非车行交通系统。将交通规划与地下空间开发相结合，以解决基地内的停车问题。

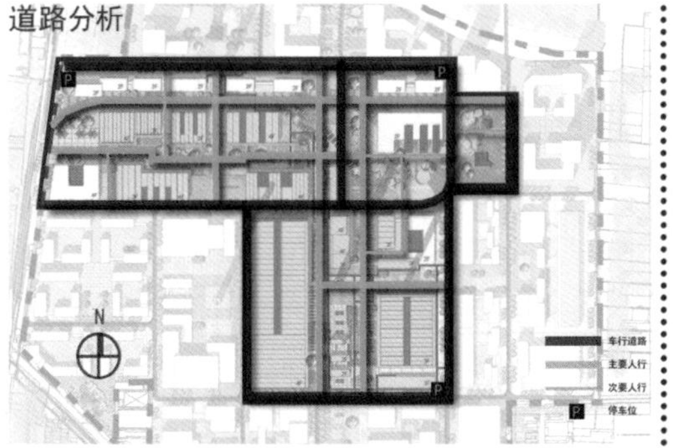

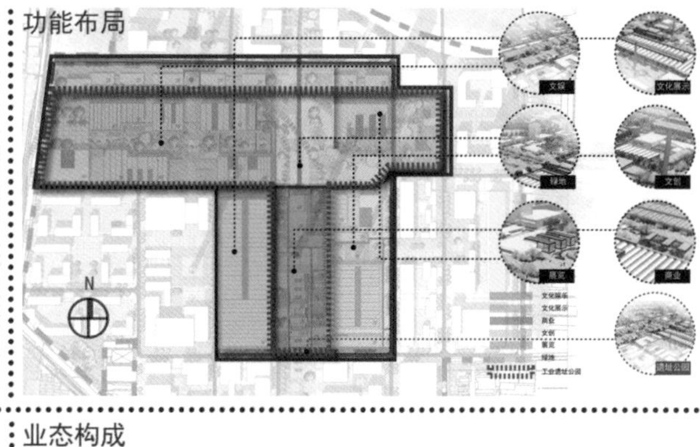

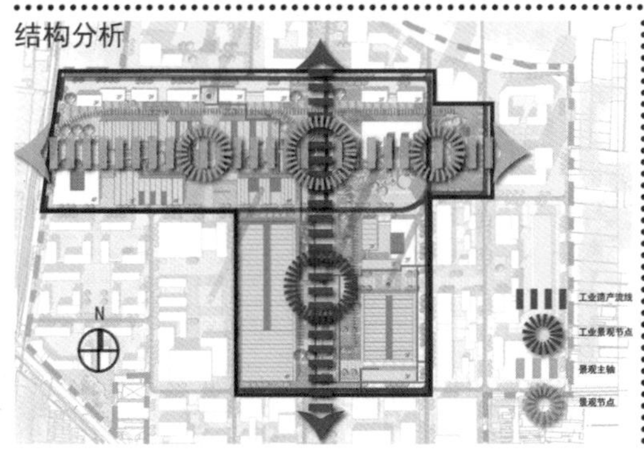

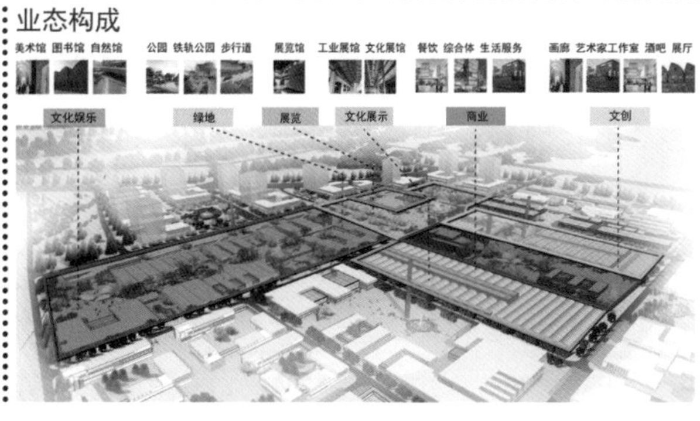

鸟瞰图

方案分析

对于厂房建筑改造，保留其原有的大体量和工业特色。
创意 SOHO 区建筑为保留建筑进行结构和外观改造而成，因此在体量上适应新建建筑的较小体型，同时保留建筑群原有的整体性。

对保留的烟囱、铁轨、管道、连廊等构筑进行修复改造，形成景观性或实用性的构筑。

建筑改造

构筑改造

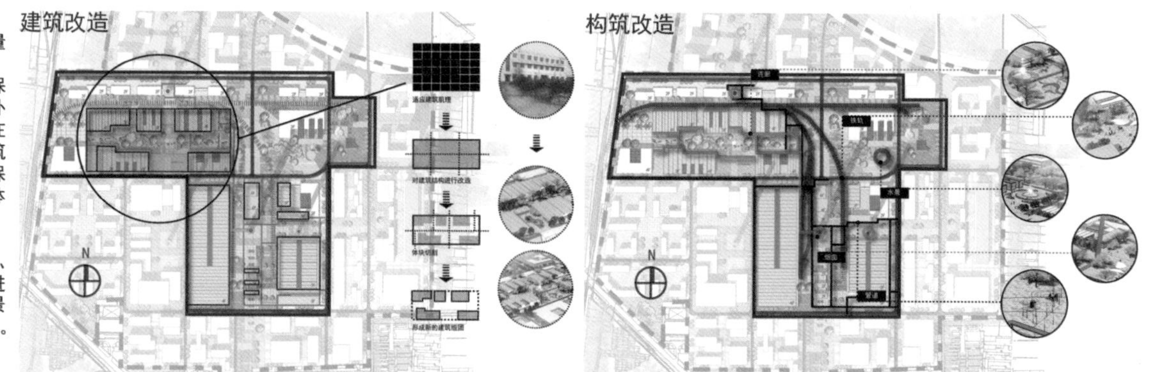

工业遗址公园

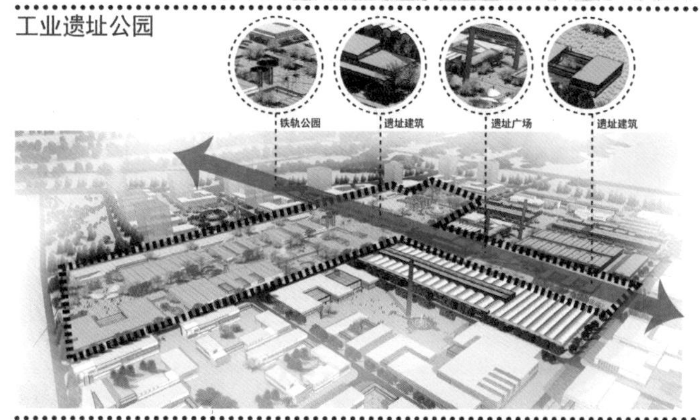

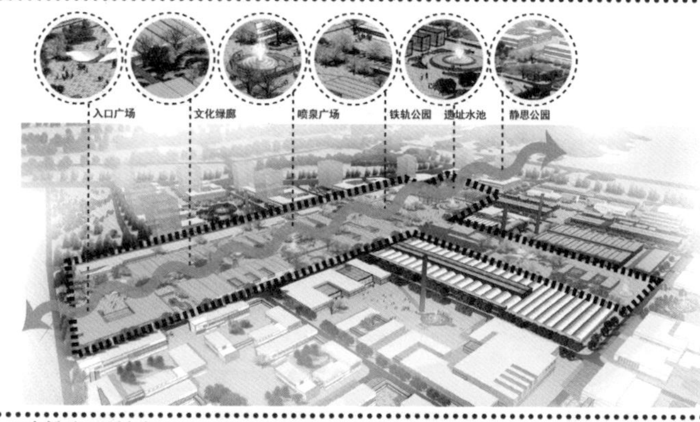

建筑高度控制

1. 考虑经济效益、保留建筑及天际线景观设计，北部离原有厂区建筑较远的片区，建筑结合功能适当提高层数。
2. 中部片区则以保留建筑为最高限制高度，新建建筑不超过保留建筑高度，同时结合保留烟囱，形成具有特色的天际线景观。

建筑色彩控制

1. 保留原有建筑的色彩搭配，并对新旧建筑进行色彩造型上的区分。
2. 新建建筑应以冷灰色调为主，完成色彩上的自然过渡。
3. 使整个场地内建筑形成新德式风格。

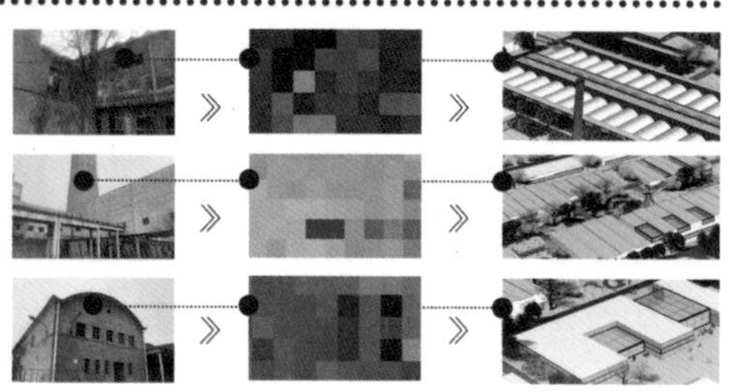

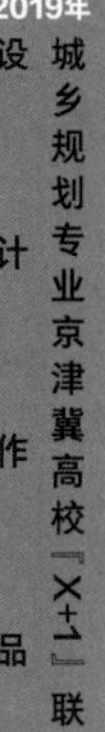

平面图

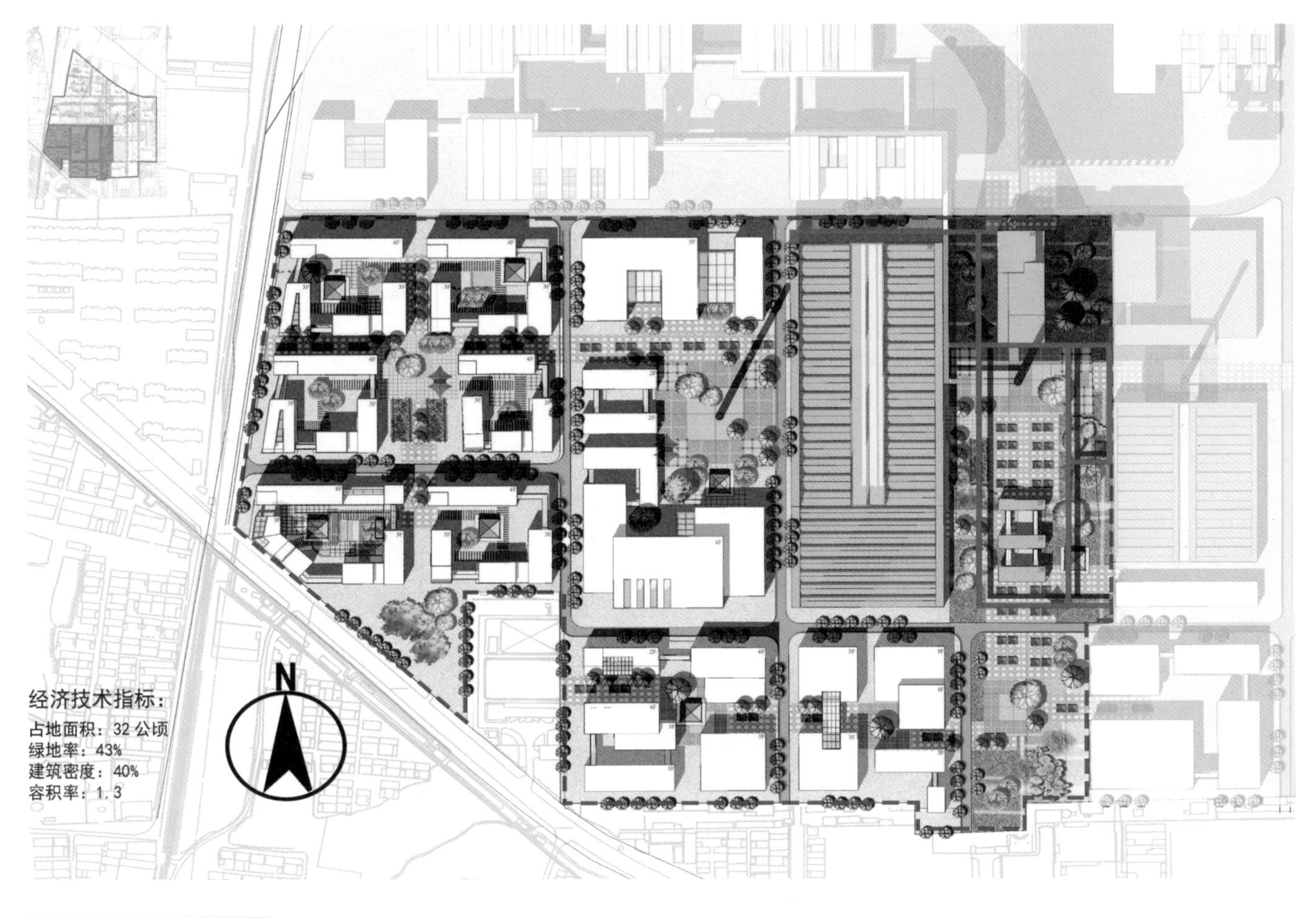

经济技术指标：
占地面积：32 公顷
绿地率：43%
建筑密度：40%
容积率：1.3

方案分析

道路轴线分析

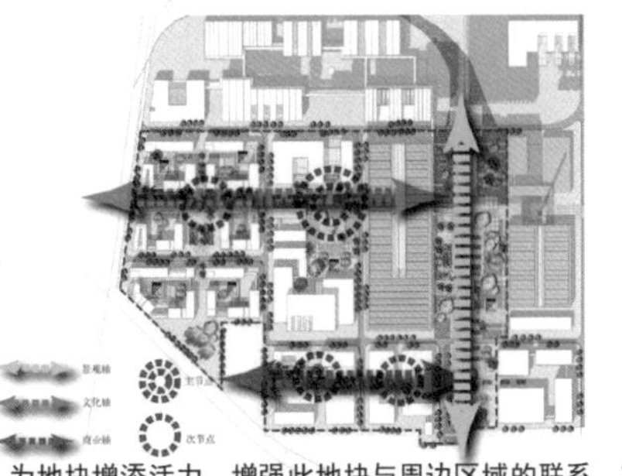

地块一共有四个主要的对外车行入口，方便人流的引入，为地块增添活力，增强此地块与周边区域的联系。在步行系统上，梳理出主次人行系统，构建完整的慢行系统网络，通过主次人行系统的构建，也划分了动、静空间。在地块南侧车行主入口附近设置较多的集中停车区域。基地内主要有三条轴线，分别为一条南北向的景观轴，一条东西向的文化轴和一条东西向的商业轴。基地内有四个节点，一主三次，三轴连接四节点。

功能分区

商业街区紧邻地块主入口，为此地块带来更多的经济效益；文化展示区位于商业区北，并衍生出民宿功能与之相配合，景观带由于其周边保留有较多的工业建筑，故将其设定为工业遗址公园。

空间氛围营造

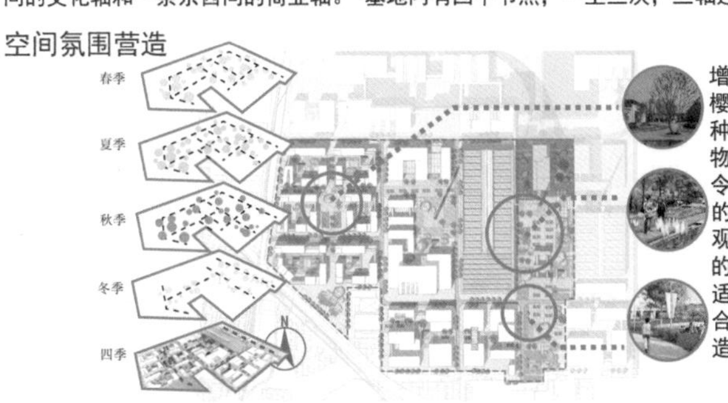

增加植物种类，例如樱花树等适宜北方种植的抗寒抗旱植物，考虑植物的时令，打造四季常绿的工业遗址公园景观带，重要轴线上的绿化要四季常绿。适当引入水景，结合软硬质铺地，营造空间。

场景色彩分析

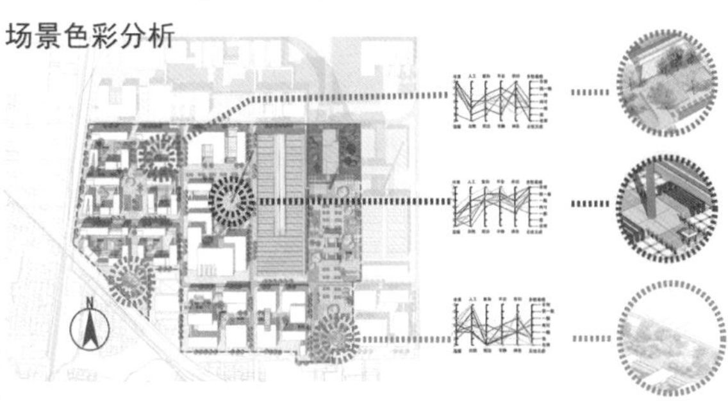

鸟瞰图

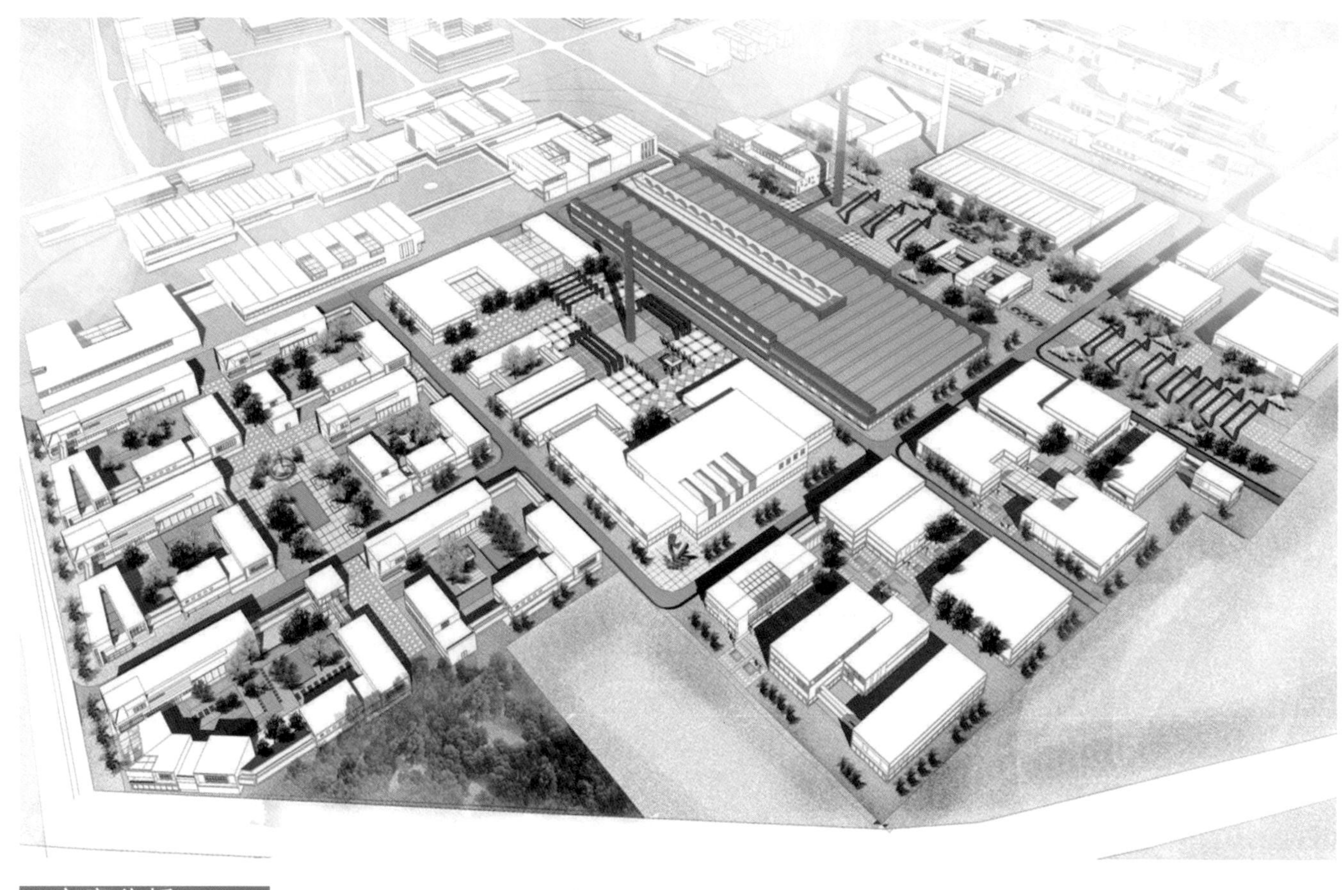

方案分析

保留设施与构筑物分析

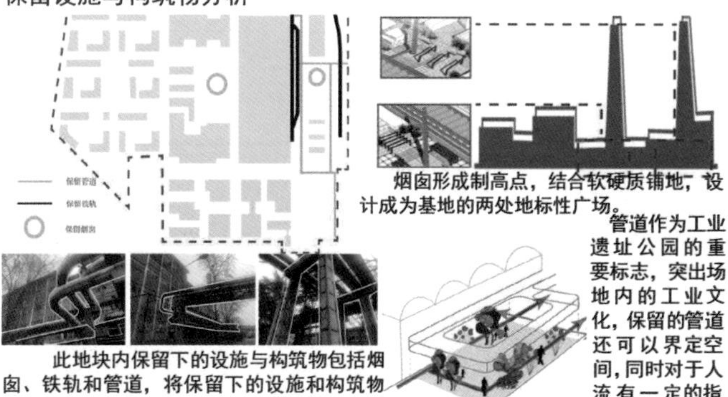

烟囱形成制高点，结合软硬质铺地，设计成为基地的两处地标性广场。

管道作为工业遗址公园的重要标志，突出场地内的工业文化，保留的管道还可以界定空间，同时对于人流有一定的指引作用。

此地块内保留下的设施与构筑物包括烟囱、铁轨和管道，将保留下的设施和构筑物进行适当改造，能满足当今人们的使用

24 小时活力分析

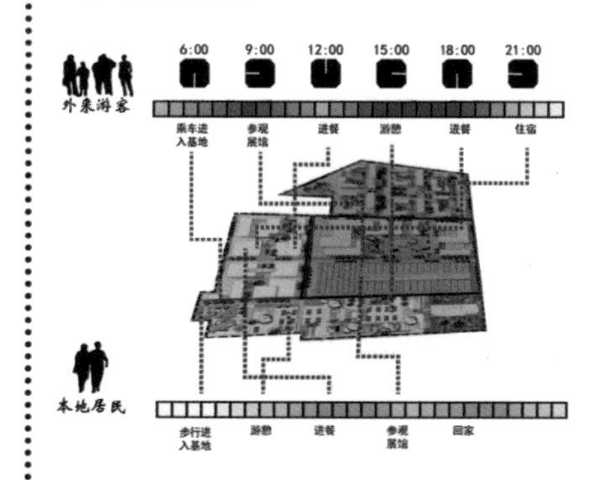

本地区将会吸引大批外来游客，本地居民和外来游客对于此地块的使用需求也有所不同。

针对二者不同的使用需求，进行 24 小时活力分析，使此地区发挥最大经济与社会效益。

民宿区分析

商业街区分析

文化展示区分析

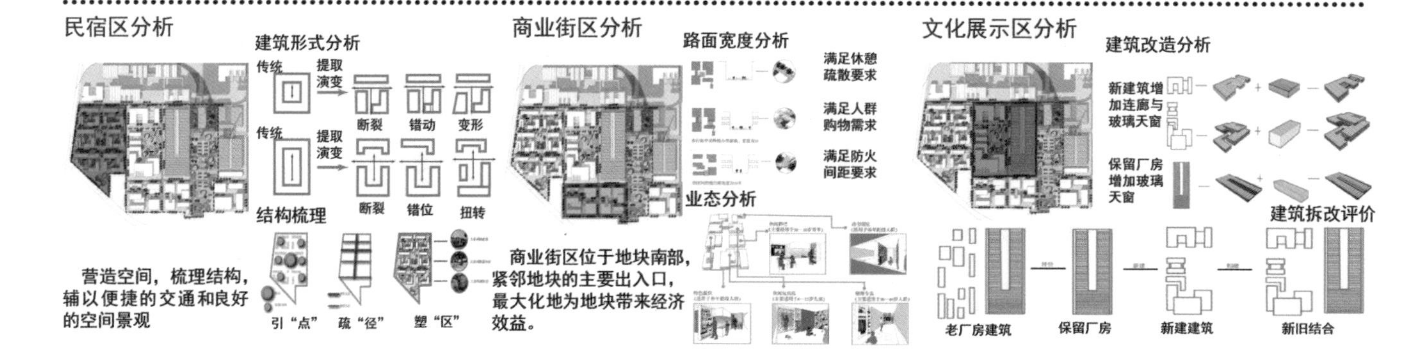

营造空间，梳理结构，辅以便捷的交通和良好的空间景观

商业街区位于地块南部，紧邻地块的主要出入口，最大化地为地块带来经济效益。

平面图

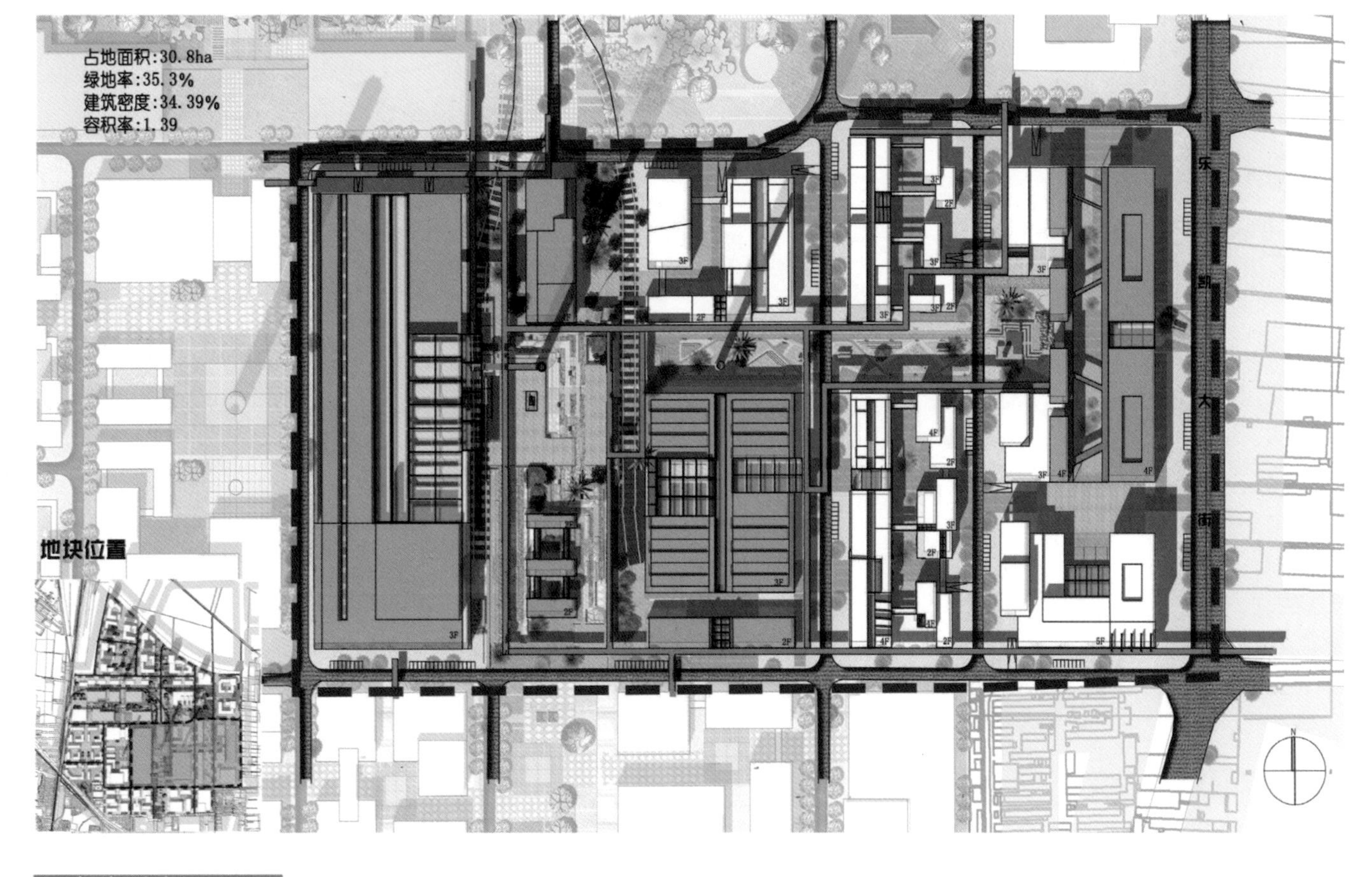

方案分析

道路交通分析

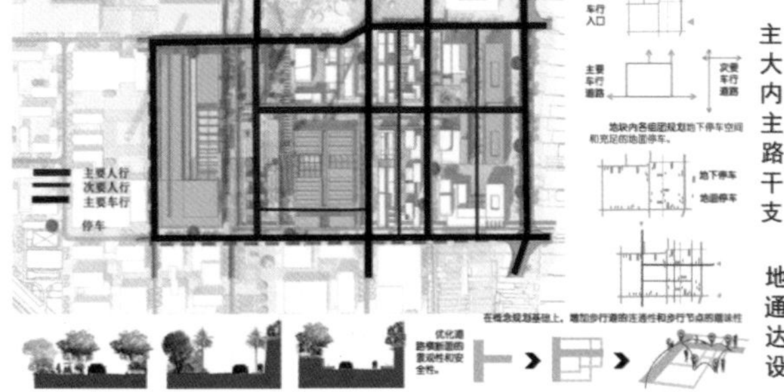

片区临近主干道乐凯大街，基地内通过一条主要环形道路，一条次干路和两条支路。

概念规划地块车行交通完善，通达性等满足设计需要。

功能分区分析

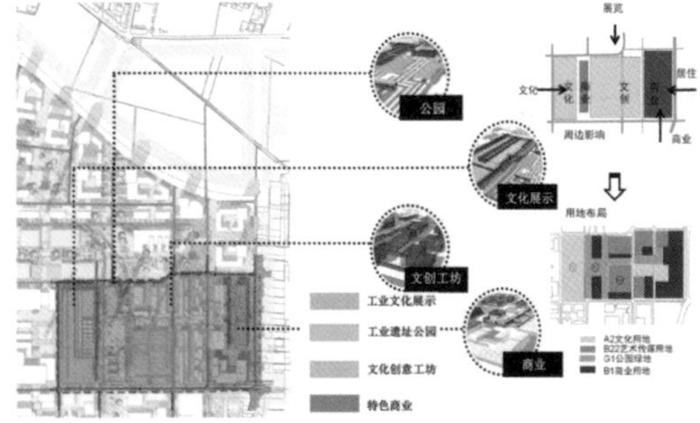

包含部分工业遗址公园，loft创意办公区，部分特色商业街及工业文化展览馆。

工业文化展示馆与现代创意文化各有特色又相互呼应，是地块的核心建筑与功能。特色商业包含特色文化商业街、特色美食餐饮街和商业综合体。

空间结构分析

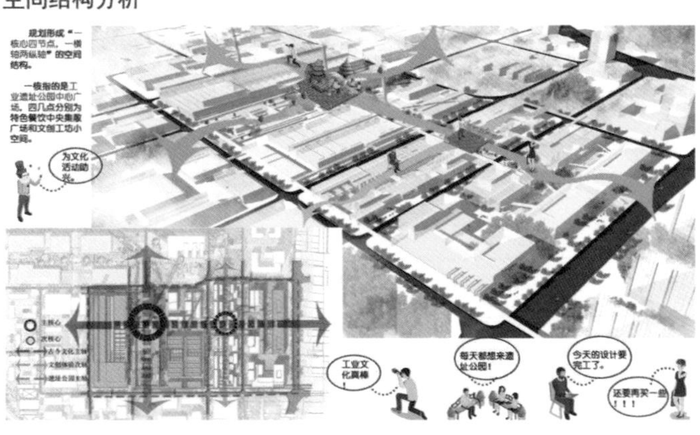

活动流线分析

鸟瞰图

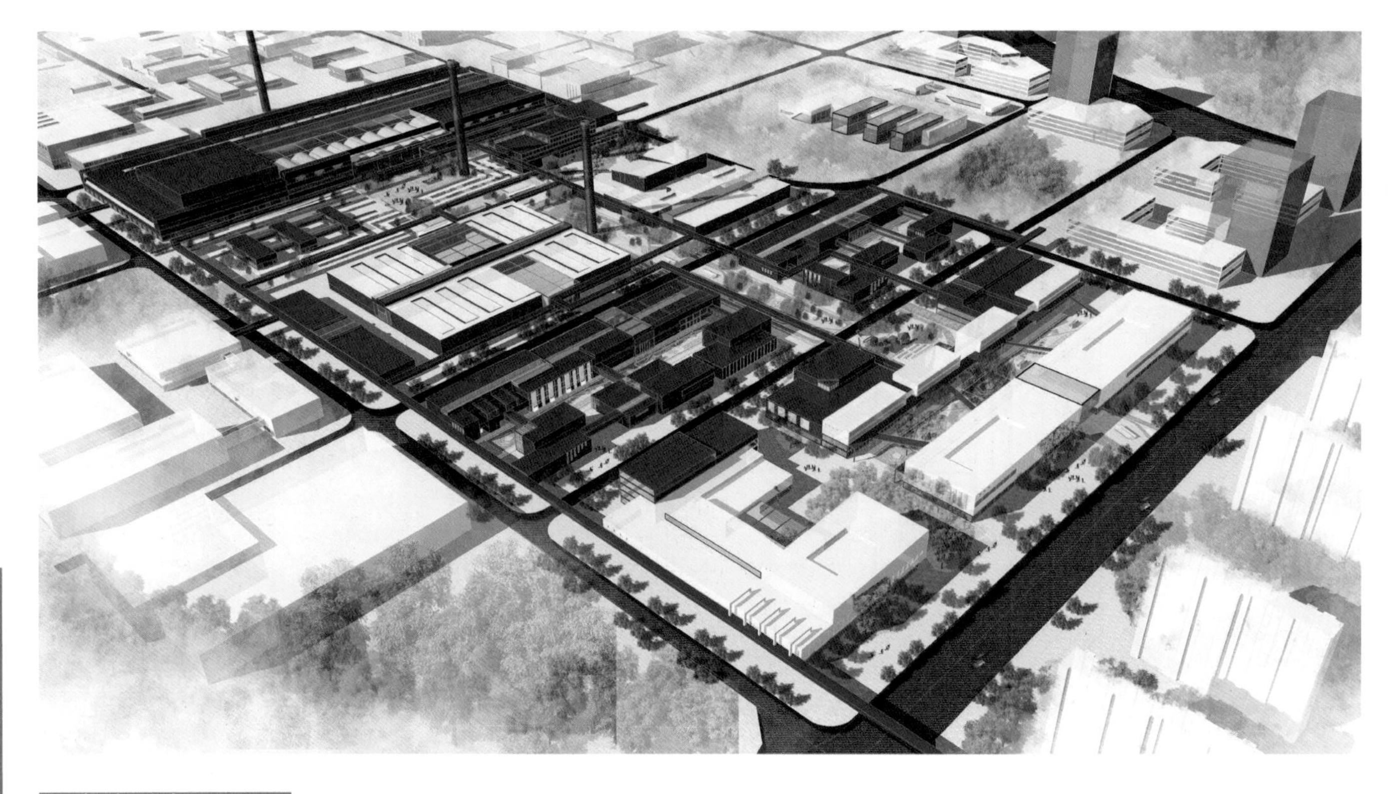

方案分析

建筑生成

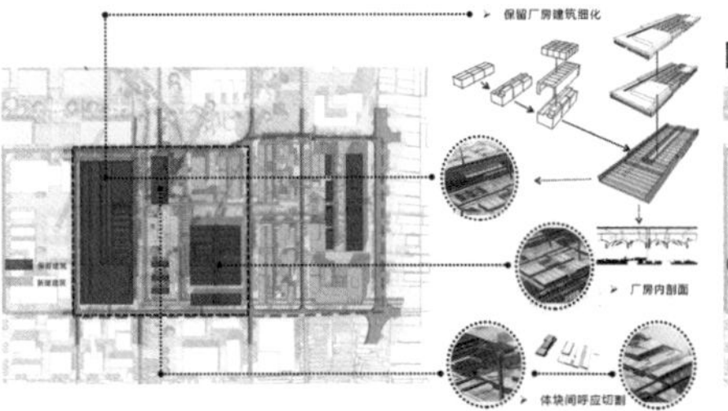

提取东侧地块建筑肌理，进行丰富，得到适宜的组团肌理。再对组团建筑体块进行细化和流线处理。

建筑业态

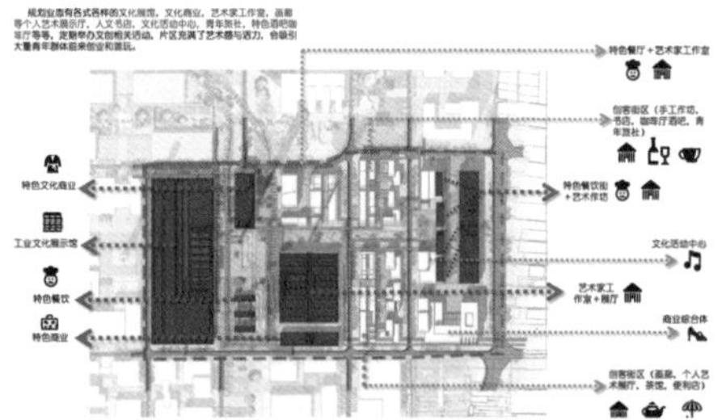

建筑高度

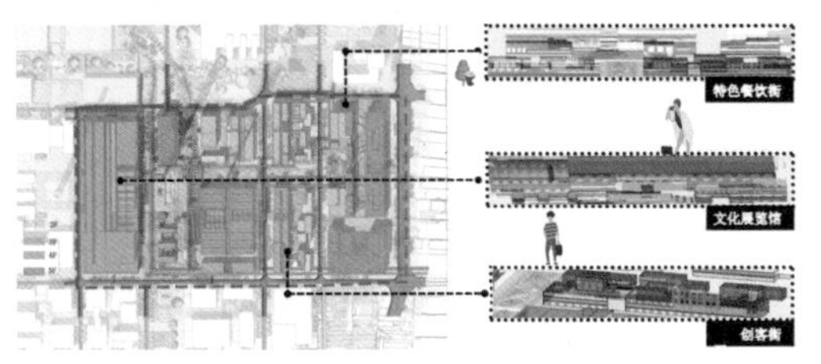

街区表现

工业展览区　　创客街区

规划建筑高度三层最多，四层与二层数量其次。建筑错落有致，立面丰富多彩，营造了文化展览区、创客街区和特色商业街三种空间。

构筑设计

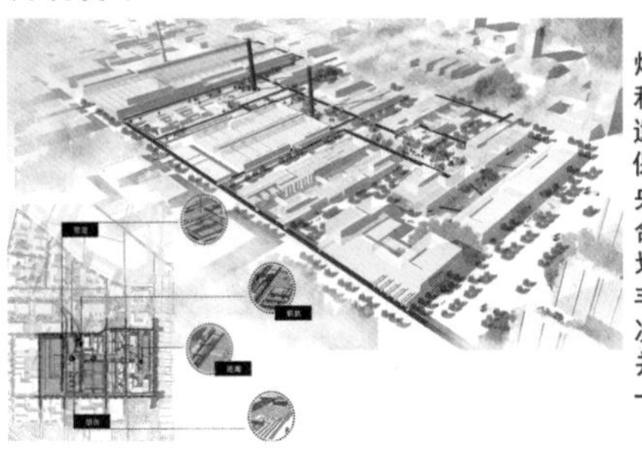

围绕保留工业烟囱、工业管道和铁轨设计工业遗址公园，利用保留烟囱设置中央工业广场，结合管道和铁轨规划线状绿化带，丰富不同空间层次的景观感受，并对流线起到了一定的引导作用。

竖向景观设计

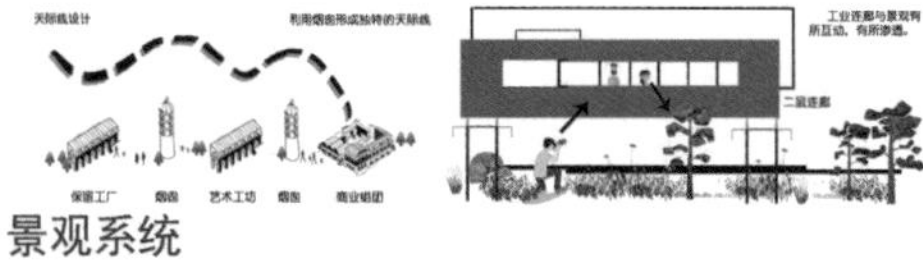

景观系统

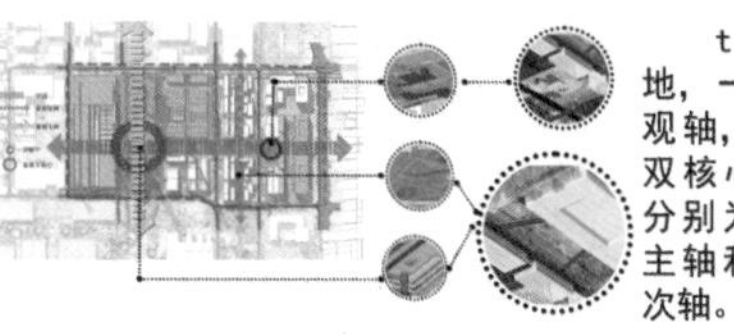

t 字形公园绿地，一主一次景观轴，一主一次双核心三节点，分别为竖向景观主轴和横向景观次轴。

海绵城市设计

雨花池式透水　明沟式透水

缝隙式透水　线式透水

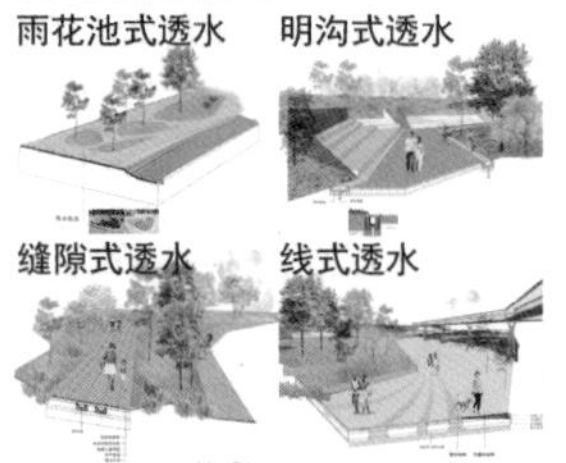

地块的景观设计充分体现海绵城市理念。如景观轴与工业广场交汇处下沉广场做了明沟式透水。

各校作品展示

河北工业大学

河　北　农　业　大　学
北　京　工　业　大　学
北　京　林　业　大　学
北　方　工　业　大　学
天　津　城　建　大　学
河　北　工　业　大　学
河　北　工　程　大　学
河 北 建 筑 工 程 学 院
吉　林　建　筑　大　学

指导教师感言

从 2019 年元月开题和实地调研，到中期汇报，再至期末的终期成果答辩，历时五个月的第三届京津冀城乡规划专业“X+1”联合毕业设计圆满结束，看到学生的成长，指导教师组的每一位成员都感到欣慰与骄傲。

本次设计以“传承与共生——保定市恒天纤维片区城市设计”为主题，围绕曾为保定迅速发展奠定基础的西郊八大厂之一的化纤厂振兴与建设，探讨工业遗产活力与开发。化纤厂位于保定西郊，与乐凯胶片、风帆蓄电池等为保定的飞速发展贡献了辉煌的成就，因社会的发展以及环保的要求，厂区逐渐衰落。基地内复杂的建设现状、工业建筑的宏伟与厂区环境的清冷，增加了基地的神秘感。同学们多次深入基地踏勘、访谈，对保定、工业遗产获取了较全面的空间认知与感受，利用古城文化底蕴，结合工业建筑的张力性格，采用系统剥离分析与情景再现的叙事手法对空间形态进行解读与梳理，通过叙事学、多元生长理论深挖生态、文化、运动等内涵，将存量语境下的工业遗址植入城市活力内核，合理功能与适宜空间充分体现老与新的传承与共生关系，也展现出学生严谨的思维逻辑性与扎实的基本功。多校联合毕业设计的形式，改变了原有“老师—学生”的传统单一模式，突出高校对城市现存现象的调查与分析，对实际问题的甄别与研究，对同一问题不同解题思路的思辨与探讨，促进了各高校城乡规划专业教学之间的相互交流，拓宽了学生面对城市实际问题时的思考视角与维度，从而带动了发散式的设计理念、多元化的解题方法和非常规的表达手段。通过开题调研、中期汇报、成果答辩的阶段性把控，辅以管理、多校、企业多方专家的多层面评议，激发学习热情，推动课题设计层进深入。

希望以京津冀联合毕设为契机，为高校间提供更多的合作交流机会与平台，借此共同提升京津冀城乡规划专业水平，更好地服务地方建设。

孔俊婷　任彬彬　许峰　肖少英

学生感言

刘墨馨：大学五年的时光总是比我们想象的更快，仿佛昨天还刚刚带着懵懂的双眼来到这个校园，今天就要开始收拾行囊准备离校，不得不说这五年有太多的遗憾，有没有完成的目标，也有没有实现的愿望，但是最值得纪念的，还是收获过的师生情、同学情以及自己在这所大学学到的知识与能力。从一张白纸，到一副未完成的画作，大学教会了我太多太多，也让我深刻地认识到我是多么热爱这个专业，尽管前途茫茫，但是回想起老师的谆谆教诲，就会鼓起勇气继续前行。毕业设计是对五年知识的升华以及总结，我对空间、场所、人文、发展等有了更加深入的认识，同时发现在设计中，逻辑是一件很重要的事情，在未来，我相信我可以带着满满的专业技能越走越远。

最后，衷心感谢一直帮助我的各位老师和同学，让我无论在生活还是学习上都受益匪浅，带着不舍的心情和你们说声再见，也祝愿各位同学老师前途似锦！

谢雨晴：为期三个月的毕业设计在紧张和忙碌中画上了句号，学生时代的最后一次设计对我而言是不小的挑战。本次毕业设计的任务对于我来说陌生且复杂，工业遗产改造一直是我渴望挑战却一直没有机会接触的项目。此次设计中，我们在合理保留的基础上大胆创新，以三个系统为支撑，一步一步推导出我们的城市设计。在景观系统的设计中，以物境、情境、意境为依托，提炼元素，维持生态。三个月的联合毕设让我收获颇丰。感谢本次京津冀高校“X+1”联合毕业设计，给我一个挑战自己的机会，同时也感谢许峰老师、肖少英老师、孔俊婷老师以及任彬彬老师对我的悉心指导，感谢两位队友的包容与配合，感谢这几个月的时光，让我对工业遗产规划设计和城乡规划学有了更深刻的认识。

郑奕昕：时光荏苒，五年的本科学习就要告一段落，结束了最后一个设计作业，帷幕也随之落下。三个月的设计周期中有疑惑也有收获，是对我学习的检验，也是另一个开始。从入学到毕业，五年的学习是知识的累积，也是人生的成长。或许一开始并不熟悉城乡规划专业，但在不断学习中我感受到了它的温情与意义，更让我决定继续读书，探究更多的知识。此次的联合毕业设计是我本科学习阶段的收束，整个过程从开题、现场调研、基地剖析、主题确定、方案设计到最后的表达，感谢联合毕设组的老师们对我的悉心指导，让我再一次学习了城市设计的思路和逻辑，对城乡规划专业建立了更深的体会，在这最后的合作中，感谢我们都以最高的热情对待，不负这韶光。

高玉茹：五年的大学时光似乎很长，但此时却觉得是如此短暂，不知不觉已到尽头。记忆中留下了太多的片段。犹记大一懵懂的我们还对城市规划这个专业一无所知，在老师悉心栽培下我们对于建筑空间、存量发展、场所设计乃至整个城市的规划有了一定的认知。

有幸参与这次联合毕设，在各位专家老师的指导帮助下，顺利完成了老工业区的城市更新设计，收获颇丰。从最初的调研到中期汇报再到最终的毕设汇报，感谢各位老师的耐心指导，感谢队友的辛苦付出。相信在未来的道路上，这次难得的经历一定会成为我们提升自己的宝贵机遇。

大学的点点滴滴回荡在脑海中。我们曾经拥有过很多美好的回忆。真的到说再见的时候了，也许我们每个人的心中或多或少还有这样那样的茫然，但未来还有很长的路要走，我们每一个人都要不断地前行。让我们告别昨天，带着美丽的回忆和憧憬，迎接崭新的明天！

杜宜钊：在“退二进三”的城市发展浪潮中，城市老工业区逐渐被遗弃。作为助力城市经济腾飞、为人民生活创造福祉的“功臣”，老工业区面临着推倒重来、在这片土地上消逝的危险。本次联合毕业设计的选题即为城市老工业区的更新改造，也正是这样一个机会，让我们去思考这片热土该何去何从，去探索城市老工业区更新改造的新理念、新思想与新手法，去改变老工业区被遗弃的命运。

本次设计选址在保定恒天纤维片区，作为保定“西郊八大厂”的重要组成部分，是保定市老工业区的东北门户。通过前期对保定工业遗产历史文脉梳理，并立足于西郊八大厂工业遗址的历史文化脉络、特有空间氛围的细致调查总结，研究工业遗产保护与再利用中物质空间环境品质的提升，进行整体的规划设计，以期对未来城市工业遗产的改造升级与重塑提供借鉴与思考。

感谢指导老师孔俊婷教授、任彬彬副教授、许峰老师、肖少英老师的细心指导，感谢张栋同学、高玉茹同学两位搭档的默契配合，更感谢莅临本次联合毕设指导设计的各位专家、老师，参与联合毕业设计的几个月来，感触良多，收获颇丰，今后也会牢记初心，继续前行。

张栋：本次毕业设计是面向城市发展过程中老工业区衰退而产生的存量更新问题，通过城市设计的手段对老工业区进行激活再盛。从“传承与共生”的主题出发，通过前期的梳理分析，引入叙事学理论并演绎运用到设计之中，传承了历史、场所和自然，实现业态、民态和生态的共生。

在三个月的毕设过程中，我从城市规划价值观的丰盈到专业技能的熟练都得到很大的进益。毕业设计的顺利完成也得益于多方的支持：
特别感谢孔俊婷老师在毕业设计全程给予的悉心指导与关照，感谢许峰老师、任彬彬老师、肖少英老师在毕设过程中给予的宝贵意见，感谢设计团队杜宜钊、高玉茹的彼此信任与默契合作，感谢京津冀联合毕设给予的宝贵学习机会和专家的指导，感谢河北工业大学城乡规划系的各位老师在我五年的学习生涯中给予的帮助。

我会带着母校河北工业大学的授业与希冀，秉承“勤慎公忠”的百年校训，牢记“为天地立心，为生民立命，为往圣继绝学，为万世开太平”的行业嘱托。我也将恪守“笃实守正，久久为功”的人生信条，希望能和更好的世界相遇。

释题与设计构思

释题

随着战略性新兴工业发展浪潮的来临，传统工业成了夕阳工业，也使得很多工业遗产正在消失，变得岌岌可危。因而，2019年城乡规划专业京津冀高校“X+1”联合毕业设计主题选取“传承与共生——保定市恒天纤维片区城市设计”，力求更好地保护工业遗产，发掘其丰厚的文化底蕴，使绚丽多彩的历史画卷更加充实。

保定市恒天纤维厂始建于1957年，是“一五”期间156个重大项目之一，为保定经济社会发展及国家化纤行业的发展做出了突出贡献。恒天纤维产厂作为保定“西郊八大厂”之一，代表着城市记忆：厂区内德式风格的厂房、高耸入云的烟囱、密布架设的管网、遗留的铁轨、大量的珍稀树种等成为园内独特的工业景观，这些据实物质证据见证了工业活动对历史和今天所产生的深刻影响，记录了普通劳动群众难以忘怀的人生，成为社会认同感和归属感的基础。这些工业遗产如何保护？场所精神与工业记忆如何重塑？如何导入新的触媒点激发地块活力？让老工业基地和新业态交互呼应，迸发城市发展的蓬勃生机，探索工业遗产活化的最佳路径成为规划师共同的深思。

恒天纤维厂作为西郊八大厂工业遗产之一，无时不在提醒着人们其曾经的辉煌和坚实的基础，此处的规划设计如何破局，路在何方？需要每一位同学用心思考、细心体会，才能不辜负这片土地的期待。

设计构思

方案一：

题目：承·纤罗之脉，生·连理之蔓——基于多元生长理论的恒天纤维片区旧工厂改造

指导教师：许峰　肖少英　孔俊婷　任彬彬

设计者：郑奕昕　谢雨晴　刘墨馨

保定市恒天纤维老厂区前身为保定化学纤维联合厂，始建于1957年，是保定“西郊八大厂”所代表的城市记忆之一。本次规划依据“传承与共生”的理念，借助藤蔓城市与多元生长理论为理论支撑，从交通、空间、景观三个系统出发，作为恒天纤维片区整体更新改造的切入点，充分利用其自身独特的历史文化和地理区位优势，拟改造为“西郊八大厂”工业旅游带的北部门户及保定市西部城市活力核心。在空间系统中形成“一核，两轴，一带，七片区”的空间结构，充分利用厂区原有空间肌理，对历史建筑以及风貌、质量较好的建筑进行保留与改造；在交通系统中形成“三横两纵”的路网结构，将原有路网进行延续的同时拓宽或新增主要道路，使其能够承担城市车流以及实现自身的路网通畅，并对竖向交通以及铁路站点进行设计与布置；在景观系统中，延续铁路景观带，将“西郊八大厂”景观串联为一个整体，各厂区可对景观节点、地面铺装以及厂区植物进行针对性详细设计，形成各具特色的景观系统。

方案二：

题目：回闻织锦　天鹅还巢——存量语境下保定市恒天纤维片区工业遗址的叙事式更新设计

指导教师：孔俊婷　任彬彬　许峰　肖少英

设计者：高玉茹　杜宜钊　张栋

规划以系统性生态保护和年轻态文化产业为抓手，通过生态廊道、艺术工坊、文化体验、多元游乐，达到公共空间生态化、园区路网合理化、文化活力复兴、厂区产业激活的规划目标。在明确规划定位、目标、功能以及分区的基础上，对整个厂区进行叙事式规划设计。细致研究叙事学在城市设计中的应用，提炼叙事逻辑和叙事手法，深入挖掘化纤厂的文化内涵，通过文献阅读和实地调研，总结出往日化纤厂繁荣的生活场景，对故事发生的场所进行保留及再生，以达到唤醒场地的目标，传承文脉。另外，以“乐活中心”为厂区核心，植入游乐功能，并以此展开整个厂区复合功能的再生。

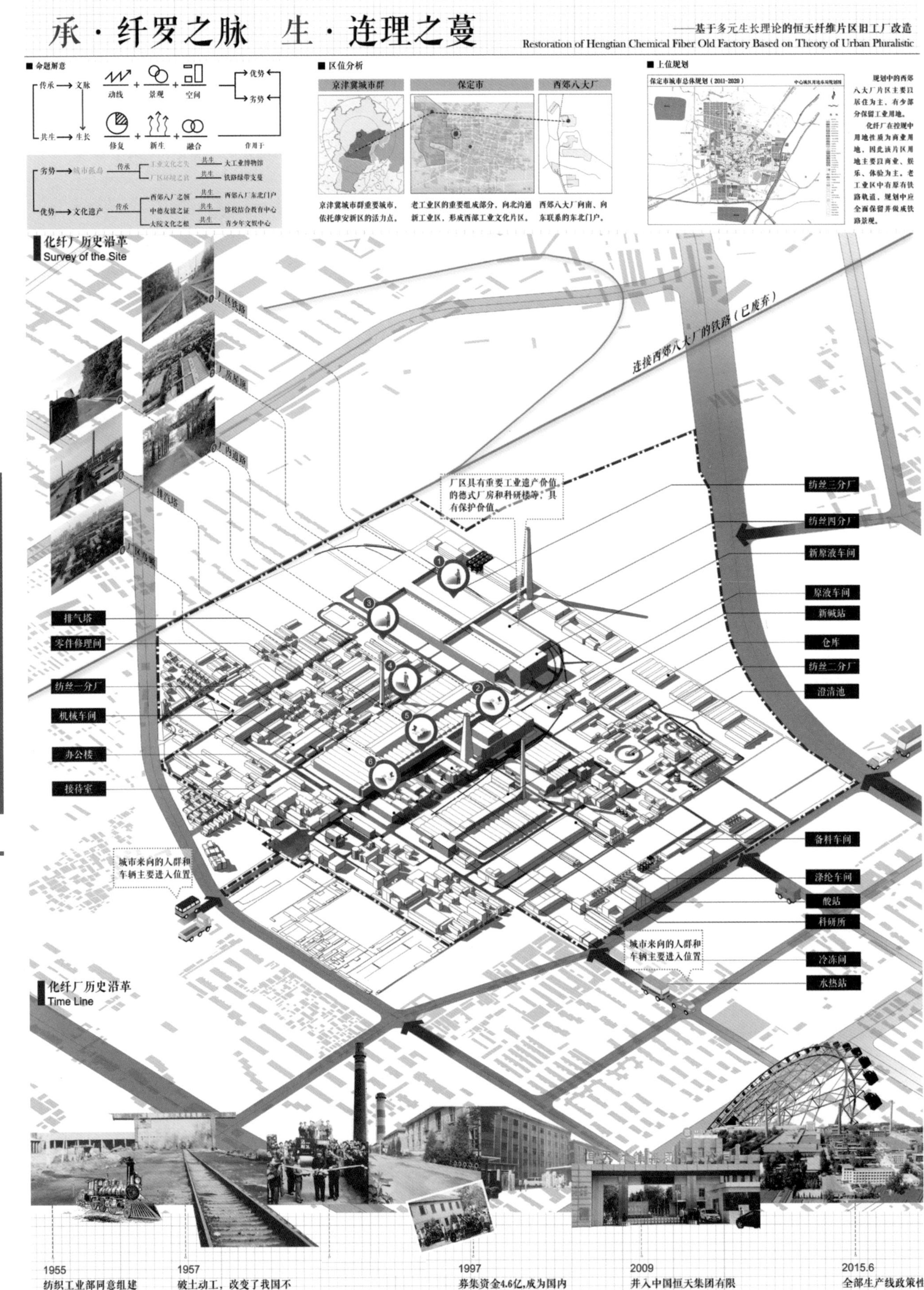

1955
纺织工业部同意组建第一人造纤维厂。

1957
破土动工，改变了我国不能大规模生产粘胶丝，长期依赖进口的状况。

1997
募集资金4.6亿，成为国内粘胶行业第一股，保定市第一家上市公司。

2009
并入中国恒天集团有限公司，更名为恒天纤维集团有限公司。

2015.6
全部生产线政策性关停。

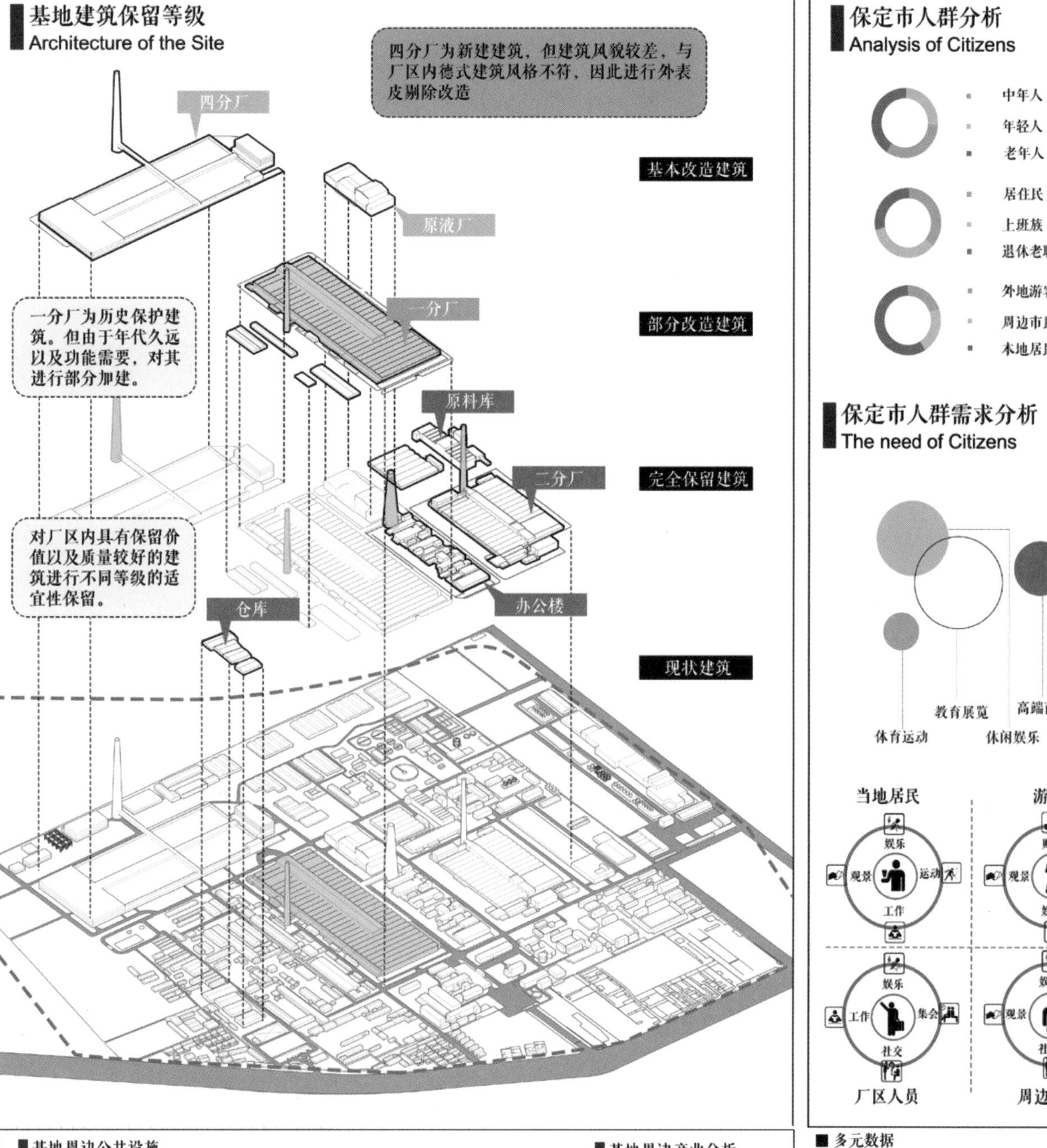

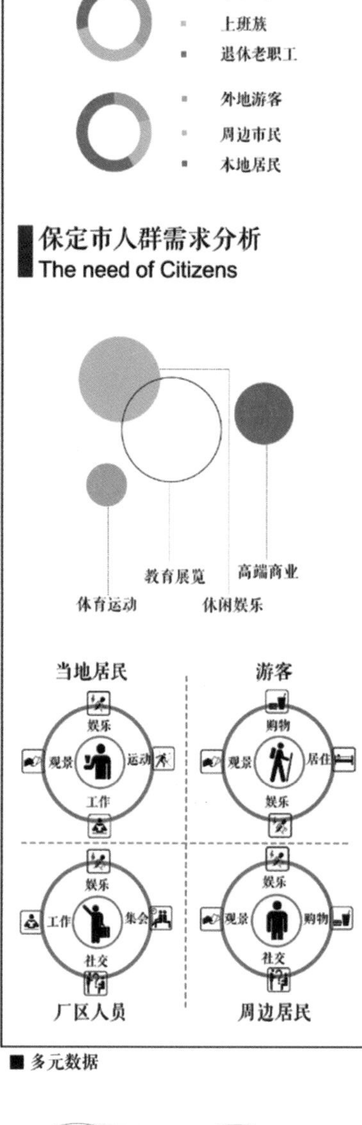

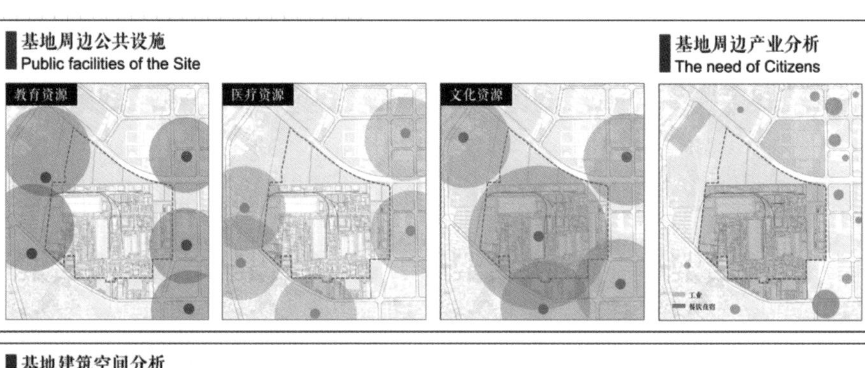

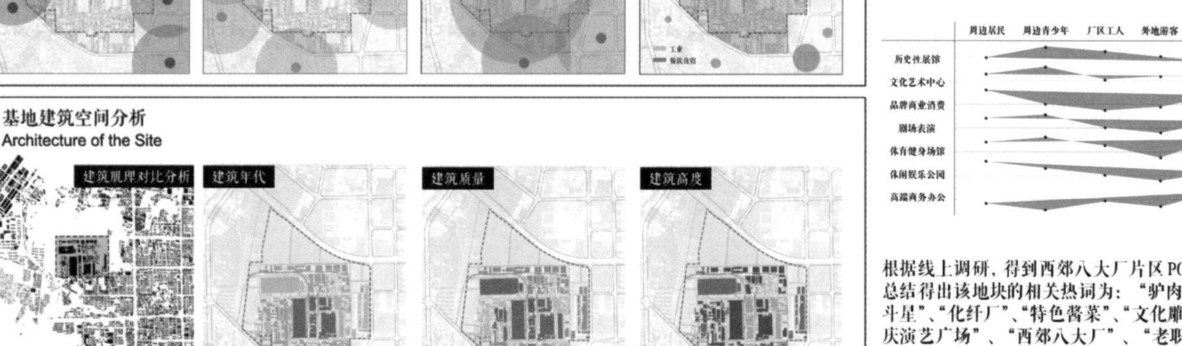

■ 多元数据

老职工宿舍
文化艺术展览
历史记忆
西郊八大厂
节庆广场表演
文化雕塑
传统手工业
休闲购物
特色酱菜
会议论坛
北斗星
驴肉火烧

	周边居民	周边青少年	厂区工人	外地游客	商务人员
历史性展馆					
文化艺术中心					
品牌商业消费					
剧场表演					
体育健身场馆					
休闲娱乐公园					
高端商务办公					

根据线上调研，得到西郊八大厂片区POI数据，总结得出该地块的相关热词为：“驴肉”、“北斗星”、“化纤厂”、“特色酱菜”、“文化雕塑”、“节庆演艺广场”、“西郊八大厂”、“老职工宿舍”等。可以发现，该地区市民对老工厂的的历史记忆以及餐饮服务的需求较大。

方案推演
Program deduction

轴线生成 Axis generation

空间肌理	保留并改造基地原有轴线和肌理关系
藤蔓关系	以轴线为骨架，南北相接，东西勾连
功能延续	依托原有功能，形成大工业博物馆

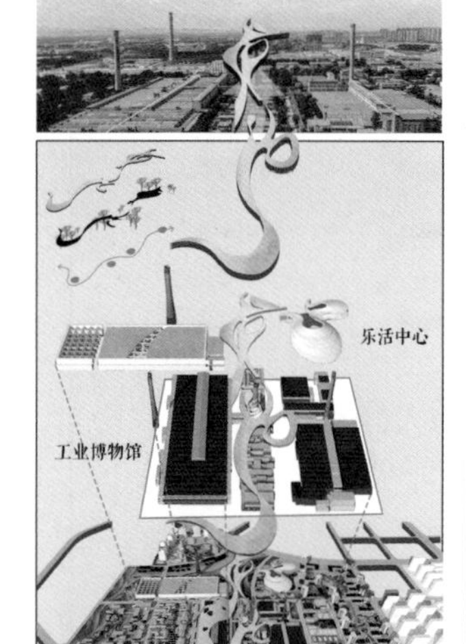

片区生成 Area generation

核心集聚	依托保护建筑形成核心的参观展览分区
外部环境	中部保护建筑，北侧生态，东侧居住
动线分区	城市交通流向，形成由东到西的功能流线
动静分区	由内向外，核心动区，周边静区

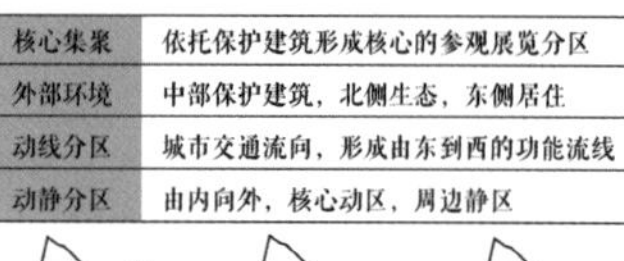

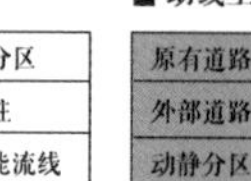

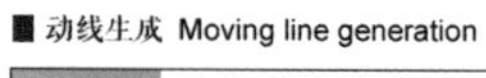

动线生成 Moving line generation

原有道路	最大限度保留原有道路肌理
外部道路	依据城市路网方向等级，确定开口方向
动静分区	设计动态流线与静态流线，使之互不干扰
动线分区	南北贯通，东西相连

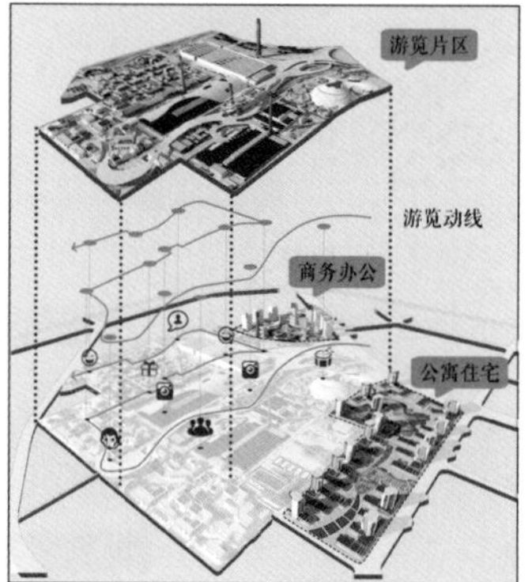

空间生成 Space generation

外部限制	通过保留、轴线、动线限制生成空间
内部更新	空间到场所的演变，形成内部的更新

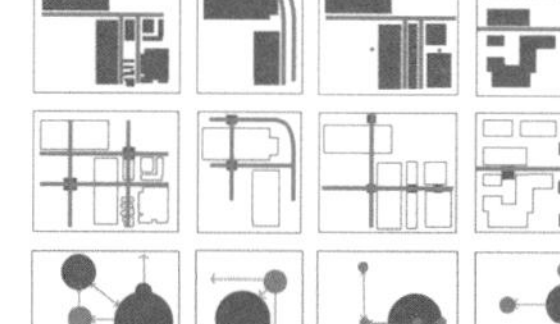

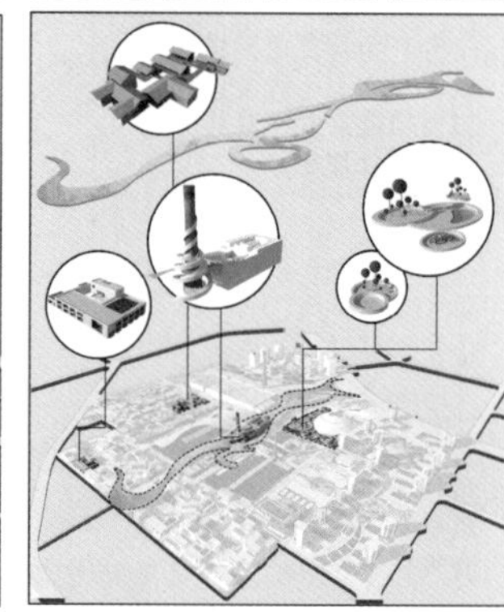

立面图
elevation

概念演绎 Concept deduction

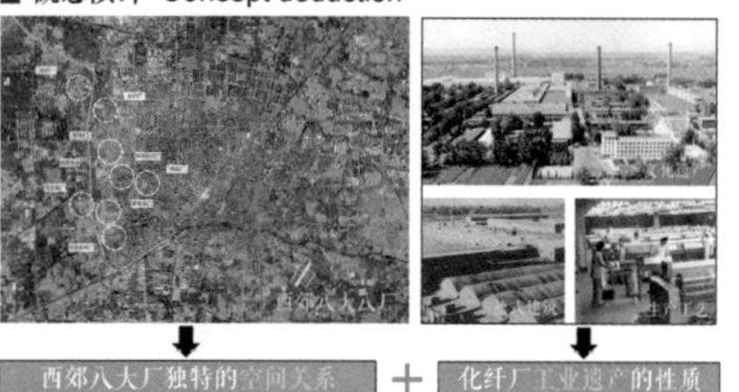

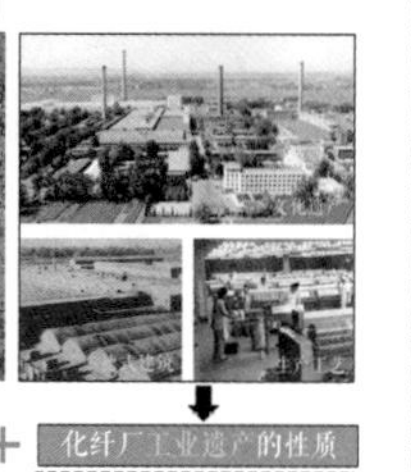

西郊八大厂独特的空间关系 + 化纤厂工业遗产的性质

如何传承八厂串联的空间特征？

如何实现遗产的更新共生？

藤蔓理论 Vine theory

“蔓藤城市”的结构是树吗？城市是依附在基盘网络上，如蔓藤般生长的生命体。它不是一个简单的蔓藤，它是依附在大地上，依附在人为的、支持蔓藤成长的资源上所形成的生命体，这就是“蔓藤城市”的精彩之处。

——黄文亮

依托西郊八厂串联的空间结构，形成藤蔓蔓延式的生长机制，延伸至基地内部，形成有根有枝的空间结构。

多元生长机制

“多元生长”理念是依托有机生长理论四种学派多元融合的一种旧城更新模式

它是基于多元现状的一种发展策略，强调渐进式的、继承原有脉络的、保持活力的更新发展方式。

承纤罗之脉　　生连理之蔓

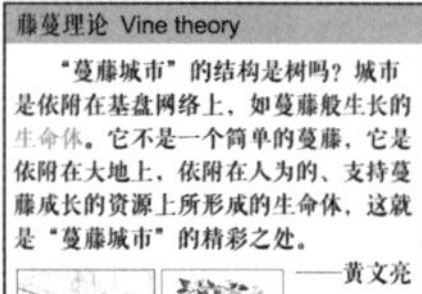

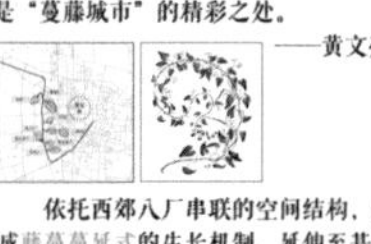

研究框架 framework

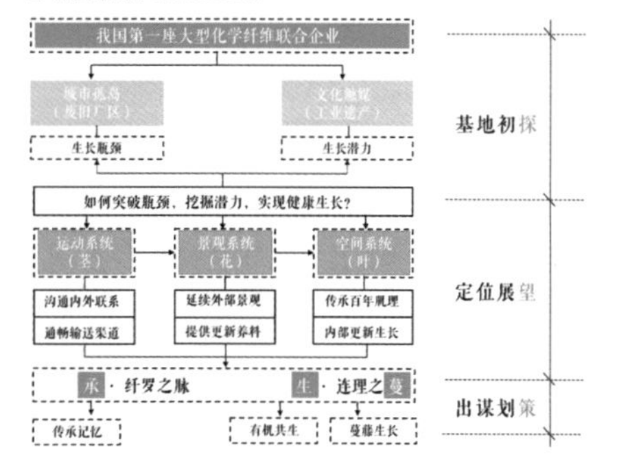

section 1

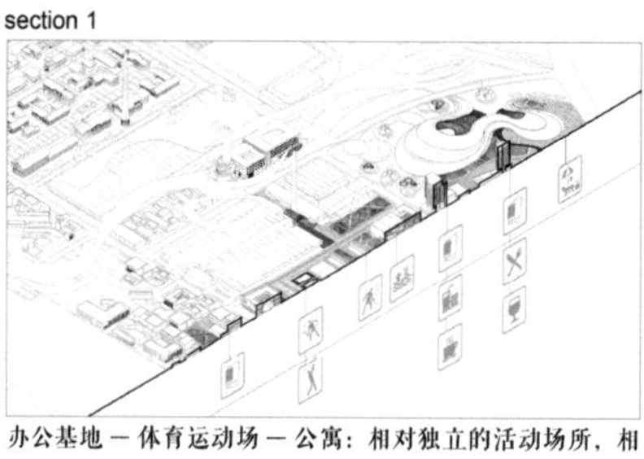

办公基地－体育运动场－公寓：相对独立的活动场所，相互交叉较少。

section 2

办公基地－工业博物馆－乐活中心：建筑高度起伏平缓，烟囱形成制高点。

section 3

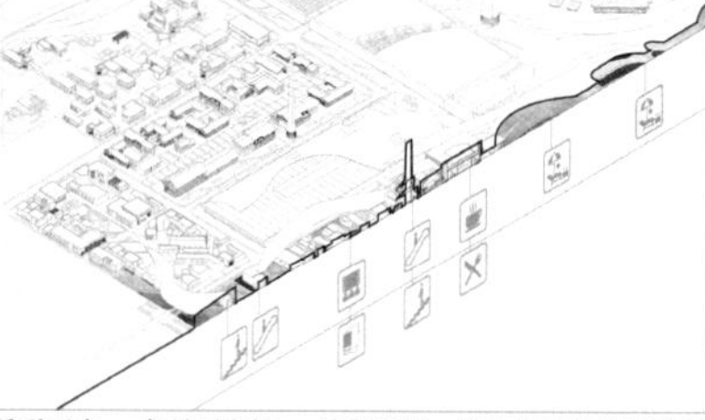

景观西家－化纤历史馆－景观廊架：通过连续的景观廊架沟通各个片区，在运动的高度上形成连续的起伏。

section 4

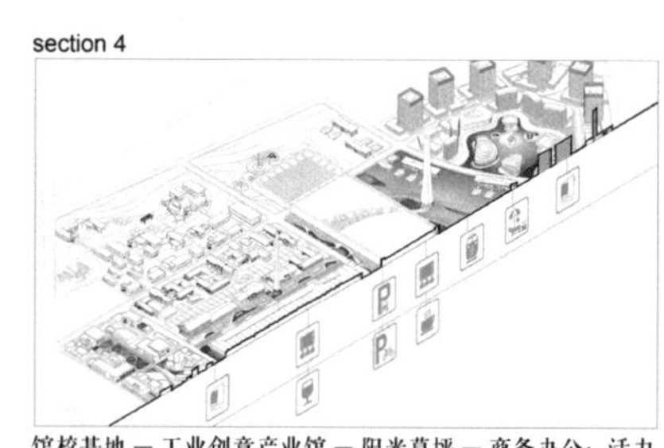

馆校基地－工业创意产业馆－阳光草坪－商务办公：活力逐渐旺盛，集聚人流。

section 5

文创集市街－排汽塔－阳光草坪－商务办公：以尺度适宜的集市街为主，丰富游览的运动路线，集聚多种商业业态。

section 6

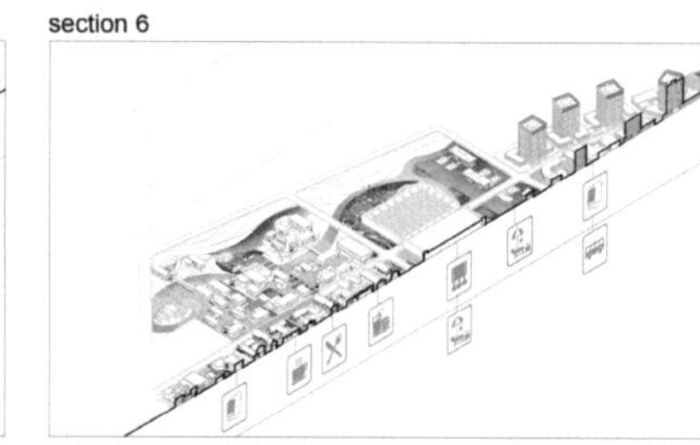

馆校基地－文创集市街－阳光草坪－商务办公：人群活力达到最高，以连续起伏的院落式空间为主，形成人群的停留。

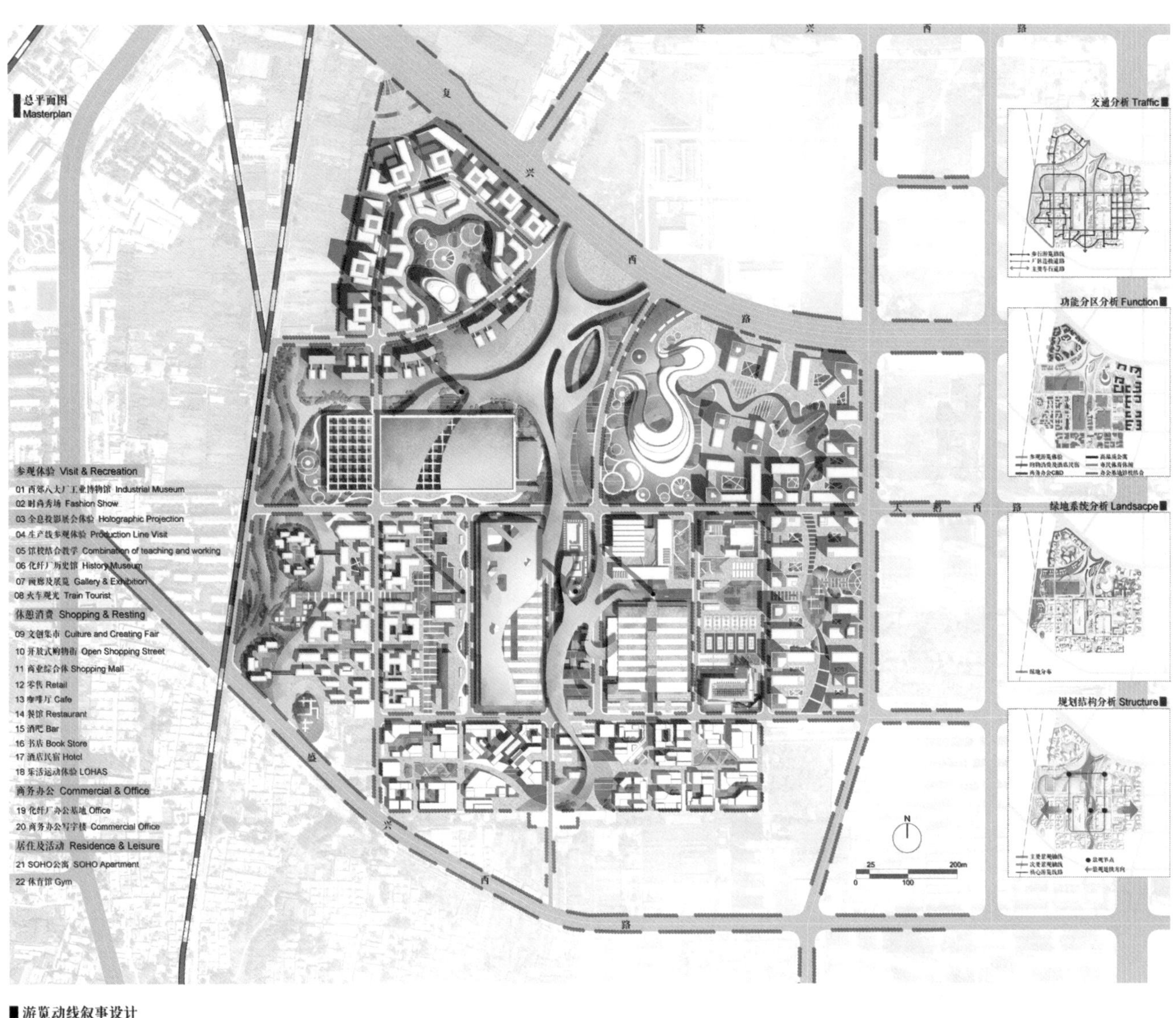

游览动线叙事设计
The Design of Narrative Design

STEP1
起—Beginning

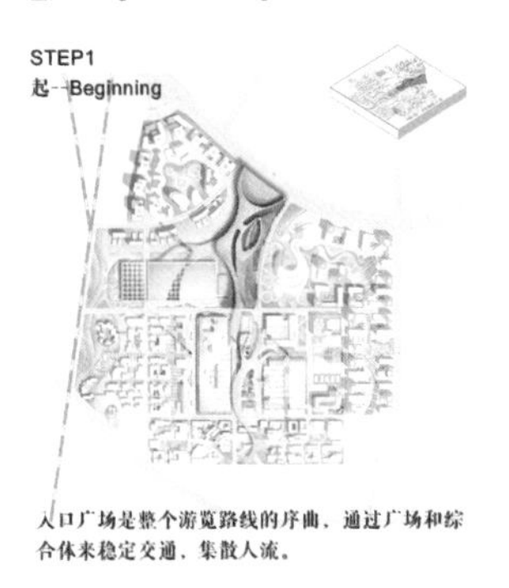

入口广场是整个游览路线的序曲，通过广场和综合体来稳定交通，集散人流。

STEP2
承—Progress

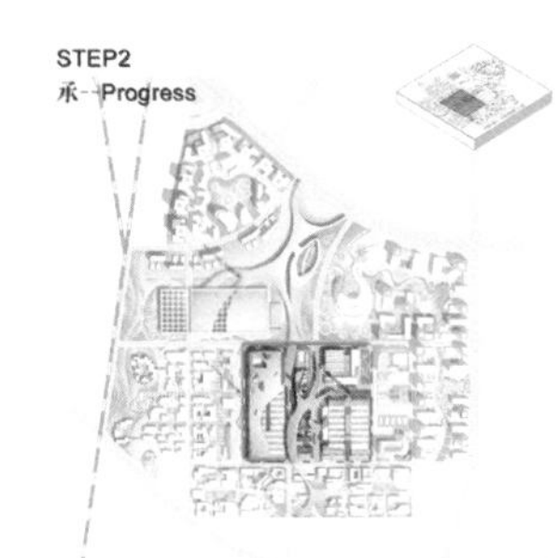

厂区的核心保留区域承担游览路线的发展环节，改造后成为大工业博物馆，以游览参观体验为主

STEP3
转—Climax

游览的高潮环节是馆校参观、以购物和消费为主的购物街以及VR体验场，是人群活力的最高点。

STEP4
合—Decline

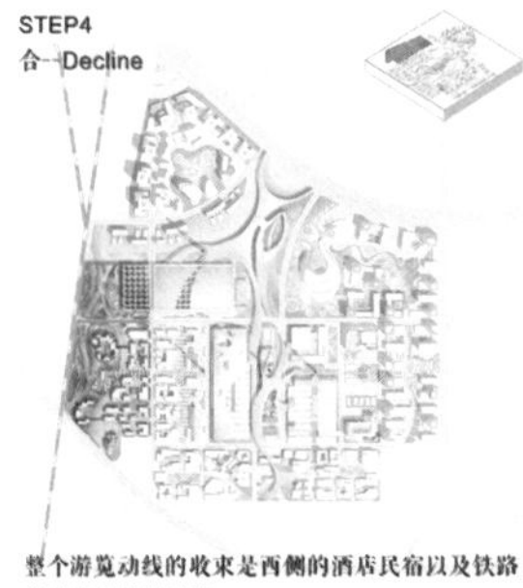

整个游览动线的收束是西侧的酒店民宿以及铁路沿线的绿化景观带。

运动系统叙事设计
The Design of Narrative Design

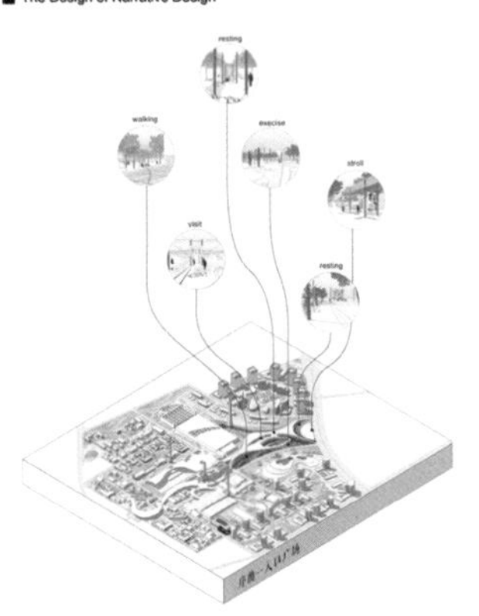

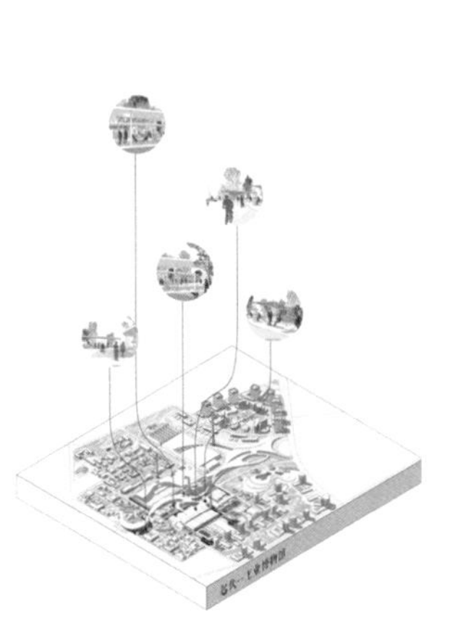

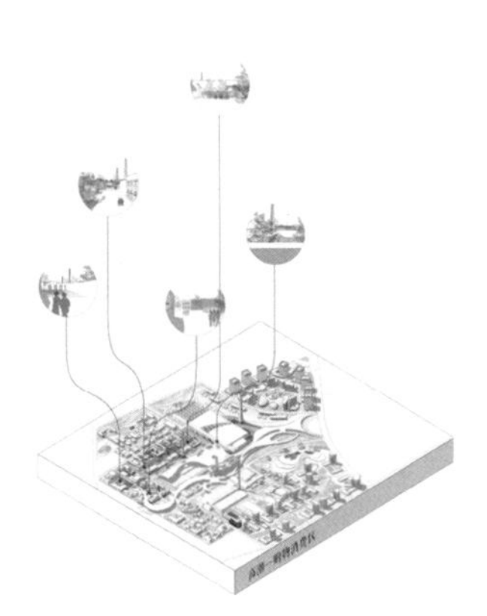

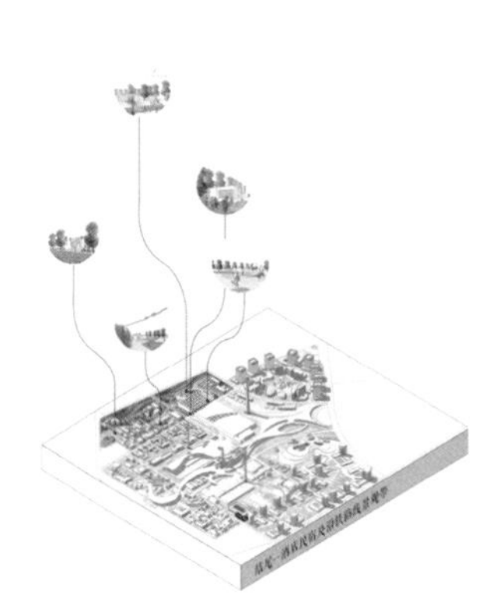

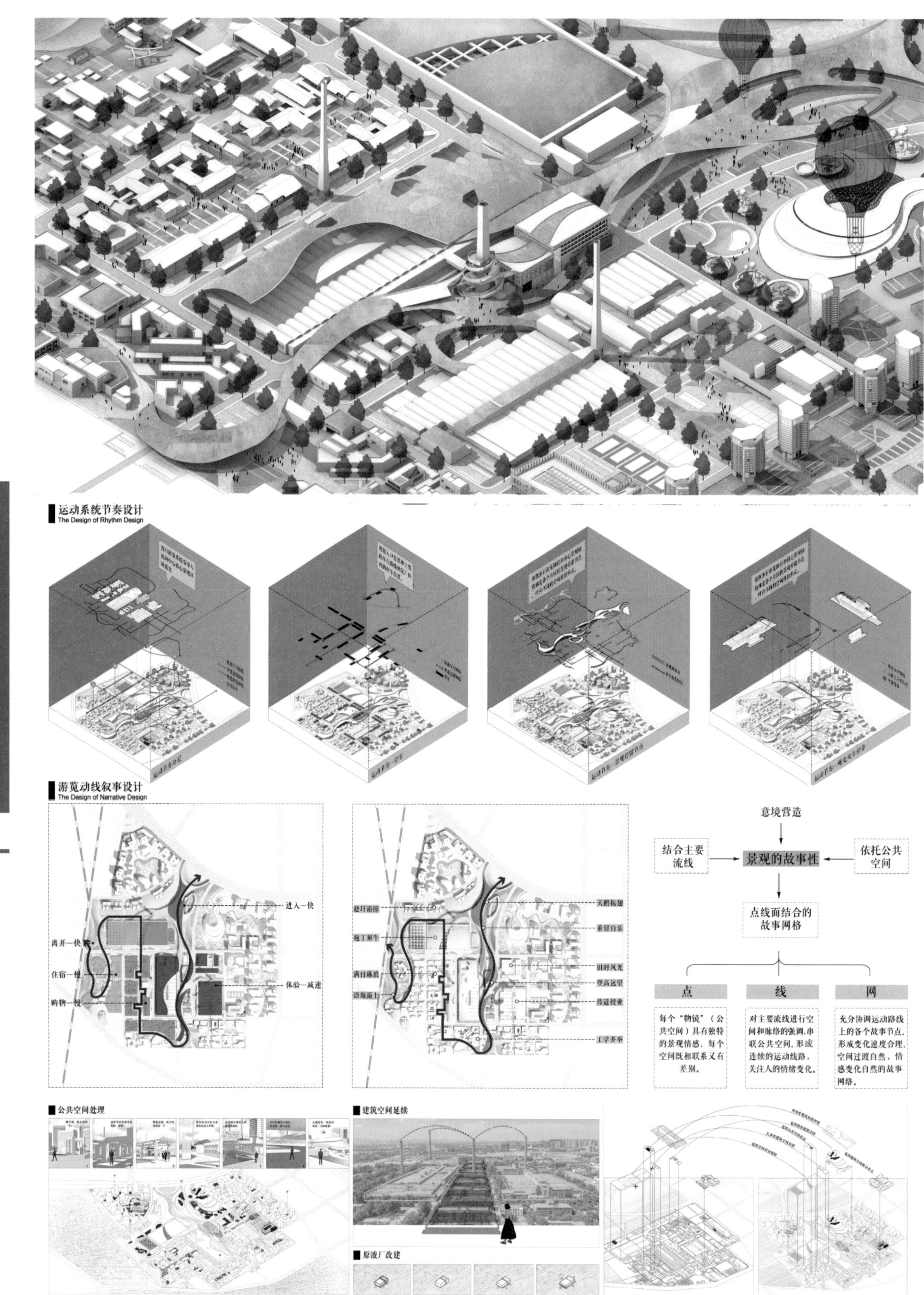
运动系统节奏设计
The Design of Rhythm Design
游览动线叙事设计
The Design of Narrative Design
进入—快
离开—快
住宿—慢
购物—慢
体验—减速
天鹅振翅
垂钓自乐
旧时风光
登高远望
传道授业
工学并举
施工厕生
满目琳琅
意境营造
结合主要流线
景观的故事性
依托公共空间
点线面结合的故事网格
点
线
网
每个"物境"（公共空间）具有独特的景观情感，每个空间既相联系又有差别。
对主要流线进行空间和脉络的强调，串联公共空间，形成连续的运动线路，关注人的情绪变化。
充分协调运动路线上的各个故事节点，形成变化速度合理，空间过渡自然，情感变化自然的故事网络。
公共空间处理
建筑空间延续
原液厂改建

一分厂改建

建筑框架分解图

二分厂改建

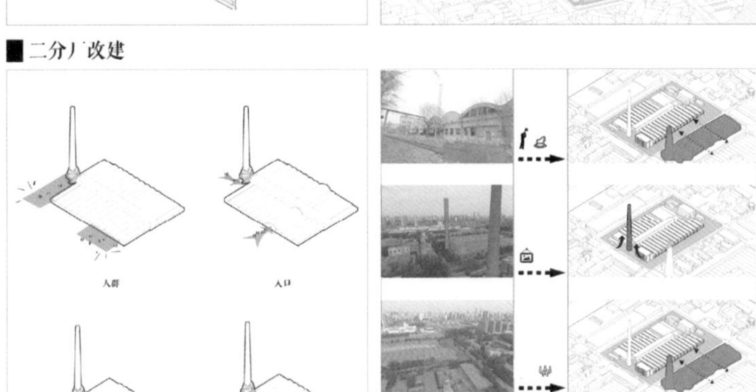

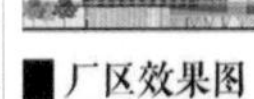

原液厂室外餐厅改建

通过对本项目的实地调研以及上位规划的分析，确定了该地区的发展定位，并且根据所学内容，结合藤蔓城市与多元生长机制的理论对项目的理念与定位做了深层次的研究，经过一系列的方案推敲以及各系统的逻辑关系，将该项目分成空间系统、景观系统以及运动系统三个层次。本次主要从空间系统入手，解析如何构建空间系统以及空间系统的多维需求。确定了规划的核心内容以及保留建筑，将两者结合形成项目核心功能——工业博物馆，同时传承原有空间肌理，梳理空间关系，确定了东西向、南北向以及铁路景观轴带，将厂区内的原有排气烟囱有机结合作为空间节点，辅助市民唤醒记忆以及激发空间活力，同时，根据现代市民生活需求，注入新的城市功能，做到延续整个地区的历史文脉的同时与新的城市功能实现共生。

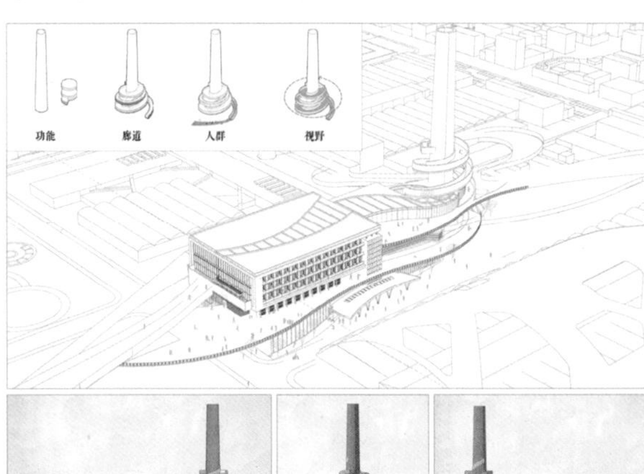

厂区效果图

·植物配置

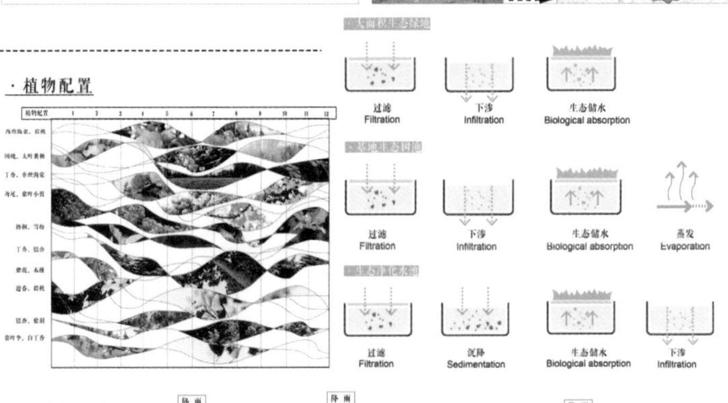

过滤 Filtration
下渗 Infiltration
生态储水 Biological absorption

过滤 Filtration
下渗 Infiltration
生态储水 Biological absorption
蒸发 Evaporation

过滤 Filtration
沉降 Sedimentation
生态储水 Biological absorption
下渗 Infiltration

·生态手段

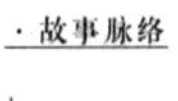

·景观廊道

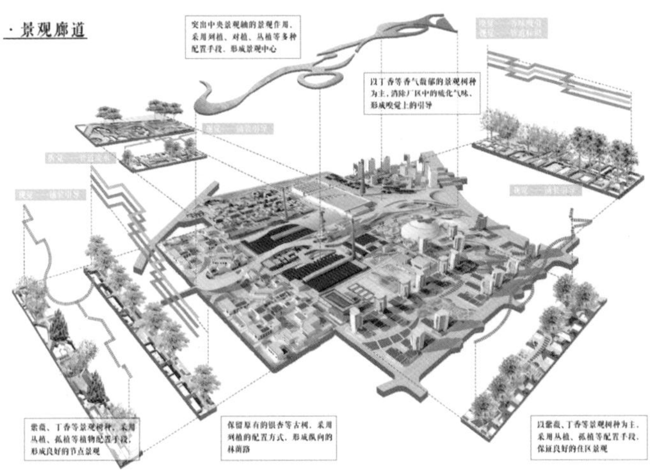

意境营造 Landscape Context Design

·意境生成

依据基地肌理关系，确定南北方向的景观主轴；根据保留烟囱的排布和视线关系，确定东西方向的景观副轴，根据保护建筑范围划定景观主核。

以藤蔓的形式实现景观的渗透，扩大景观主核的辐射范围，突出南北方向的景观主轴。

以南北方向的景观主轴为一级藤蔓，东西方向上的景观副轴为二级藤蔓，向其他公共区域逐渐渗透蔓延，结合主要景观节点，形成三级的景观系统，点-线-网搭配，形成覆盖基地的景观系统。

·故事脉络

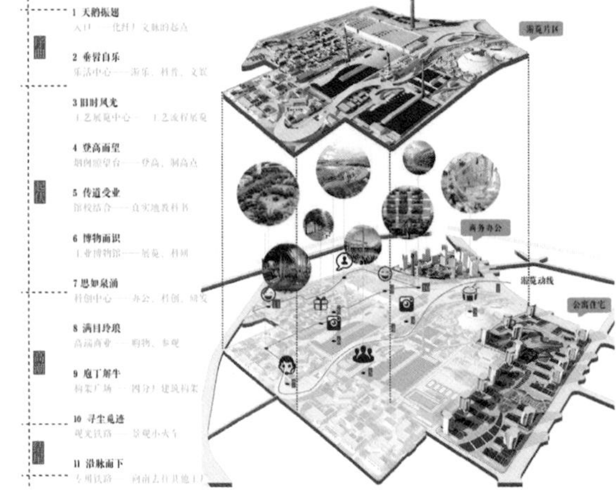

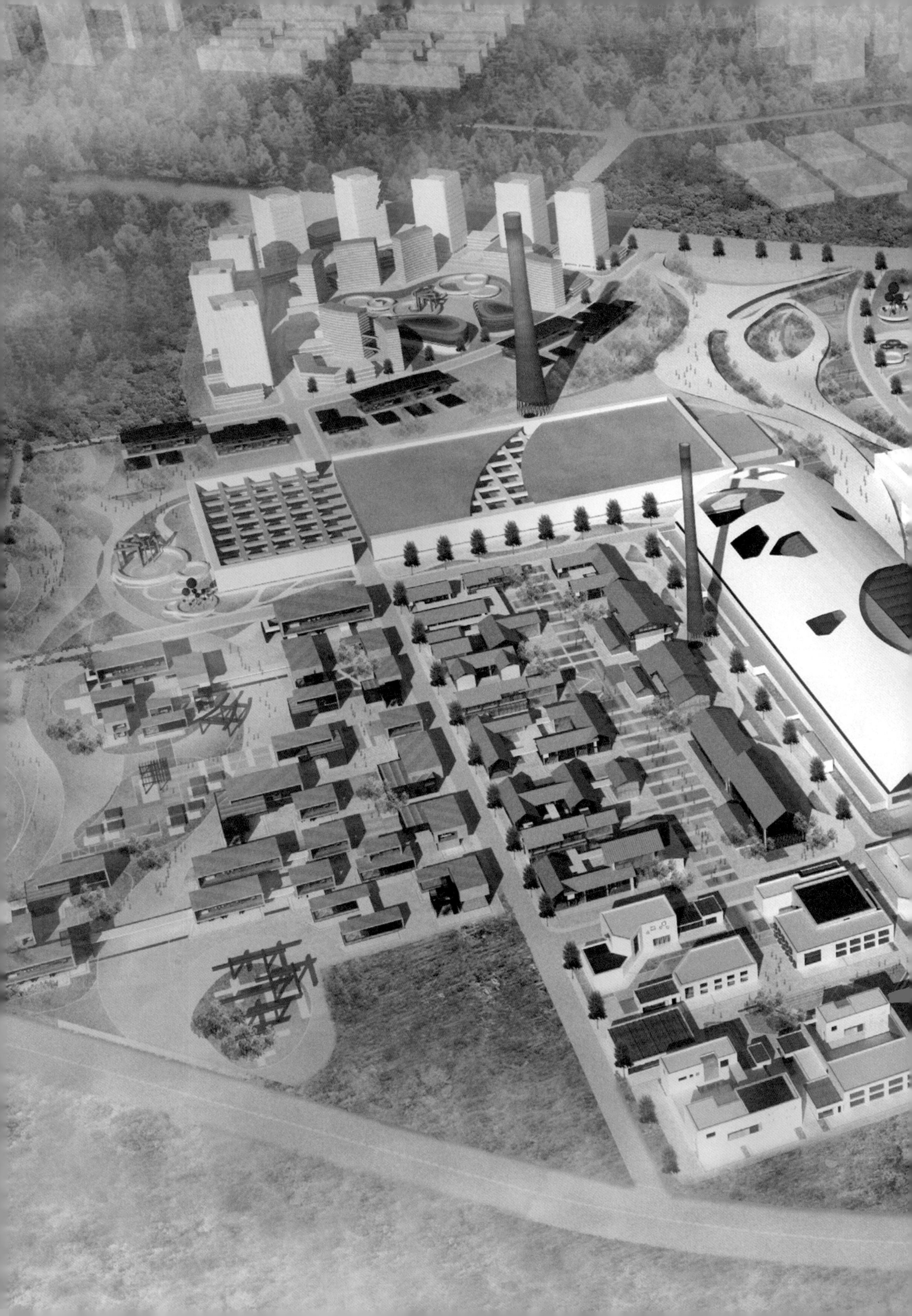

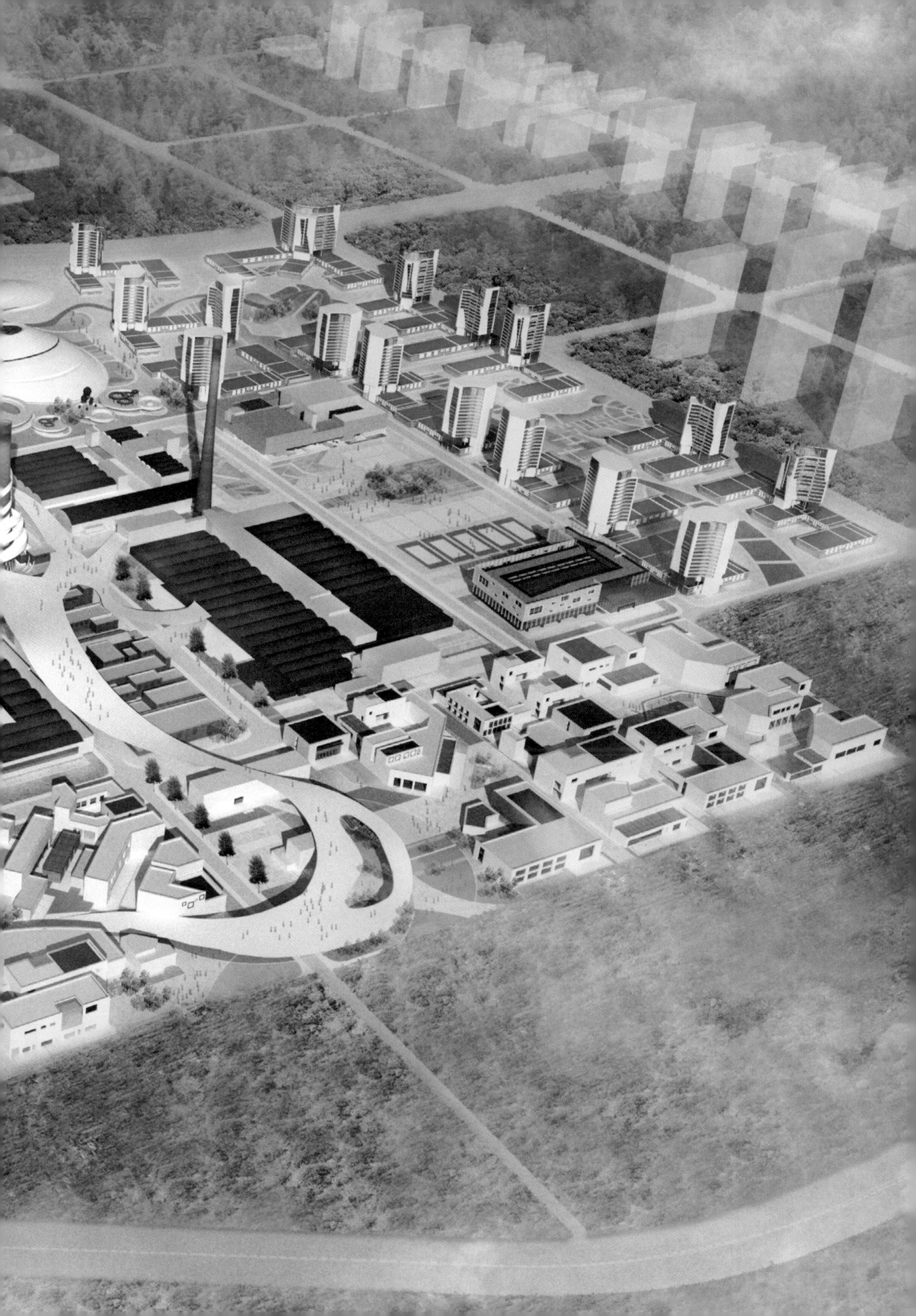

回闻织锦 天鹅还巢

存量语境下保定市恒天纤维片区工业遗产的叙事式更新设计

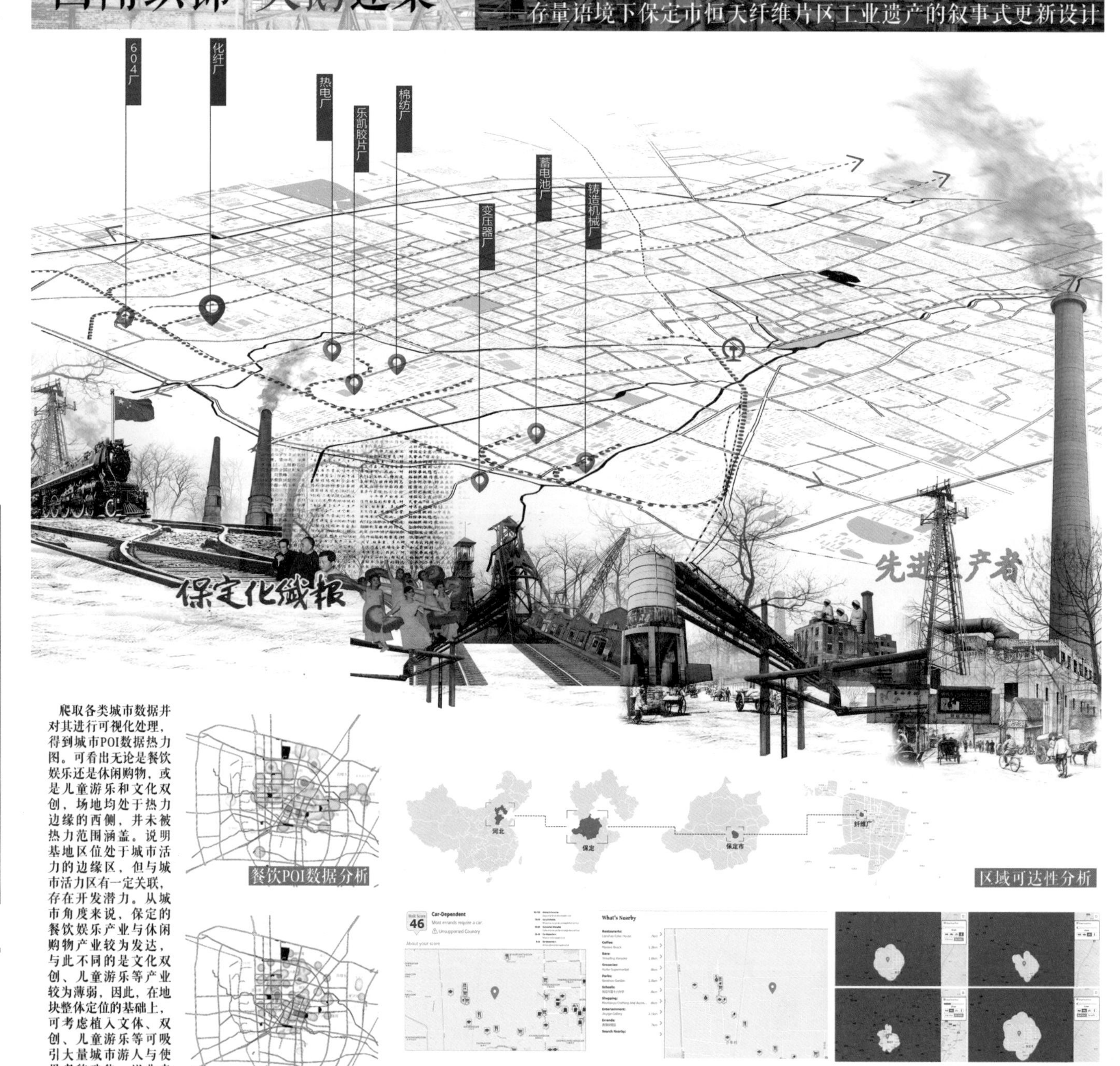

爬取各类城市数据并对其进行可视化处理，得到城市POI数据热力图。可看出无论是餐饮娱乐还是休闲购物，或是儿童游乐和文化双创，场地均处于热力边缘的西侧，并未被热力范围涵盖。说明基地区位处于城市活力的边缘区，但与城市活力区有一定关联，存在开发潜力。从城市角度来说，保定的餐饮娱乐产业与休闲购物产业较为发达，与此不同的是文化双创、儿童游乐等产业较为薄弱，因此，在地块整体定位的基础上，可考虑植入文体、双创、儿童游乐等可吸引大量城市游人与使用者的功能，以此来盘活整个场地。

体育设施往往是城市居民日常活动的活力空间，也是城市大型集会等活动空间，通过数据爬取与定位，可发现保定市的体育活动场所多数为台球厅、舞蹈室等小型场地，并不具备刺激城市活力的能力，而大型的场地多数为大学校园、中小学校园的活动场地，开放程度与利用率较低。

随着二孩政策的放开，儿童群体在城市中占据的社会资源不容小觑。通过POI数据的对比可发现，儿童游乐的热力明显弱于其他城市功能。保定市的儿童游乐场所多为儿童游泳馆等，可在此地打造儿童游乐中心，以此来吸引更多人群的前往。

餐饮POI数据分析

购物POI数据分析

文体POI数据分析

游乐POI数据分析

历史沿革分析

牧战马之城 — 樊舆侯国 — 保州保塞 — 顺天路（改） — 大宁都司 — 直隶省会 — 保定自治 — 保定专区 — 保定专区 — 保定专区 — 保定专区 — 保定专区

发展趋势：文化发展　活力发展　工业发展

先秦时期　汉晋隋唐　宋金　元朝　明朝　清朝　民国时期　中华人民共和国

1955年，纺织工业部同意组建第一人造纤维厂。在前民主德国专家帮助下，全国考察，比选了二十多个城市，最后决定保定建厂，有如下原因：认为保定厂址邻近一亩泉，地势坦广，地下水温低，当地气候适宜生产，原材料供应适中，产品往华北运距较近，附近将建103纸厂（现保定604造纸厂）和棉纺厂，在供水、供电、供热、交通运输等设施方面，均可取得统一协作的配合。1957年破土动工，改变了我国不能大规模生产粘胶丝，长期依赖进口的状况。保定化纤厂是我国第一座大型化学纤维联合企业，主要产品为“天鹅”牌粘胶长丝和熔融纺氨纶丝，粘胶长丝年生产能力达22000吨，是世界上最大的粘胶长丝生产厂家之一。

回闻织锦 天鹅还巢

——存量语境下保定市恒天纤维片区工业遗产的叙事式更新设计

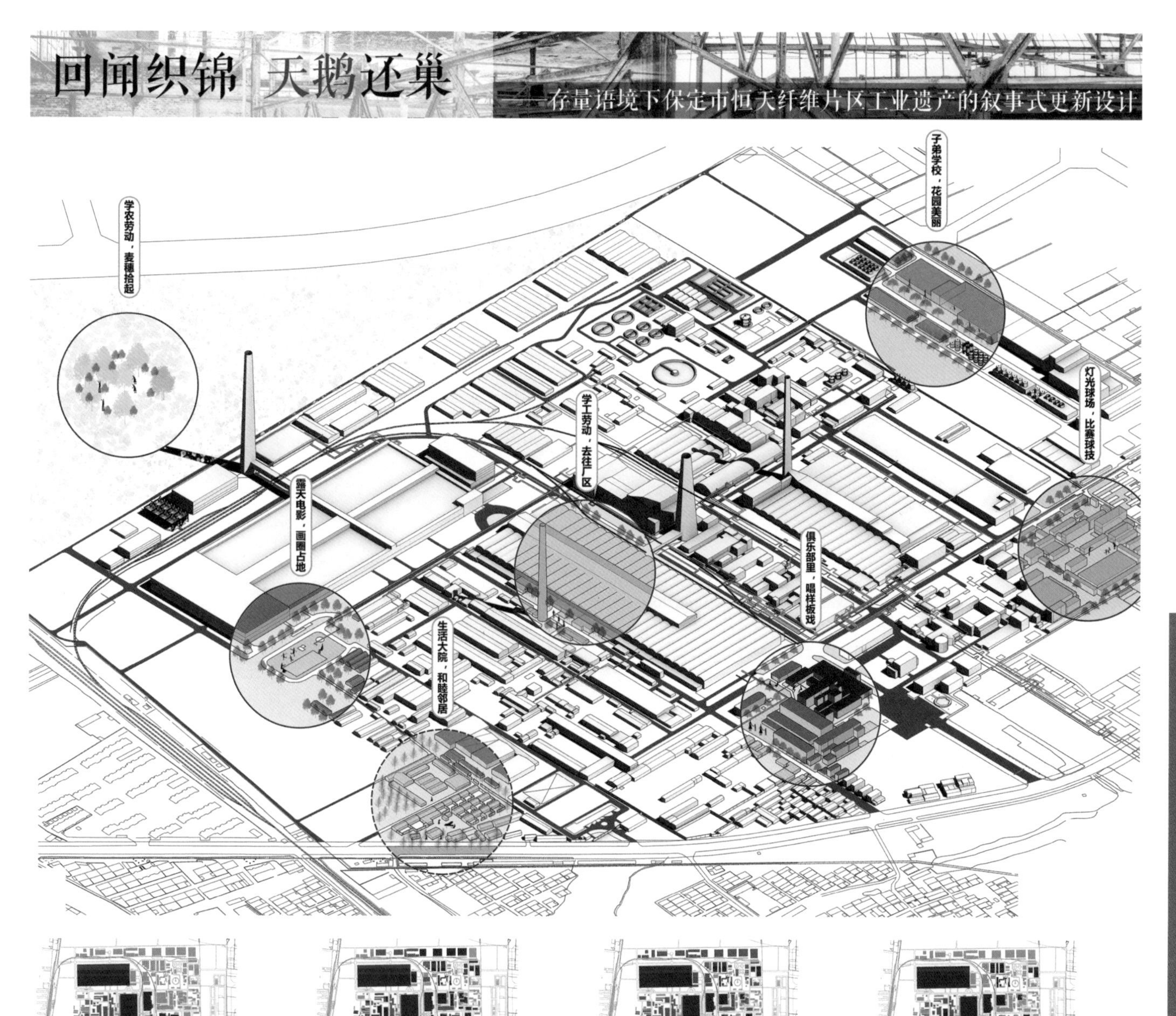

通过文献资料的汇编与整理，了解到鼎盛一时的化纤厂就是个小型城市，功能复合度极高。工厂内除了单身宿舍、筒子楼生活区外，还有礼堂、医务室、食堂、澡堂、大菜店、商店、邮局等，20世纪90年代初有厂区的闭路电视，播放厂新闻，还可转播港台节目，周末会放映电影。

在化纤厂流传的儿歌中提到："从幼儿园到小学到初中，一直都在大院里。当时大院外面的世界对我来说就是另外一个世界。有的从幼儿园一直到工作，都在化纤厂，在这里完成了一辈子。每周六吃完饭，小伙伴们都搬着小板凳，急急忙忙跑到俱乐部门口，占据有利有利位置，等着看电影，有的灵活的，爬到篮球架上看。"可见当时化纤厂子弟的生活状态。

从调研的情况看，基地北部的城市道路利用率较高，也没有出现人为阻碍的情况。但厂区内的道路现状混乱，道路尺度较小，构筑物破败，交通道路被栅栏所隔挡，使得交通环境显得混乱，部分道路变为了断头路，削弱了步行系统的可达性。

原建筑体量较小，外观破损，但具有特色，修复后调整为沿街商业，一定程度上提高了中央步行街的活力。

建筑组团为抄浆工序工厂，具有极高历史价值和观赏价值，保留加建后赋予文创功能。后期设计中可考虑保留现有建筑结构，替换其外表皮，结合周边赋予其文创建筑的功能。保留现有建筑的结构，结合周边新建建筑，打造新型文创街区。

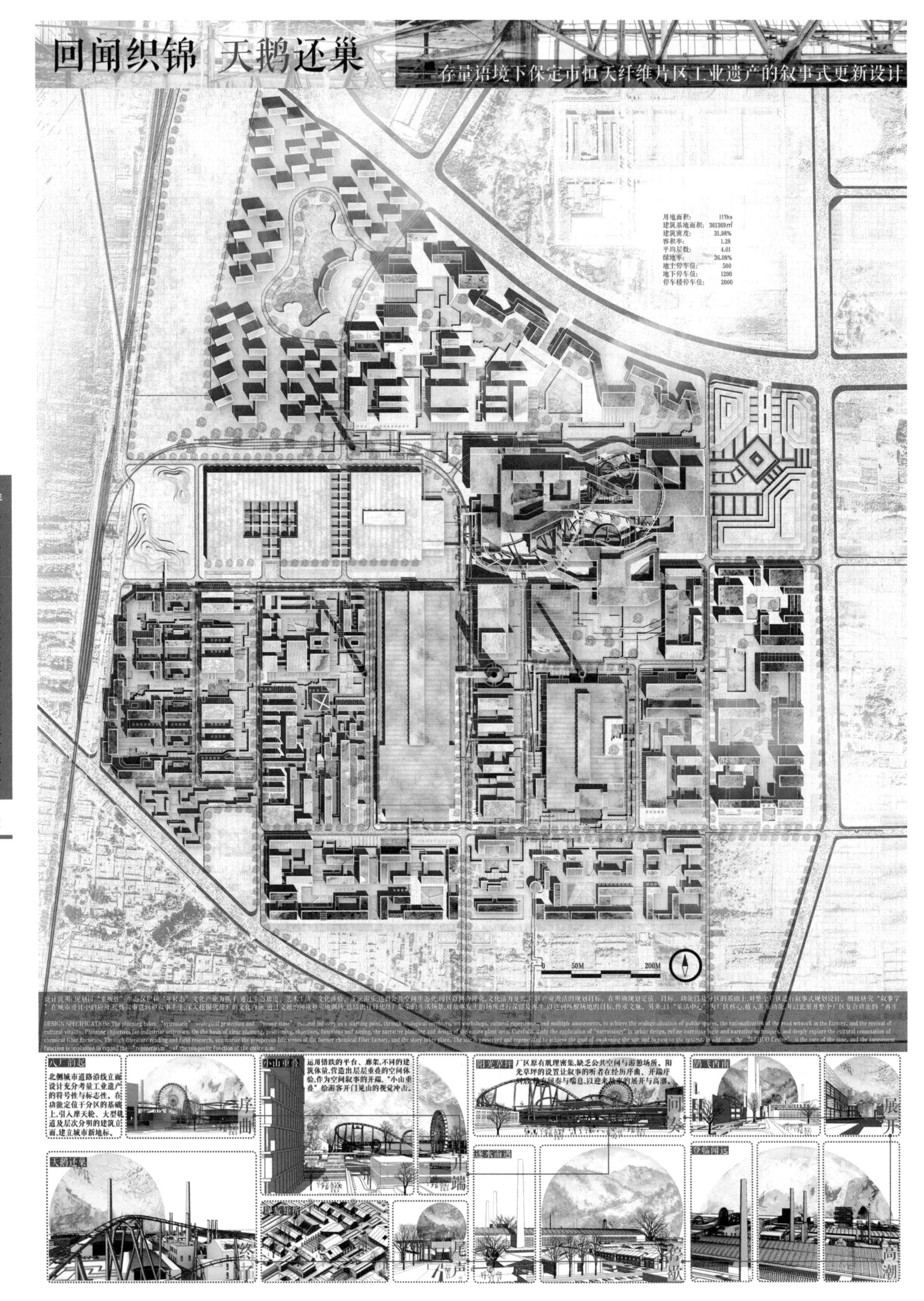
回闻织锦 天鹅还巢
存量语境下保定市恒天纤维片区工业遗产的叙事式更新设计
用地面积: 113ha
建筑基地面积: 361369㎡
建筑密度: 31.98%
容积率: 1.28
平均层数: 4.01
绿地率: 36.08%
地上停车位: 500
地下停车位: 1200
停车楼停车位: 2000
0 50M 200M
DESIGN SPECIFICATION: The planning takes "systematic" ecological protection and "young state" cultural industry as a starting point, through ecological corridors, art workshops, cultural experiences, and multiple amusements, to achieve the ecologicalization of public spaces, the rationalization of the road network in the factory, and the revival of cultural vitality. Planning objectives for industrial activation. On the basis of clear planning, positioning, objectives, functions and zoning, the narrative planning and design of the entire plant area. Carefully study the application of "narratology" in urban design, refine narrative logic and narrative techniques, and deeply explore the cultural connotation of chemical fiber factories. Through literature reading and field research, summarize the prosperous life scenes of the former chemical fiber factory, and the story takes place. The site is preserved and regenerated to achieve the goal of awakening the site and to pass on the context. In addition, the "LEHUO Center" is the core of the zone, and the amusement function is implanted to expand the "regeneration" of the composite function of the entire zone
北侧城市道路沿线立面设计充分考量工业遗产的符号性与标志性。在功能定位于分区的基础上,引入摩天轮、大型轨道及层次分明的建筑立面,建立城市新地标。
序曲
小山重叠
运用错跌的平台、廊架,不同的建筑体量,营造出层层重叠的空间体验,作为空间叙事的开端,"小山重叠"给游客开门见山的视觉冲击。
开端
阳光草坪
厂区原有肌理密集,缺乏公共空间与游憩场所。阳光草坪的设置让叙事的听者在经历序曲、开端序列后,拥有间奏与喘息,以迎来故事的展开与高潮。
间奏
展开
天鹅还巢
尾声
高潮

回闸织锦 天鹅还巢

——存量语境下保定市恒天纤维片区工业遗产的叙事式更新设计

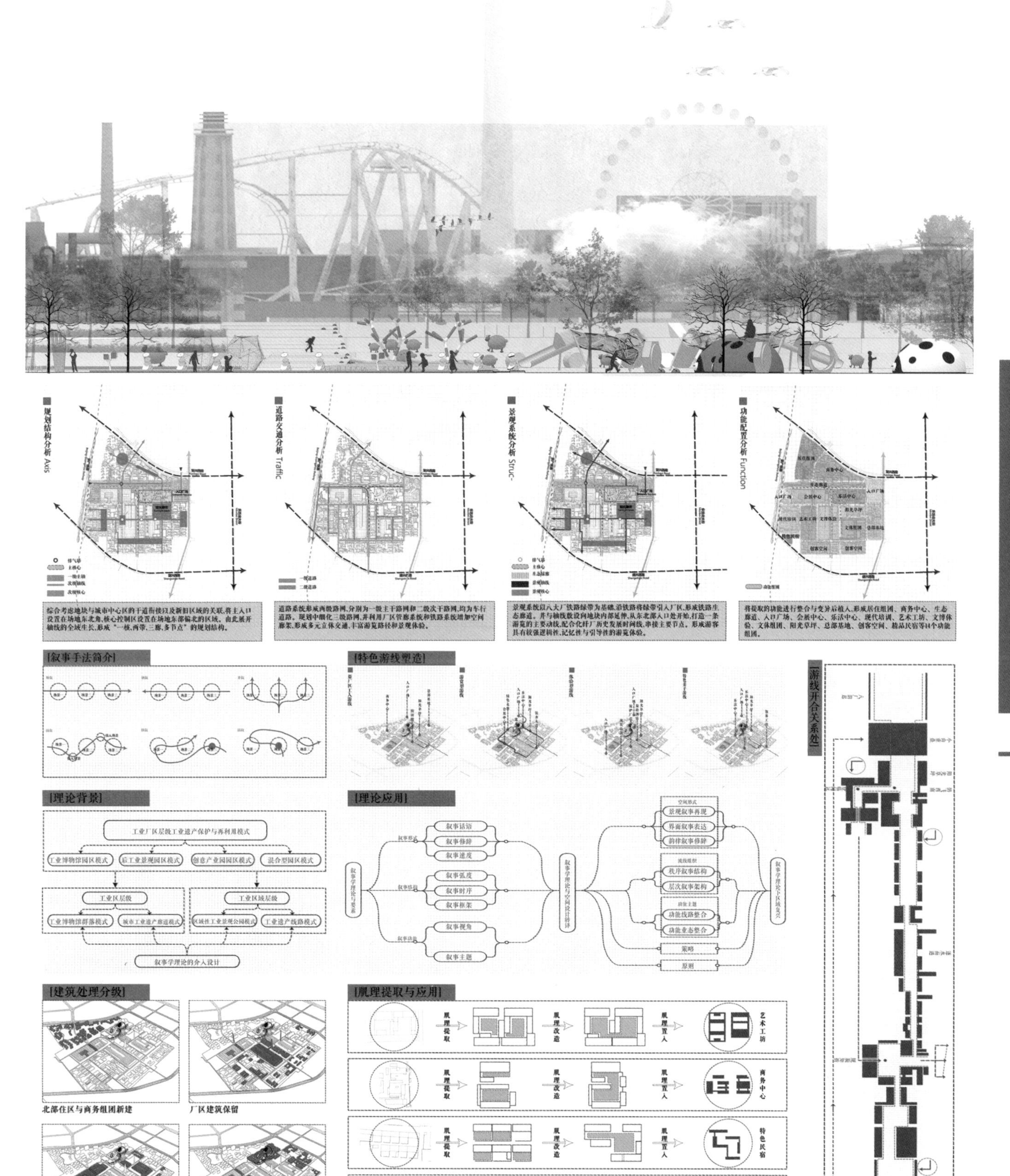

河北工业大学

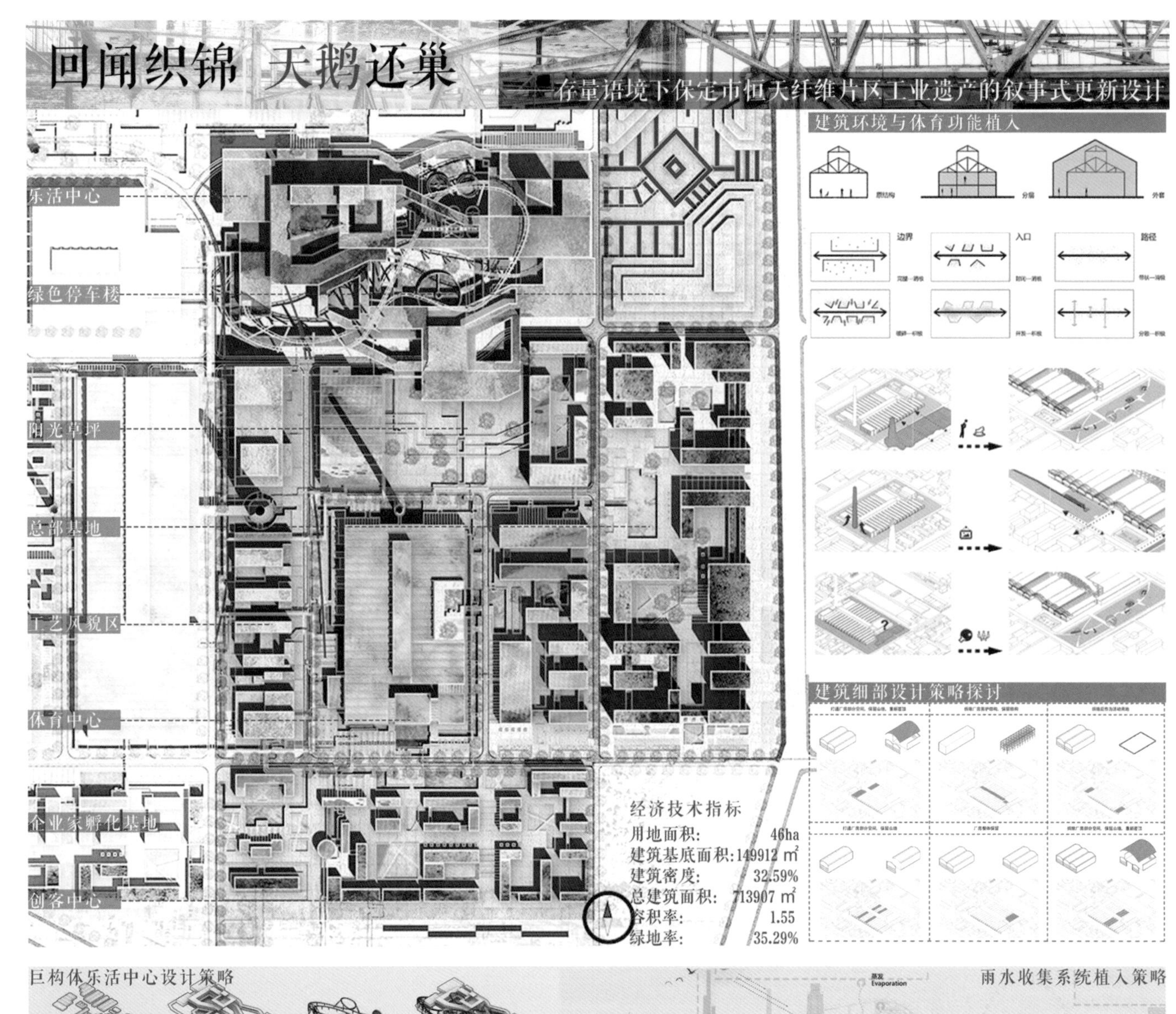

回闸织锦 天鹅还巢
——存量语境下保定市恒天纤维片区工业遗产的叙事式更新设计
乐活中心
绿色停车楼
阳光草坪
总部基地
工艺风貌区
体育中心
企业家孵化基地
创客中心
建筑环境与体育功能植入
边界
入口
路径
建筑细部设计策略探讨
经济技术指标
用地面积: 46ha
建筑基底面积:149912 m²
建筑密度: 32.59%
总建筑面积: 713907 m²
容积率: 1.55
绿地率: 35.29%

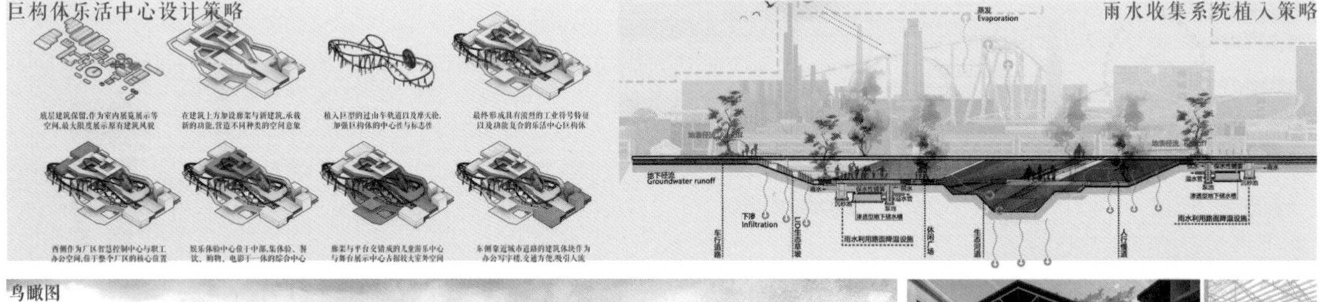

巨构体乐活中心设计策略
雨水收集系统植入策略
Evaporation
Groundwater runoff
Infiltration

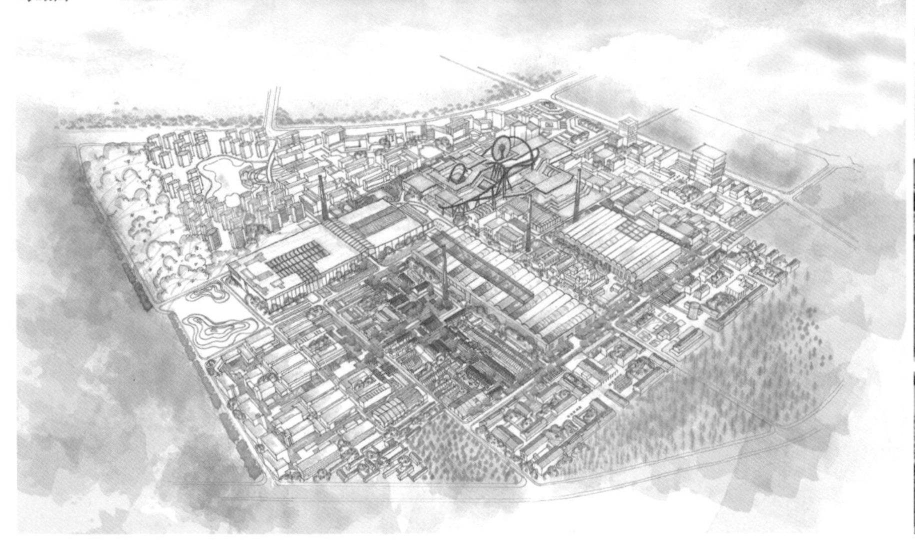

鸟瞰图

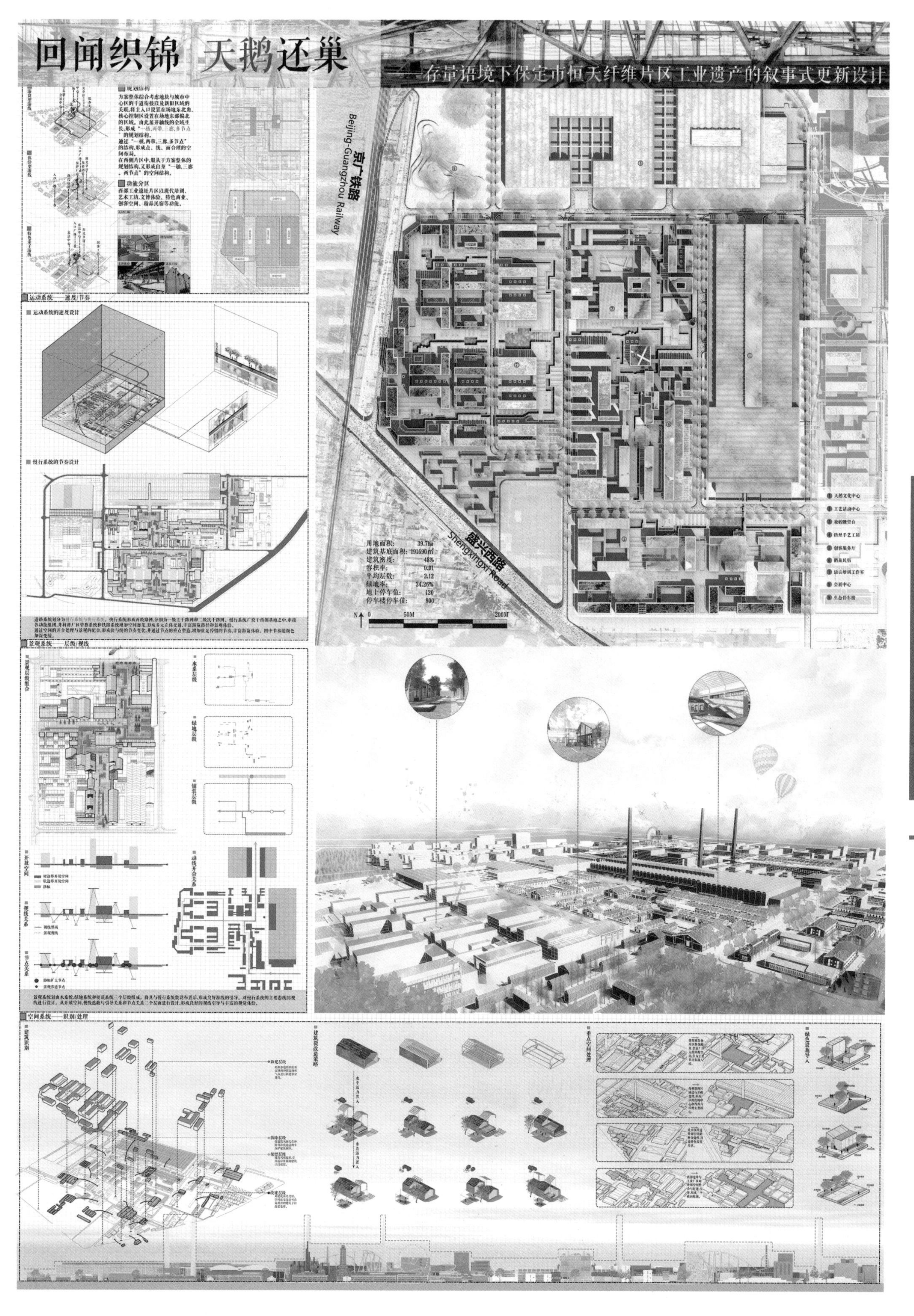
回闸织锦 天鹅还巢
——存量语境下保定市恒天纤维片区工业遗产的叙事式更新设计
京广铁路
Beijing-Guangzhou Railway
盛兴西路
Shengxingxi Road
用地面积: 39.7ha
建筑基底面积: 191690㎡
建筑密度: 48%
容积率: 0.91
平均层数: 2.12
绿地率: 34.26%
地上停车位: 120
停车楼停车位: 800
N
0
50M
200M
运动系统——速度/节奏
景观系统——层级/视线
空间系统——识别/处理

河北工业大学

各校作品展示

河北工程大学

河 北 农 业 大 学
北 京 工 业 大 学
北 京 林 业 大 学
北 方 工 业 大 学
天 津 城 建 大 学
河 北 工 业 大 学
河 北 工 程 大 学
河 北 建 筑 工 程 学 院
吉 林 建 筑 大 学

指导教师感言

这次的联合毕设不仅仅是一个设计的交流大会，也是一座沟通的桥梁、相互学习的纽带，把京津冀地区规划的学子们聚集起来，举办一场规划的盛宴，通过它，学生们互相学习，老师们互相交流，思维碰撞，知识融合。其实本次联合毕设不仅是对保定纤维厂“传承与共生”的探索，更是对学生五年学习的检验。

希望京津冀联合毕设越办越好，愿我们一起不忘初心，砥砺前行！

韩海娟

学生感言

祁建龙：十分幸运能参加这次联合毕业设计。能在大学生涯尾声的时候留下珍贵记忆，能有这次设计的成果，首先我要感谢指导老师韩海娟老师几个月以来的点拨和指导，其次我要感谢我的队友，一直与我并肩作战最终完成了设计。几个月以来的辛苦没有白费，它让我成长了许多，学到了很多，希望在以后的学习生活中，自己仍能保持这样的热忱，一路前行。

叶青青：很庆幸能够在大学的最后一学期参加九校联合毕业设计，能够与其他学校的同学一起交流学习，相互提升，让我收获很多，同时我也在最后一次设计中得到了专家和老师们的指导，认识到自己的不足。总之，联合毕业设计作为本科阶段的最后一个课程设计，不仅仅是一项作业那么简单，更让我了解到其他高校的实力，同时这也是我本科阶段的一段美好回忆，希望联合毕设越来越精彩。

释题与设计构思

方案名称：未来智谷，荣光再续——保定恒天纤维片区城市设计

设计者：叶青青 祁建龙

恒天纤维片区位于保定市竞秀区西部，作为保定西郊八大厂之一，具有深厚的工业文化。在保定市新版总规里，保定的定位是全方位对接雄安新区，共同承接北京非首都功能的疏散。这给保定西郊地区带来了新的机遇。然而参考上位规划可以发现，保定市西部建设量很低，是发展洼地。

此次联合毕设将主题确定为存量语境下的工厂更新改造，既是为了让老工业基地和新业态交相呼应，迸发城市发展的蓬勃生机，也是借助合作方的品牌和资源优势，积极聚焦科技创新、金融产业，搭建创新平台，带动发展保定市产城融合。因此，在恒天纤维片区概念规划阶段，提出“一园双岛一城市绿带”的结构。

在区域层面，面对京津冀一体化浪潮，保定市通过产业联动、生态连接和交通互通三种手段，与周边的城市片区进行发展的联动。保定市是京津冀一体化的中心城市，在城市层面，通过两大重点，一个是现代服务，一是科技创新，将本片区打造为雄保联动的核心引擎；在片区层面，打造一个城市金三角，借鉴济钢异地升级的新旧动能转换经验，利用西郊工厂的资源，实现就地产业升级。通过将工业改造区、城市中心、历史城区三区联动发展，实现保定历史、现在、未来的空间对话使本片区成为城市产业升级的示范性基地。

方案生成步骤：第一步是梳理工业遗存，划定核心片区；

第二步是树立核心空间，形成一环一一园一双岛的核心空间；第三步是衔接内外交通，完善绿地结构；第四步是三创的功能注入，形成一个围合式的功能布局；第五步是梳理点轴空间，形成完整的开放系统；最后，第六步是结合概念的圈层结构，形成完整的规划设计结构。

我们将通过智慧运营、产业驱动、保留工业遗存、治理城市棕地和弹性开发五大策略，延续天鹅精神，再续历史风采。

未来我们一同鉴赏。

区位分析
Location Analysis

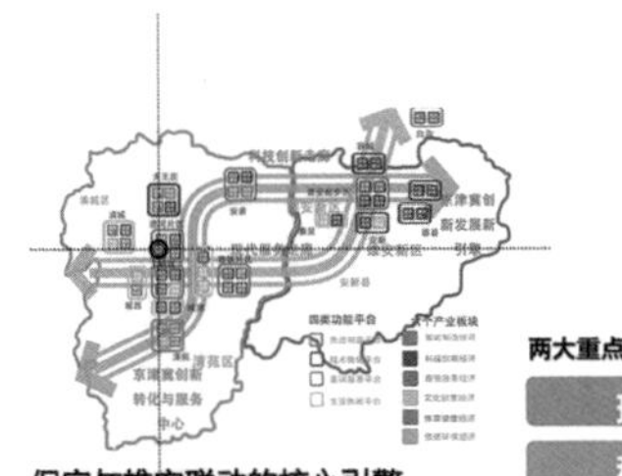

三大策略：
产业联动
生态连接
交通互通

京津冀一体化的区域性节点

保定地处河北省中部腹地，向北对接北京，是疏解非首都功能的重要承载地；向东对接雄安，是协同发展全球高质量示范区的联动点；向南对接石家庄，承担城乡统筹的示范区；向西对接五台山，协同发展城镇综合产业。

两大重点：
现代服务
科技创新

保定与雄安联动的核心引擎

在与雄安新区联动发展的战略背景下，保定主城区处在科技创新走廊和现代服务走廊的交叉口，区位优势明显。而城西的的产业定位是建立在生活休闲平台上的文化创意经济和智能制造经济。对基地功能定位有重大指导意义。

城市金三角
现在 未来 历史

城市产业升级的示范基地

以铁路运输为主的保定近代工业划定"三大工业遗产廊道、九大风貌区"。保定，作为解放以来"自开商埠"经济发展的典范，是中国近代工业产生与发展的重要城市之一，在全国都占有举足轻重的地位，拥有十分丰富的工业遗产。

前期分析

Inheritance · Wisdom · Symbiosis 01

未来智谷·荣光再续 保定恒天纤维厂重生计划
RENEWAL PLAN OF BAODING HENGTIAN FIBER PLANT

技术路径
Technology Route

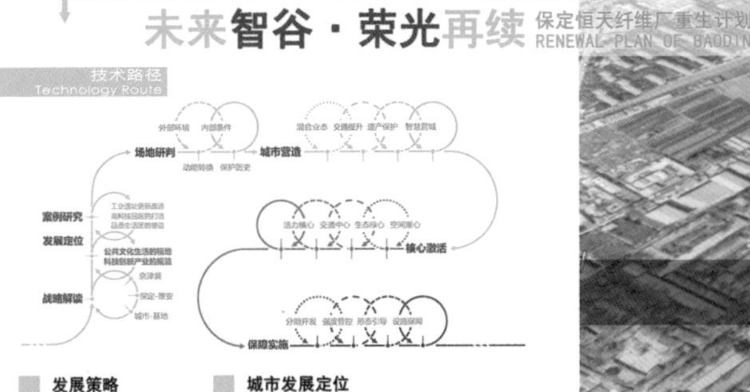

发展策略
01 智慧运营 创新邻里 智慧升级
02 产业配套 韧性复合 系统整合
03 保留工业遗存 不泥古 不伪装
04 治理城市核心 先治理 后开发
05 配套社区 刚柔并济 开发运营

城市发展定位
城市高质量发展的首发引爆区
公共文化生活的舞台
科技创新产业的摇篮

回溯历史·立足当下·看见未来

城市形态演变
Evolution of Urban Form

Bao Ding 1368s Bao Ding 1912s Bao Ding 1957s Bao Ding 1994s Bao Ding 2001s Bao Ding Today

上位规划研究
Research on Upper Planning

保定市的发展定位为：建成非首都功能疏解重要承载地、先进制造业和战略性新兴产业基地、京津冀协同创新试验区、全国新型城镇化和城乡统筹示范区、绿色低碳宜居生态文明新区。

而从两版规划布局图对比可以发现：

①城市西部的基地周边的一类居住用地明显增多。

②西南侧开发一个大型的生态人工湖。

③西部商业、休闲、娱乐用地明显增多。

保定市中心城区控制性详细规划

保定市中心城区控制性详细规划

城市文化特质
Evolution of Urban Form

名人名士文化

名人名士文化历史悠久，文化底蕴深厚，保定市华夏祖先尧帝故里，春秋战国燕国古城，汉唐时期的刘备，卢照邻代表的名人名士文化，魏晋南北朝以后的士人文化。
名人名士文化大都与文人墨士的诗词歌赋，艺术成就相关，比如卢仝、颜元、贾岛等。

多元宗教文化

保定宗教文化发展具有多元化，包容性的特征，不仅源自本土的佛教文化拥有自己的一片天空，道教、基督教、清真教也广泛传播。
保定宗教文化遗存丰富，各种寺庙、道观、清真寺、基督教堂等较完整的保存了建筑格局，如凤凰山佛光寺、开善寺、真觉禅寺、阁院寺等建筑群。

城市产业研究
Research on Urban Industry

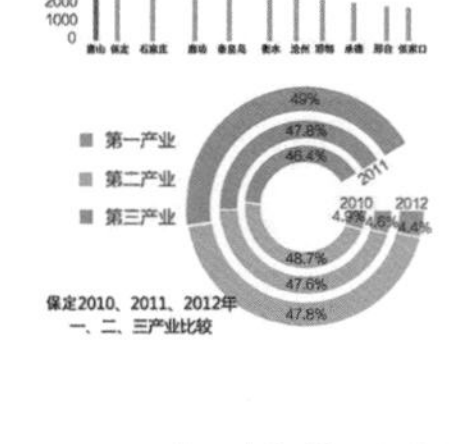

第一产业
第二产业
第三产业

保定2010、2011、2012年一、二、三产业比较

特色民间文化

保定素有"京畿重地"之称，曾获得"戏剧之乡"，中国民间音乐之乡"等称号，在保定广阔的农村还流传着大量的民间文化。如如保定老调，满城寸跷、易县易水砚、涿州皮影、安新纬编画、清苑哈哈腔、徐水舞狮等。

保定市恒天纤维厂片区城市设计

工业文化

西郊八大厂都是新中国第一个五年计划的产物。当年中国在前苏联的帮助下，引进了506个重点工业项目，其中的8个就落在了保定。这让保定风光无比，一时无二。八大厂不仅是新中国工业的摇篮，也是保定飞速发展的发动机，而恒天化纤厂便是八大厂之一。

基地北临复兴西路，南临盛兴西路，东临乐凯大街，处于保定西部的工业区，片区内均为一类工业用地。周边多为二类居住用地

前期分析

Inheritance · Wisdom · Symbiosis 02

未来智谷·荣光再续 保定恒天纤维厂重生计划
RENEWAL PLAN OF BAODING HENGTIAN FIBER PLANT

用地比重研究
Research on Proportion of Land Use

前期的策划研究成果从与项目匹配性、面积相近及定位类似等因素，对标以下国内外项目，给出项目用地比重的发展建议。

虽其研究范围与本次城市设计不一致，但对合理的产业与居住用地配比对本次设计具有较强的指引作用。

25% 产业
30% 住宅
35% 文体旅游
10% 商业

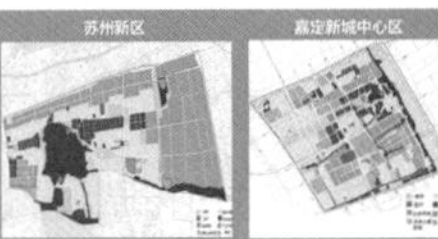
苏州新区

嘉定新城中心区

张江高科技园区

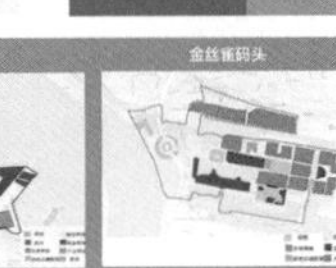
日本横滨未来城

金丝雀码头

人群需求分析
Population demand analysis

商务功能需求

产业功能需求

文化功能需求

社区功能需求

基地现状研究
Base Research

保定恒天纤维厂的发展主要历经五个阶段，始终承载着老保定人的梦想与希望，印证着纤维厂的人们兢兢业业的奋斗精神，六十年来为保定乃至全国的发展鞠躬尽瘁，如今谋求蝶变。

1958 纺织工业部同意组建第一人造纤维厂。

1986 改变了我国不能大规模生产粘胶丝，长期依赖进口的状况。

2001 2006 募集资金4.6亿，成为国内粘胶行业第一股，保定市第一家上市公司。

2018

■ 工业遗产保留名录　■ 一分厂车间　■ 二分厂车间

依据保定市城市规划勘测实际研究院、保定市规划世纪研究院及保定市勘测测绘研究院共同完成的保定市恒天纤维区工业建筑调查评估与保留利用规划研究，最终明确的产业遗产保护范围及名单如上图

厂房4个、办公楼12个、餐厅1个、烟囱4个、仓库8个、铁轨4条

产业遗产活化

前期现状研究给出了工业遗产保护及利用的空间意向，为本次城市设计提供了良好的前期研究基础。

工业遗存特点：土地使用及污染

• 厂内钢铁、纤维材料与货运生产区域的地面硬化及三废处理都符合较高的环保标准，总体污染可控。

• 主要生产流程周边附属生产流程，硬化与环境控制较差，存在较大土壤污染风险。

• 污水池底沉积淤泥存在较大污染风险。

• 污水池附近区域由于使用年限较久，土地污染潜在可能性较大。

• 纤维厂新建厂区不过10年，设备新，环境安全相对潜质较好。

■ 厂区功能布局

■ 厂区建设历程

■ 初步污染情况判断

基地分析

Inheritance · Wisdom · Symbiosis　03

未来智谷 · 荣光再续　保定恒天纤维厂重生计划 RENEWAL PLAN OF BAODING HENGTIAN FIBER PLANT

四个一体化设计策略
Design Strategy

交通出行一体化

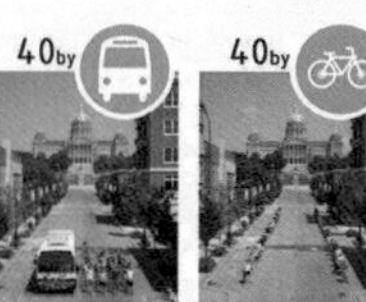

Amount of space required to transport the same number of passengers by car, bus, or bicycle.
Event info at www.facebook.com/Urban.Ambassadors - Photos by www.tobinbennett.com
(Des Moines, Iowa - August 2010)

用小汽车、公交、自行车运输相同数量的人所需要的道路空间比较

空间功能一体化

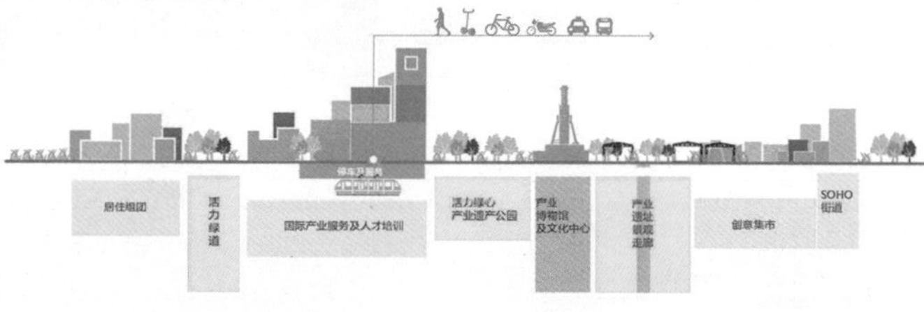

生态休闲一体化

系统性　功能性　景观性　生态性

历史当代一体化

设计总体策略

Inheritance · Wisdom · Symbiosis　04

未来智谷 · 荣光再续　保定恒天纤维厂重生计划 RENEWAL PLAN OF BAODING HENGTIAN FIBER PLANT

案例研究
case study

逻辑有序的方案生产
scheme generation

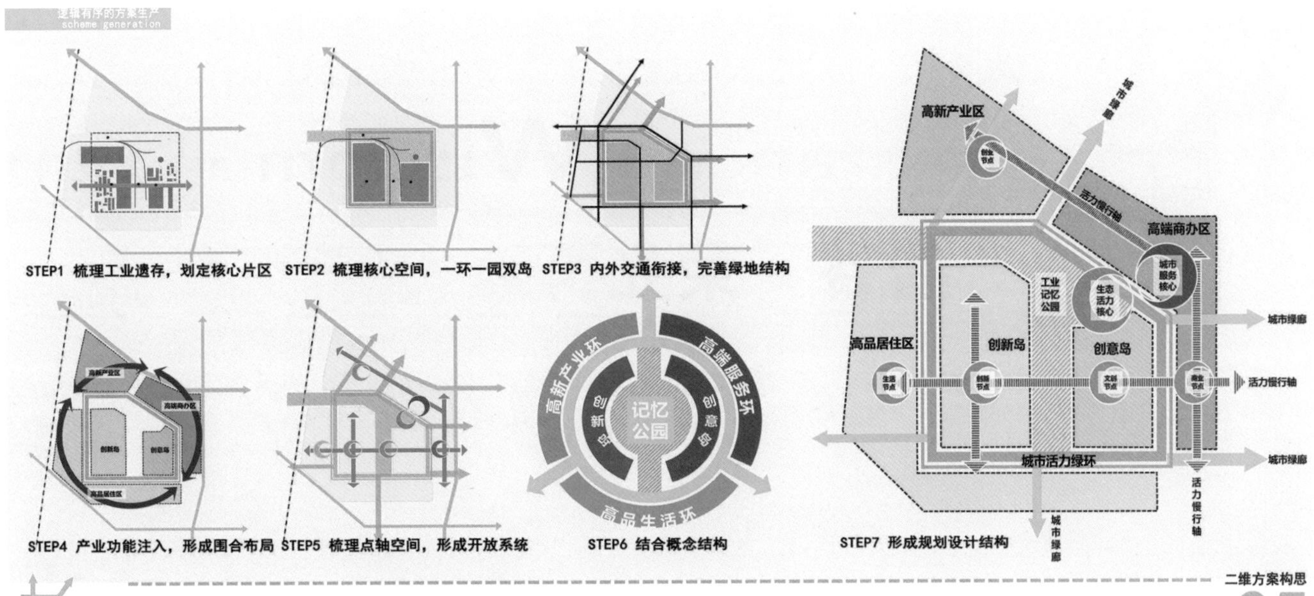

二维方案构思

Inheritance · Wisdom · Symbiosis 05

未来智谷 · 荣光再续 保定恒天纤维厂重生计划 RENEWAL PLAN OF BAODING HENGTIAN FIBER PLANT

土地利用规划
Land use planning

通过借鉴杭钢改造案例经验，创新用地管理，新增遗址公园、工业厂房转型升级、工业遗址保留改造、换乘综合用地，为工业遗存的保留、改造提供政策支撑。

杭钢空间结构图

杭钢鸟瞰图

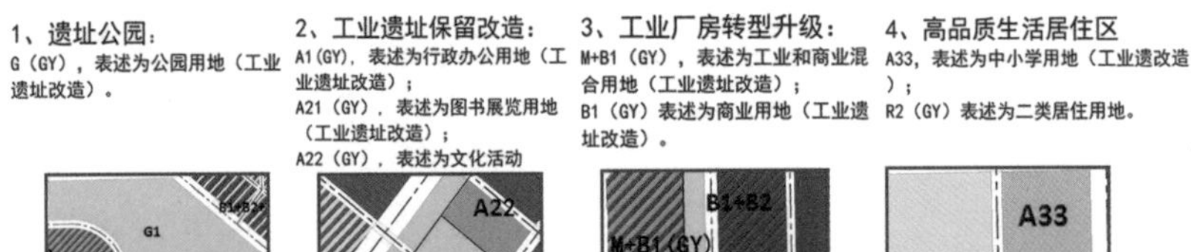

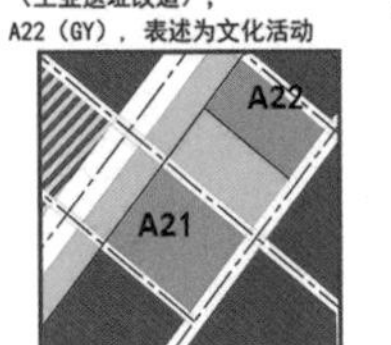

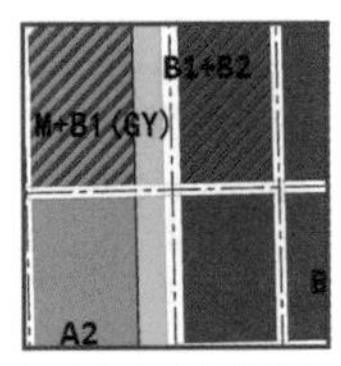

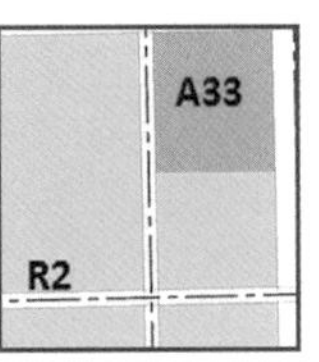

A33

R2

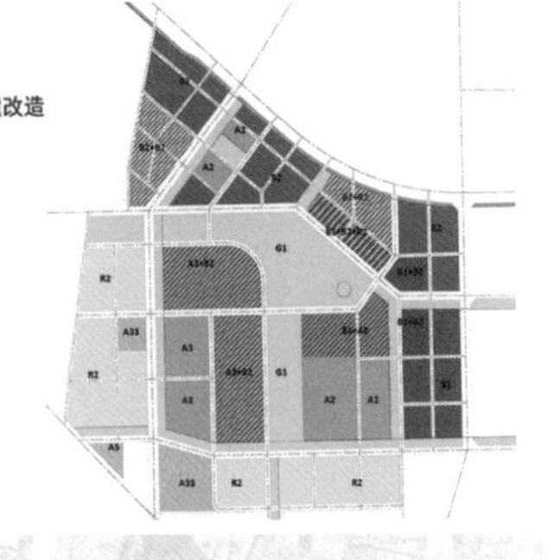

Inheritance · Wisdom · Symbiosis 06

未来智谷 · 荣光再续 保定恒天纤维厂重生计划 RENEWAL PLAN OF BAODING HENGTIAN FIBER PLANT

总平面图

用地性质	用地面积（m²）	用地比例
商业服务业设施用地（B）	154314	13.64%
商业用地（B1）	45284	4.00%
商务用地（B2）	109030	9.63%
公共管理与公共服务设施用地（A）	137010	12.11%
文化设施用地（A2）	58274	5.15%
中小学校用地（A33）	34782	3.07%
科研用地（A35）	43954	3.88%
居住用地（R）	146214	12.92%
二类居住用地（R2）	146214	12.92%
混合用地	123187	10.89%
居住办公混合用地（R2+B2）	49644	4.39%
商业办公混合用地（B1+B2）	21278	1.88%
文化商业混合用地（A2+B1）	34779	3.07%
商办住混合（B1+B2+R2）	17486	1.55%
绿地与广场用地（G）	281895	24.91%
公园绿地（G1）	272589	24.09%
防护绿地（G2）	9306	0.82%
道路与交通设施用地（S）	289007	25.54%
城市道路用地（S1）	289007	13.64%
核心区用地面积	475141	41.99%
用地总面积	1131627	

Inheritance · Wisdom · Sym

未来智谷·荣光再续

保定恒天纤维厂重生计划

RENEWAL PLAN OF BAODING HENG

TIAN FIBER PLANT

弹性高效的智慧城市
GrFlexible and Efficient Smart Cit

智慧融合发展

智慧服务需求

坚持数字城市与现实城市同步规划、同步建设，适度超前布局智能基础设施，推动全域智能化应用服务实时可控，建立健全大数据资产管理体系，打造具有深度学习能力、全球领先的数字城市。

- 加强智能基础设施建设
- 构建全域智能化环境
- 建立数据资产管理体系

——河北雄安新区规划纲要

资料来源：中国雄安官网 http://www.xiongan.gov.cn/

以人为本

人-物-服务互联
人-信息流通
便捷智能服务

服务驱动

服务驱动价值
信息加速服务
服务-服务链

社会支撑

信息安全

智慧城市研究内容
Intelligent City Research Conten

行人过街智能信号调控系统

在交叉路口设置信号智能调控系统，行人等待过街时，通过物理按键，将过街需求反馈到信号调控系统。

当系统接收到的需求积累到一定量时，调整交通信号，以便行人安全过街。

移动设备交互智能信号调控系统

通过检测移动设备位置，结合监控和图像识别系统，预测交叉口行人和车辆的同时位置。根据车流量和人流量的检测结果，实时调整交叉口信号。

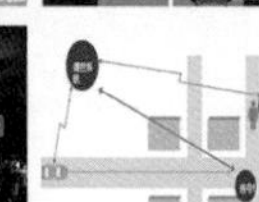

智慧城市

08

Inheritance · Wisdom · Symbiosis

未来智谷·荣光再续 保定恒天纤维厂重生计划
RENEWAL PLAN OF BAODING HENGTIAN FIBER PLANT

智慧城市研究内容
Smart City Framework

按照上述标准设施区域智慧骨干网络与云计算服务中心
针对现有各类传统与智慧交通方式缺乏有效整合，智慧交通服务缺乏空间抓手问题，结合交通发展需要，规划如下。

智慧共享中心：
①结合中心区地下停车空可与充电设施，预留E-Car Sharing(共享电动汽车)与共享单车设施空间。
②智慧交通枢纽。
③ 一级智慧交通枢纽：结合轨道交通站点建设设置共享单车服务空间的智慧公交节点。
④二级智慧交通枢纽：结合有轨电车站点设置共享单车使用空间，利用智慧共享模式解决轨交最后一公里可达性，同时规避单车散乱停放带来的市容管理问题。

共享停靠设施
结合规划道路设施带与街区主要出入口空间，提供合理强度美观有效的共享单车停车空间。

智慧线上服务系统
Intelligent Online Service Syste

通过开发社区终端，如悦跑APP，文化创意美食汇APP，文化厂区掌上APP，将厂区活动一览无余，使人们通过手机增强遗产体验的便捷性和趣味性。

我最喜爱的厂区文化活动评选

比例	活动
21%	植物展
36%	灯光秀
59%	美食汇
45%	马拉松
41%	音乐节

体验优先的步行空间
Experience Priority Walking Space

公共空间设计指引

公共空间是整个区域主要的户外开放空间，是人们户外休闲、娱乐的主要去处。规划应严格控出如图所示的三大公共空间：绿化公共空间、商业公共空间、文化公共空间。公共空间均由建筑边界界定，形成不同形式的交流、体验空间。
绿化公共空间主要由公园和绿化廊道构成；商业公共空间是主要的商业活动空间，由商业街构成文化公共空间由文化建筑及文化休闲主题景观空间构成。

活动、交流

绿化公共空间

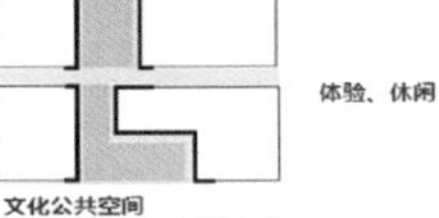

体验、休闲

文化公共空间

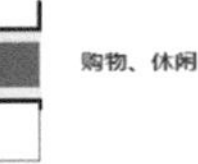

购物、休闲

商业公共空间

空间体验多样性

直临绿地用地超过40%

直临绿地界面超过两公里

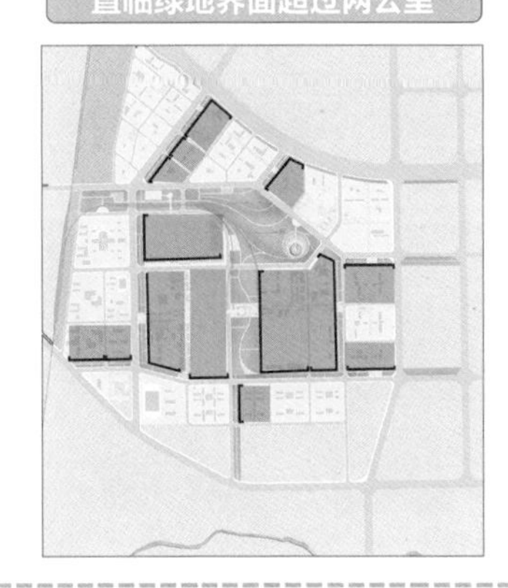

增强空间可达性

地块着重提高体验的多样性，通过布置共享街道，中央景观轴，绿化广场，公园绿地，林荫道，生态绿地，丰富市民的体验。

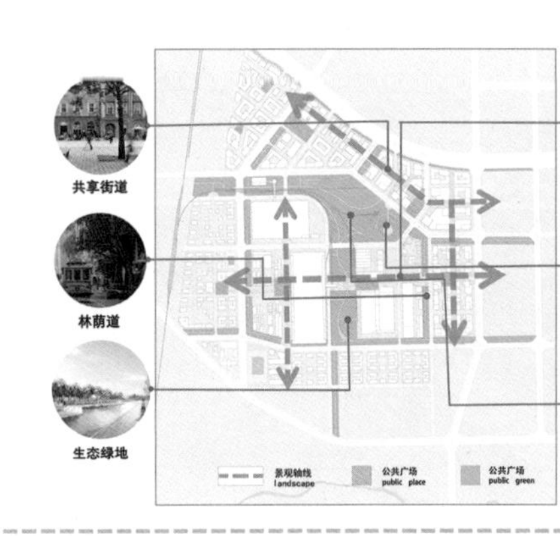

公共空间

09

Inheritance · Wisdom · Symbiosis

未来智谷·荣光再续 保定恒天纤维厂重生计划
RENEWAL PLAN OF BAODING HENGTIAN FIBER PLANT

公共空间案例
Public Space Case

日本札幌大通公园，名为公园，实际上是道路。1871 年作为将札幌市中心分为南北两块的防火线建造而成，道路被称为后志通，后来改称大通。平时是人们悠然休闲的场所，同时也是北海道具有代表性的节庆活动的会场。冬季有冰雪节，春季有丁香节，夏季有 YOSAKOI拉网小调节、露天啤酒节，秋季有北海道美食大汇聚的金秋节，每一个季节都有不同的情趣。

空间体验多样性

向外地游客和本地市民提供便捷交通和旅游体验式服务

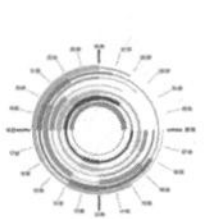

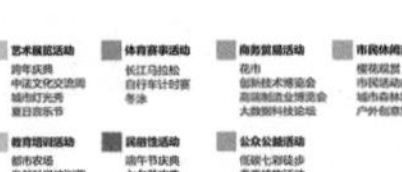

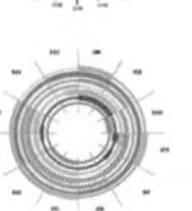

复合型汇水廊道
Composite catchment corridor

蓝绿骨架同时可以作为基地的复合型汇水廊道，模糊绿地与水系的界限，建立城市与水系间的柔性边界。通过生态树池、植被缓冲带、干式植草沟、雨水花园，建立高效的地表径流收集与循环。

注重落地的功能混合
functional mix

设计原则

1. 内外衔接便捷顺畅

优化与快速道路系统、轨道交通网络的联系，对接虹桥枢纽，强化与周边地区、市域主要功能节点、长三角以及全国的衔接，提升地区可达性，提升中心辐射能级。

2. 内部组织绿色宜步

落实慢行友好、公交优先理念，优化路网结构，以步行者为中心进行交通组织，协调骑行、公交、小汽车、货运、静态交通等多种交通方式，保障地区交通有序运行。

道路系统

· **规避拥堵 单元交通**

采用欧洲先进的交通组织策略，通过划分交通单元，区分入境交通与过境交通，以口袋与枝状路网为特色，快速引导公共交通转为静态交通，降低单元内部交通压力，实现人行区域的舒适与宁静。

主要措施：

以外环交通骨架为主体的快速疏导的对外交通；

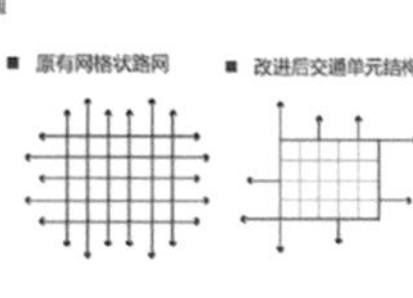

路网密度

对标德国的路网密度
结合我国土地开发政策和实施现状，
我们设置三种街区尺度

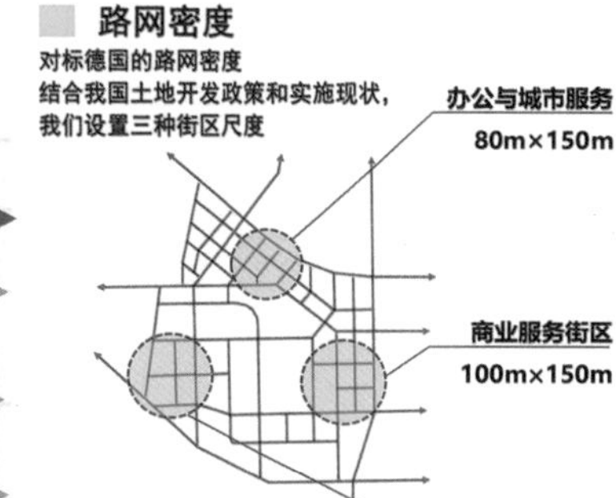

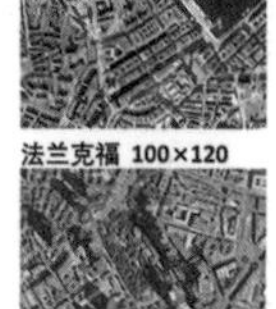

法兰克福 100×120

交通组织

Inheritance · Wisdom · Symbiosis

10

未来智谷 · 荣光再续

保定恒天纤维厂重生计划
RENEWAL PLAN OF BAODING HENGTIAN FIBER PLANT

城市街道

遵守步行友好，公交优先，绿色智慧的原则，设置专用慢行道。
作为城市道路慢行系统，专用慢行道将与市政道路结合的慢行道一起提供高质量的慢行体验：

- 一级廊道打通都市区域慢行连接
- 以二级都市型绿道增强内部可达性
- 体验性联通项目中心区与各副中心

步行友好
公交优先
绿色智慧

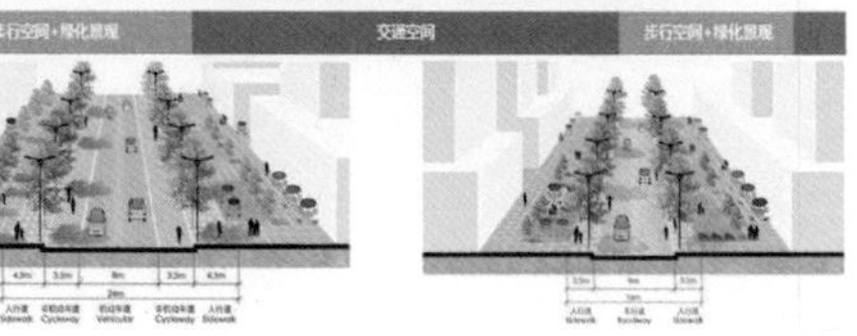

都市慢行

结合生态绿地，打造与市政道路分离的专用慢行廊道，以都市林荫道、共享街道、电车步道等多种富于体验的形式与市政道路结合的特色慢行网络。

共享街道

引入欧洲的先进理念，营造环境优美、人车和谐、活力四射的共享街道。

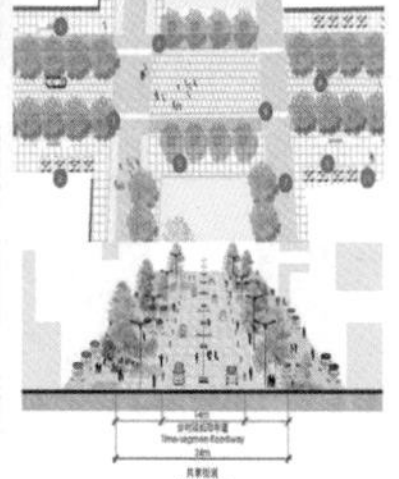

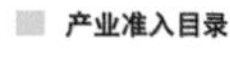

面向未来的产业配置
Industrial allocation

产业类型

创意艺术产业
- 图书共享
- DIY实验
- 微缩世界
- 蚂蚁画社
- 智慧触角

生产性服务业
- 企业总部
- 文化会展中心
- 对外贸易合作服务
- 金融后台服务
- 设计、广告、咨询服务
- 法律服务

双创智造产业
- 企业研究中心
- 研发外包
- 创新展示交流服务
- 互联网＋产业
- 食品加工
- 电子信息产业

配套服务
- 旅游服务
- 餐饮零售
- 酒店会议
- 教育医疗
- 公共服务
- 生活配套

产业准入目录

类别	项目
金融业	银行业金融机构
	保险公司、保险资产管理及保险专业中介机构
	金融服务外包及其他金融中介服务机构
	创业投资基金及其管理企业
	汽车金融服务
	中小企业金融服务
	其他创新金融服务
现代物流业	供应链管理服务
	铁路运输服务
	道路、水路运输及辅助业务
	单证管理、物流结算等服务
	物流信息系统开发与应用
	现代物流技术开发与应用
	基于电子商务的物流配送与快递服务
	物流公共服务平台建设与应用
	第三方物流服务
	与电子商务结合的商业服务
信息服务业	基础电信业务、增值电信业务
	电子商务、电子政务系统开发与应用服务
	数字内容服务

类别	项目	
信息服务业	互联网数字内容开发与应用	
	行业应用软件开发与应用	
	软件服务平台、开发和测试服务	
	智能网络、移动互联网技术应用	
科技服务业	国内外科研机构及其分支机构	
	国际科技创新机构	
	产业公共技术平台服务	
	科技研发服务、科技咨询服务、科技成果转移转化与应用服务	
	质量认证和检验检测服务、进出口商品检验、鉴定、认证服务	
	信息技术外包、业务流程外包、知识流程外包等高端技术先进型服务	
专业服务业	会计、评估、法律服务	
	经济咨询与行业信息咨询服务	
	工程服务	城市规划及建筑设计、景观园林设计服务
		工程咨询服务
	文化创意服务	工业设计服务
		文化服务贸易、文化信息资源开发
		新闻出版服务
		移动多媒体服务
	会展服务	会展运营管理服务
		信息技术开发与应用

类别	项目	
专业服务业	教育、医疗服务	高端教育与与培训、远程教育服务
		高端专业医疗、保健、远程医疗
		心理咨询与心理治疗服务
	人力资源服务	就业创业指导
		人力资源管理咨询、人力资源服务外包、测评及信息服务
	知识产权服务	
	家庭服务业	家政服务
		养老服务与陪护服务
		社区照料服务
公共服务业	城市综合管理平台运营服务	
	城市建设技术开发与应用	
	城市公共配套服务	
	环境保护、资源循环利用、节能等技术开发与应用	
	公共服务设施建设与运营服务	
	社会公共管理和社会组织服务	
	社会工作服务	
	高端物业管理、租赁服务	

产业配置

Inheritance · Wisdom · Symbiosis

11

未来智谷 · 荣光再续

保定恒天纤维厂重生计划
RENEWAL PLAN OF BAODING HENGTIAN FIBER PLANT

高新产业区鸟瞰图

商业区鸟瞰图

河北工程大学

多维复合的服务配套
Compound Service Matching

服务客群及需求分析

如何多维度满足都市公共服务，产业发展与生态宜居复合型配套功能需求；如何对标国际高端需求的形式组织相关配套功能项目，从而更有力的满足发展需求。

多维度服务混合系统

经济体
生活体

服务节点分级系统

15分钟生活圈

城市综合服务
生活服务
产业服务

15分钟生活圈
5分钟步行圈
5分钟步行圈
15分钟生活圈

服务配套

Inheritance · Wisdom · Symbiosis

12

未来智谷·荣光再续 保定恒天纤维厂重生计划
RENEWAL PLAN OF BAODING HENGTIAN FIBER PLANT

高品质居住区

商业区鸟瞰图

城市更新改造
Urban renewal

原则与策略

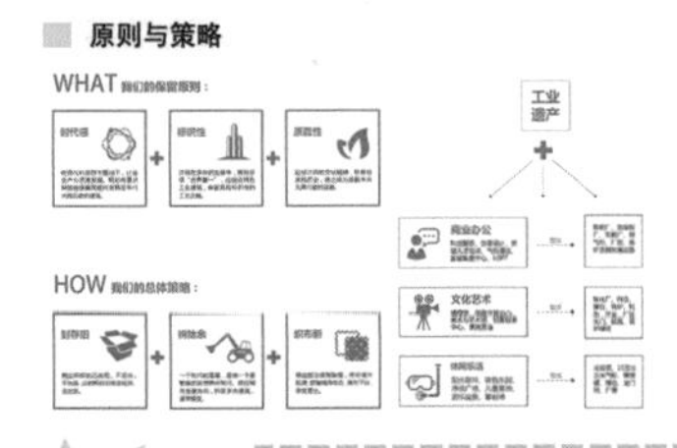

空间梳理

场区现有的道路，依据济钢的工艺流程而建，顺应城市的常年主导风向，利于工业污染的扩散。在规划中，保留部分西南向的道路，即延续了济钢的历史肌理，又保证了自然通风，提升区域的物理环境品质。

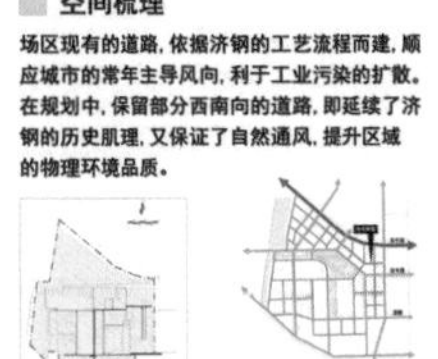

元素利用

遗留铁轨改造为串联全域，可游客用的艺术走廊！

遗留管道改造为功能性、观赏性和趣味性的大型雕塑！

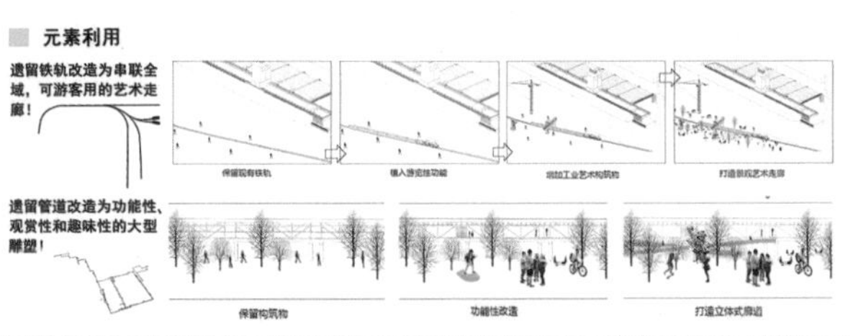

城市更新

Inheritance · Wisdom · Symbiosis

13

未来智谷·荣光再续 保定恒天纤维厂重生计划
RENEWAL PLAN OF BAODING HENGTIAN FIBER PLANT

核心区业态展示
Display of Core Area

建筑改造
Architectural renovation

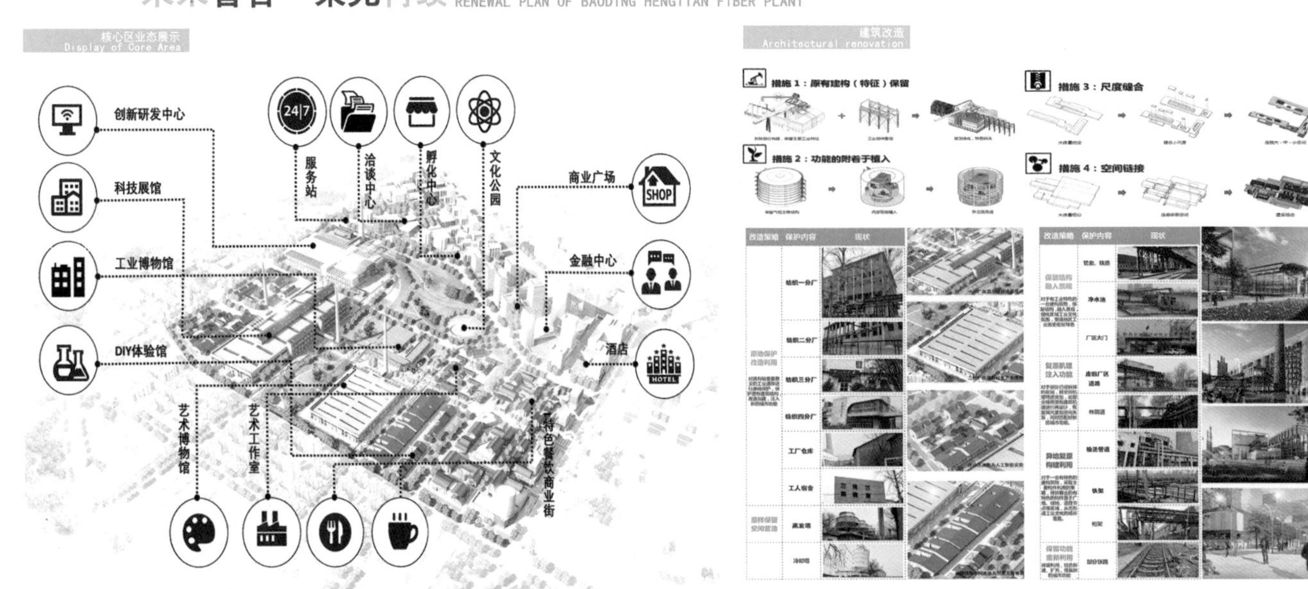

注重落地的功能混合
functional mix

混合用地	123187	10.89%
居住办公混合用地（R2+B2）	49644	4.39%
商业办公混合用地（B1+B2）	21278	1.88%
文化商业混合用地（A2+B1）	34779	3.07%
商办住混合（B1+B2+R2）	17486	1.55%

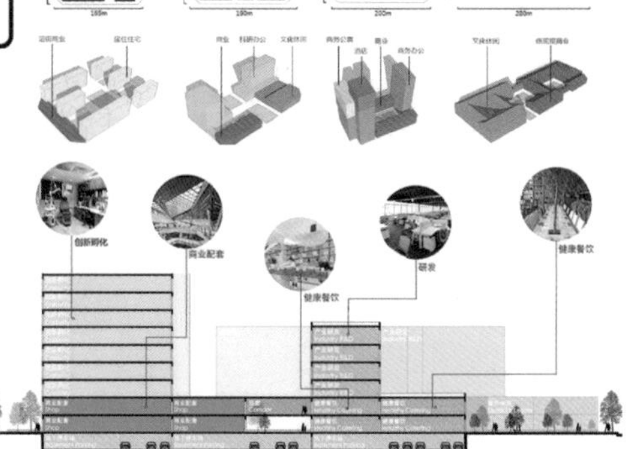

科学合理的开发强度
development intensity

新建设区以高密度低层数为主，局部打造城市地标，针对产业发展与经济平衡需求，以合理强度的开发塑造具有国际品质的产业与生活社区形象。

通过对不同区域高度控制，构建丰富的城市天际线。

实施保障

Inheritance · Wisdom · Symbiosis 14

未来智谷·荣光再续 保定恒天纤维厂重生计划
RENEWAL PLAN OF BAODING HENGTIAN FIBER PLANT

以人为本的城市风貌
People-oriented urban landscape

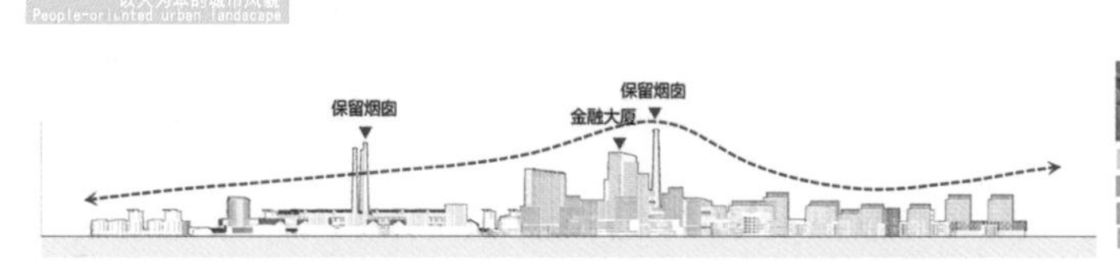

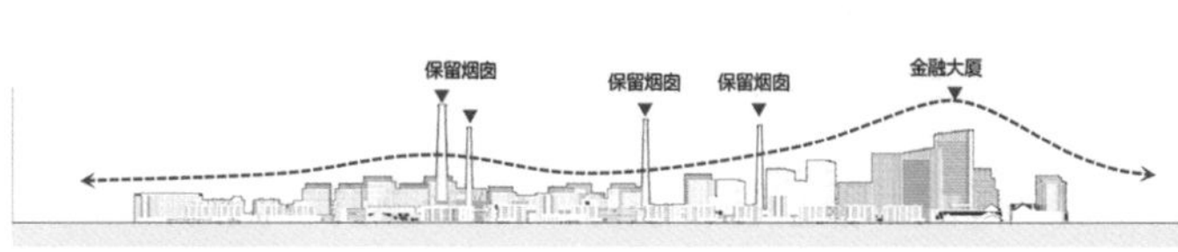

原有建筑色

案例建筑色

色彩提取

工业改造风貌区

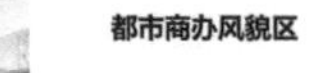

研发办公风貌区

都市商办风貌区

仿古商业风貌区

班级：城规1402班 姓名：王君 学号：140860226 指导老师：韩海娟

多方合作的开发运营
Development and operation

政府主导、政策支持

统筹片区整体开发建设，重点负责片区范围内的重大基础设施、区域生态廊道、公共空间（包括地下空间）等的规划建设。同时充分发挥政府政策导向优势，通过制定相关配套政策，调控引导片区改造有序推进。

搭建平台、企业运营

充分发挥企业市场资源优势和开发经验，以市场化的方式落实政府统筹部署。由城投公司牵头，组建一体化投资建设运营平台，全程参与土地开发，并按照整体规划、整体设计、整体建设、整体招商、整体运营的思路协力推进项目实施。

公众参与，完善监管

建立由公众、行业专家和设计方共同组成的第三方常驻机构，并成立建设项目决策委员会，参与开发建设项目的审批管理，提高公众参与深度。

政府 Government

企业 Enterprise

社会机构 Social Framework

精明高效的开发过程
development process

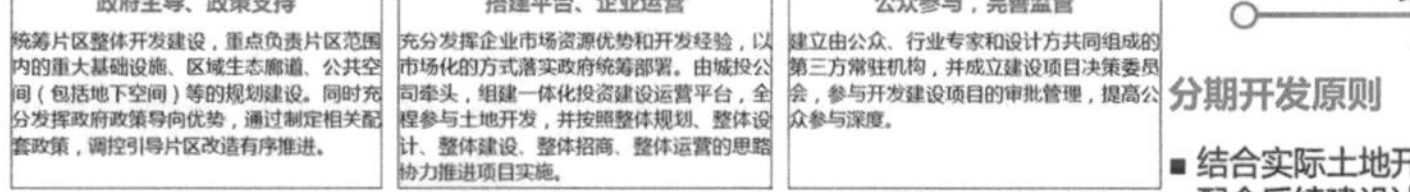

分期开发原则

- 结合实际土地开发动态
- 配合后续建设计划和土地开发难易程度
- 优先补充前期建设所需配套

一期开发：

- 创新岛和创意岛的改造，吸引科研人群和艺术家进驻
- 南部租赁住宅与中学建设，完善配套服务

二期开发：

- 商务办公与精品商业区域，打造城市服务核心
- 工业遗址公园和产业综合体改造，完善改造片区

三期开发：

- 北侧产业研发片区开发
- 西侧高端住宅与社区服务中心开发，实现产城融合

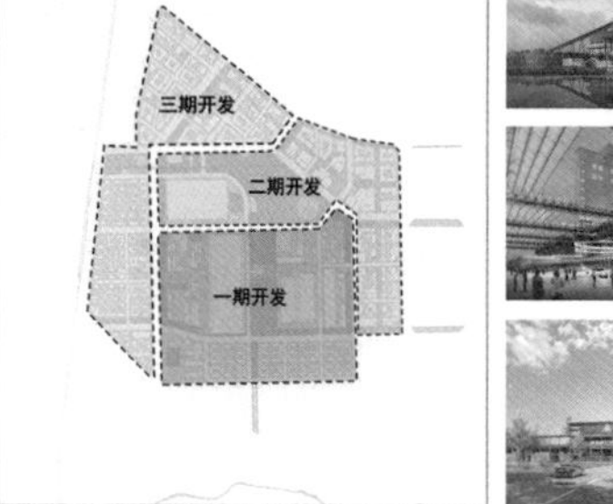

实施保障

Inheritance · Wisdom · Symbiosis 15

未来智谷·荣光再续 保定恒天纤维厂重生计划
RENEWAL PLAN OF BAODING HENGTIAN FIBER PLANT

高效利用的地下空间
Efficient Underground Space

地下停车剖面图

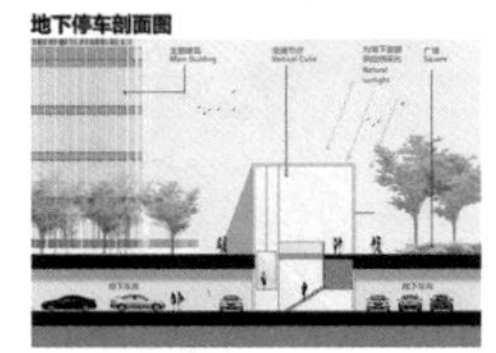

地下商业+地下停车剖面图

智慧地下空间

①针对未来的发展与服务需求，结合学校操场地下空间设置区域物流配送中心。

②结合区域智慧管廊设计，预留1M×1M的智慧无人配送与0.6M×0.6M真空垃圾回收管道空间解决现有城市发展与终端空间缺乏，物流配送增长迅速，但对于市容与交通影响较大的问题。

真空垃圾回收管道示意

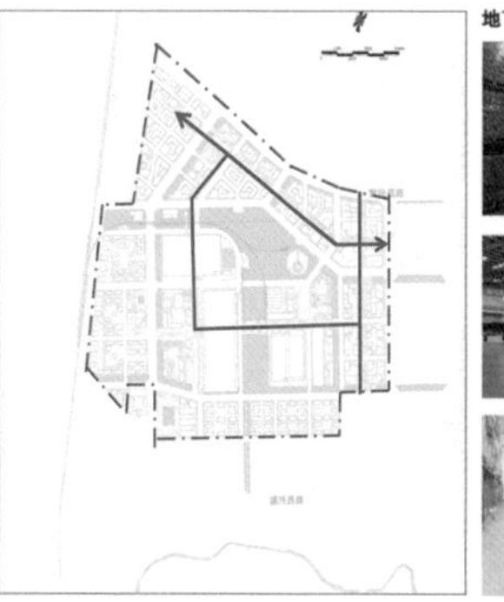

地下区域物流配送

各校作品展示

河北建筑工程学院

河 北 农 业 大 学
北 京 工 业 大 学
北 京 林 业 大 学
北 方 工 业 大 学
天 津 城 建 大 学
河 北 工 业 大 学
河 北 工 程 大 学
河 北 建 筑 工 程 学 院
吉 林 建 筑 大 学

指导教师感言

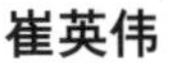
崔英伟　　王力忠　　牛焕强　　王爱清

城乡规划专业京津冀高校“X+1”联合毕业设计是促进毕业设计交流和综合发展的专业盛会，各校在联合毕设过程中进行取长补短式的综合学习，五年大学生涯所学的知识和技能方法接受社会现实的考验，河北建筑工程学院的同学们也付出了卓越的努力，为自己的大学阶段增光添彩。

京津冀高校“X+1”联合毕业设计，由京津冀高校城乡规划专业教育联盟主办，河北农业大学承办。感谢主办方和承办方的精心组织，使我们享受到了跨校跨地区的学术盛宴。本次联合毕业设计选取“传承与共生——保定市恒天纤维片区城市设计”为设计题目，关注保定市重要的工业遗产恒天纤维厂，工业遗产作为人类文化进步与历史发展的见证，具有非常重要的价值。

在京津冀飞速发展和保定面临产业转型的大背景下，如何结合保定市工业遗产的区域背景和内部特征，实现其在物质、功能、经济上的复兴，成为保定市产业转型的引爆点，并得到城市居民和游客的认可，是本次设计的出发点和落脚点。

毕业设计是对大学五年所学知识的一次综合验收和展示，本次联合毕业设计历经开题、中期、成果等多个设计阶段，指导教师和同学们在整个设计过程中，不仅夯实了学习成果，更结下深厚的友谊。整体设计过程中，通过现场调研、资料整理、理念交流，对设计地块进行科学准确的研究、分析、策划、定位，方案一步步深化，期盼构建具有前瞻性、科学性、艺术性的城市综合发展区。在本次联合毕业设计过程中，通过多次的联合汇报及意见交流，业内大师给予了有价值的方向性引导，不论是对于学生还是老师，都是一次珍贵的学习历程，使我们视野更广阔，专业思路更成熟，提高了规划师的责任感、使命感。

联合毕设是各校彼此学习与提高的良好平台，通过此平台，各校进行自我优化，促进了京津冀高校城乡规划专业的长足发展。我校很荣幸能够参加城乡规划专业京津冀高校“X+1”联合毕业设计，通过毕业设计的交流互动，使我校城乡规划专业发展更加成熟，对人才的培养更加适应未来社会发展的需要。

祝城乡规划专业京津冀高校“X+1”联合毕业设计越办越好，吸引更多的高校参加，取得更加优异的成绩！

崔英伟　王力忠　牛焕强　王爱清

河北建筑工程学院联合毕设指导教师团队

学生感言

张亚娟：很荣幸能参加本次城乡规划专业京津冀高校“X+1”联合毕设。最初接触到这个选题的时候，由于对工厂改造的知识涉猎甚浅，所以有一种不知所措的感觉，但在老师的耐心指导下，我们认真进行现场踏勘，收集相关资料，并且进行一定的分析，从而生成了几个方案，从中挑取比较满意的方案，进行深化更新。历经三个多月的时间，我们的成果呈现在自己的面前，虽然有很多不足，但是这段充实的学习经历给予我更多的人生积累。感谢联合毕设提供给我们一个交流学习的平台，让我们聆听到专家评委的精彩点评，学习到其他高校方案的闪光点，同时在大学的最后时光，我们和老师之间也建立了更加深厚的感情。

王瑶：大学五年最后一个设计，我选择了联合毕设，很荣幸能够参加本次城乡规划专业京津冀高校“X+1”联合毕设。由于此次的设计题材是之前没有涉及过的，所以本次毕业设计不仅对自己五年的知识进行了检测和梳理，同时也提高了自己应对挑战的能力，进一步加强了自己的专业能力。联合毕设过程中老师尽心地为我们指导，我们也不断地进行修改、完善。临近毕业，我们建立了更加深厚的感情，留下了更多深刻的记忆。同时在保定也聆听到专家精彩的讲评，吸取到其他高校的专业精华，受益匪浅。感谢此次经历，为我的大学五年学习画上了一个完美的句号。

肖春瑶：很荣幸参加了本次的京津冀联合毕设，作为大学期间最后一个设计作品，我在这个过程中收获良多。工业遗产是城市中的一大魅力要素，承载着一代人的奋斗记忆，保定市恒天化纤厂也是如此。虽然工厂改造是我以前从未接触过的规划类型，但是在专家和老师们的指导下，我们在调研分析、定位研究、规划设计、方案形成的过程中，不断摸索、不断改进，一步步地完成了我们的毕业设计。虽然我们迷茫过、慌乱过，但不变的是我们对规划工作的热忱。很感谢京津冀联合毕设的平台，让我增长了见识，提高了专业素养，锻炼了各方面能力，同时也感谢老师、同学、跟我一起奋斗的组员，帮助我完成令人满意的毕业设计。我会在以后的学习、工作中，不断努力，成为一个合格的规划人！

杨宁：很荣幸能够参加本次的京津冀联合毕设，把大学最后一次设计留给自己的故乡保定，对我来说是一件很有意义的事，也是大学五年学习生活最好的告别礼物。我们历经三个多月的时间，通过前期调研、收集资料、分析资料、提出构想、生成方案、修改完善方案，最终圆满完成了本次设计。同时，我们对工业遗产保护也有了新的认识，对如何运用工业遗存延续城市文脉，对老旧厂区进行最有效的更新，也有了更为深入的思考。回首一起努力的时光如梭似箭，这期间学习的知识是惠及我一生的宝贵财富。感谢老师的指导和队友的包容，希望未来的我们也能如今日般满怀热血，博学而不穷，笃行而不倦。

释题与设计构思

释题

西郊八大厂始建于20世纪50年代，是第一个五年计划的产物。规划地块——恒天纤维片区，即西郊八大厂之一的保定化学纤维联合厂，作为我国第一座大型化学纤维联合企业，记录了数代工人珍贵的奋斗历程，并为保定的工农业发展和人民生活水平的提高做出了重大贡献。虽然保定化纤厂已于2015年政策性关停，结束了它曾经辉煌的历史，但它为我们留下了无数珍贵而又无法替代的工业遗产，也成为保定人心中无法磨灭的情感记忆。

面对着当今社会的快速发展，化纤厂与现代化城市产业定位和风貌格格不入。为了实现工业遗产的传承与共生，急需对其进行改造更新。在京津冀一体化、雄安新区设立以及保定工业遗产保护条例实施的背景下，如何正确认识化纤厂的价值与意义，在保护工业遗存的同时创造发展机遇，借遗产保护延续城市文脉，探索更为有效的更新改造方式，并以合理的规划来引导未来的发展，实现与快速发展的现代生活的共生，这些都是需要重视和思考的问题。上位规划中新修编的总体规划尚未出台，但了解到对于规划地块的定位大致为文博园区，这在一定程度上引导了我们对地块发展趋势的判断。

基于这几方面的思考，我们分析了该地块城市设计应重点关注的内容：工业文化传承、片区活力再塑以及整体更新改造三方面。首先，在工业文化方面我们需要思考的主要问题，就是如何在延续城市历史文脉的前提下，打造地块特色风貌，实现工业文化的精神传承和物质传承。其次，在片区活力再塑这一方面，可以结合其文创园区的定位，为地块进行功能划分，引入新兴业态，如文化展览、商业游憩、商务办公等，结合重点建筑塑造连贯的景观结构，打造多元融合的创新文创园区。除此之外，还应运用绿色为主的创新技术手段对厂区主要保留建筑、景观界面和运作系统进行有机更新，迎合生态文明建设政策的同时实现地块长久、健康的发展。最后，在更新改造方面我们需要重点考虑空间问题。化纤厂位于西郊八大厂轴线的居中位置，周边多为农田与城郊居民区，厂区内道路纵横交错，与外界联系不强，整体大空间封闭，小空间破碎，场地基本荒废，活力流失，景观结构破碎。且由于大量工业废料和酸站影响，厂区的部分土质受到了污染。所以改造工业厂房、构筑物，打造宜人的公共空间、绿化景观等也是设计的重点。根据以上分析，我们对恒天纤维片区有了新的目标定位：以建筑、文创、康体、生态、办公组成的五彩人和之境；以工业遗产为主题的艺化之境；绿境环绕的自然生态之境。即在依托现有文化资源、生态资源以及交通资源的基础上，传承城市工业记忆和艰苦奋斗的精神，重塑地块活力，彰显地块魅力，为保定市带来新的发展引爆点和记忆点。

设计构思

方案一：承脉织锦　溯因寻纤——形态基因视角下的恒天纤维片区城市设计

设计者：张亚娟　王瑶

指导教师：崔英伟　王爱清

化纤厂为西郊八大厂之一，厂内树木茂密、花草繁多，拥有大量的雪松、银杏等珍贵树种，德式风格的厂房、高耸入云的烟囱、密布架设的管网和厂内铁轨等构成了区内独特的工业景观，具有丰富的历史价值、科技价值、社会价值、艺术价值。但伴随着国家经济的迅猛发展以及“退二进三”的时代需求，化纤厂已无法满足后工业时代的城市功能需求，化纤厂被关闭，厂内现存建筑废弃闲置，急需再利用；场地生态景观系统性弱，珍贵树种急需保护，部分树木枯萎破败严重；还有基地与城市衔接不紧密、内部交通分级不明确等问题。本规划将基地定位为城市文化展厅和创新源发地，通过利用已有化纤厂工业建筑和场地，以形态基因理论为指导，提取厂内文化、产业、形态、生态四个方面的基因，对各方面的基因进行修补与整合，以解决各个方面存在的问题，促进工厂文化的延续与发展。本方案的核心设计在于文化与产业策略，对于文化策略进行工厂特色要素提取，结合绿化、水系等进行文化景观塑造，以打造全新文化创意项目，进而引领产业升级；产业则以广义的服饰创意为主要内容，引入 PDM 技术以及各种服装设计上下游相关项目，完善创新产业链端。

方案二：纤风道古 · 觅机缘——空间活力场理论下的恒天纤维片区城市设计

设计者：杨宁　肖春瑶

指导老师：王力忠　牛焕强

每座城市都有这样一片土地，它承载着峥嵘岁月里无数深刻的记忆，却被迫在城市的发展中逐渐被遗忘、被抛弃。如何在协调城市的需求中实现化纤厂的传承与共生，是本次城市设计的根本。

本项目为保定市恒天纤维片区城市设计，占地 113 公顷。通过对现状的深入调研，发现厂区关停后的衰败现状与极为丰富的工业遗产资源形成鲜明对比，为此我们植入空间活力场的理论，从四个方面实现地块的整体改造更新。

我们的规划设计遵循以下四个步骤：①“场核 • 探古”——挖掘厂区的工业记忆点，成为活力场的核心，实现工业传承；②“场域 • 望道”——改造厂区的建筑、公共空间及生态环境，成为活力场的区域，实现园区活化；③“场力 • 觅机”——植入文化展览、科研办公、创意运动等新兴产业，成为活力场的作用力，实现园区激活；④“场景 • 唤风”——丰富园区的景观环境、开敞空间，成为活力场的景致，实现园区美化。通过这四个步骤，最终将该地块打造为辐射京津冀地区，以文化展览、科研办公、创意运动为主要产业，延续工业风格，融合现代元素，功能复合的大型文创园区。

承脉织锦 溯因寻纤

Bearing veins brocade

Back because of the fiber

——形态基因视角下的恒天纤维片区城市设计

主题解读

工业遗产是彼时生产关系的映射以及民众寻找记忆和归属的历史性场所，是数代数千万人所构建的城市记忆，现在却只需要一台推土机就被彻底摧毁。

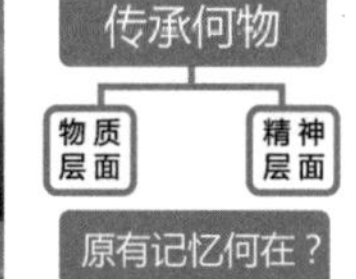

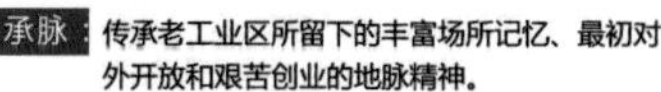

承脉：传承老工业区所留下的丰富场所记忆、最初对外开放和艰苦创业的地脉精神。

织锦：补织缺失的产业基因，依据城市特有的产业基础和地块原有的生产原料，发展新型的产业，建立新的产业园区。

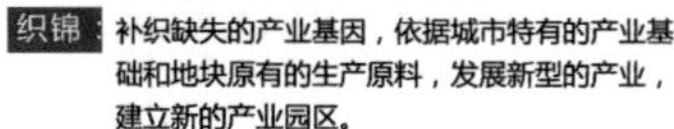

溯因：寻找地脉的基因。

寻纤：唤醒原来地块的生机活力，在新时代与新事物新发展共同获得新生。

承脉织锦溯因寻纤

工业元素	建筑	构件	记忆	找寻记忆
建筑元素	厂房	车间	仓库	发现记忆
构件元素	廊架	管道	铁轨	保留记忆
记忆元素	开放	建厂	创业	传承共生

区位分析

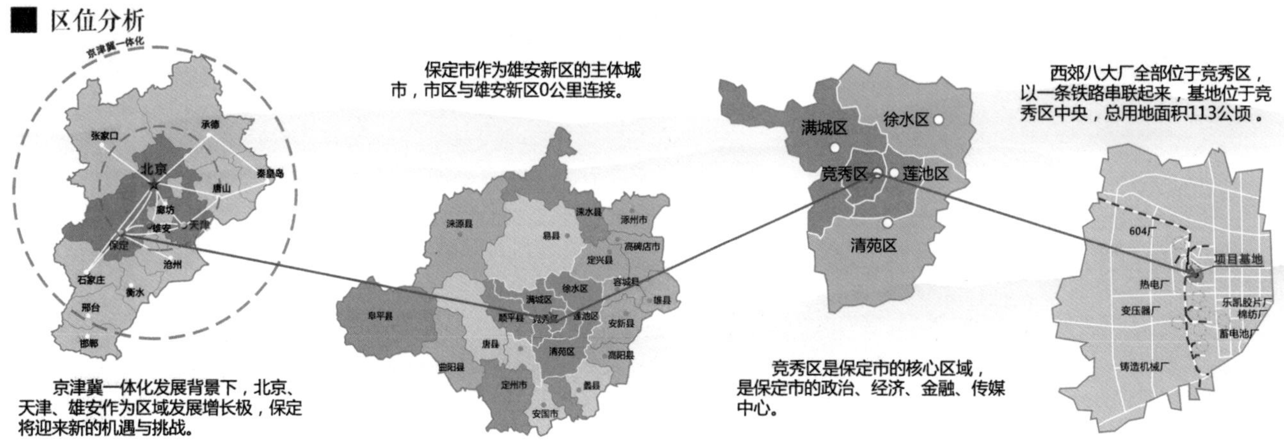

京津冀一体化发展背景下，北京、天津、雄安作为区域发展增长极，保定将迎来新的机遇与挑战。

保定市作为雄安新区的主体城市，市区与雄安新区0公里连接。

竞秀区是保定市的核心区域，是保定市的政治、经济、金融、传媒中心。

西郊八大厂全部位于竞秀区，以一条铁路串联起来，基地位于竞秀区中央，总用地面积113公顷。

历史沿革

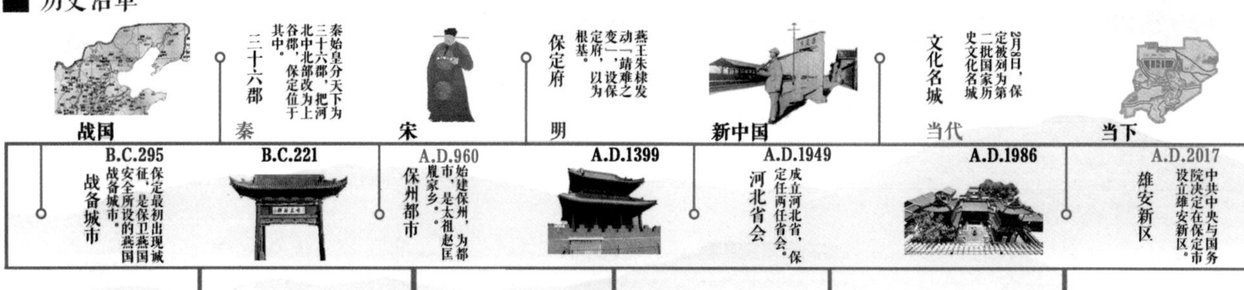

1955-1956 筹备建厂

经国务院批准，聘请前民主德国专家组来华，商谈有关人造纤维厂设计与设备供应问题。

1957-1977 投入生产

1957年10月于保定开始厂区基建施工，1960年6月交付国家验收，1960年7月1日正式投入生产。

1986-1993 繁荣发展

1986年，人造丝产量达到9,693吨，为1960年投产时的3.6倍。

1994-2010 成果丰硕

1994年，保定天鹅化纤集团有限公司成立，多年来取得了30余项科研成果，多项成果获国家、省部级奖励。

2015 停止生产

京津冀一体化发展战略出台后，河北省产业发展结构进行调整，化纤厂产业转型，停止传统高污染产业。

2018 遗产申录

2018年保定市政府通过《保定市工业遗产保护与利用条例》，化纤厂被列入工业遗产考察范围。

现状透视图

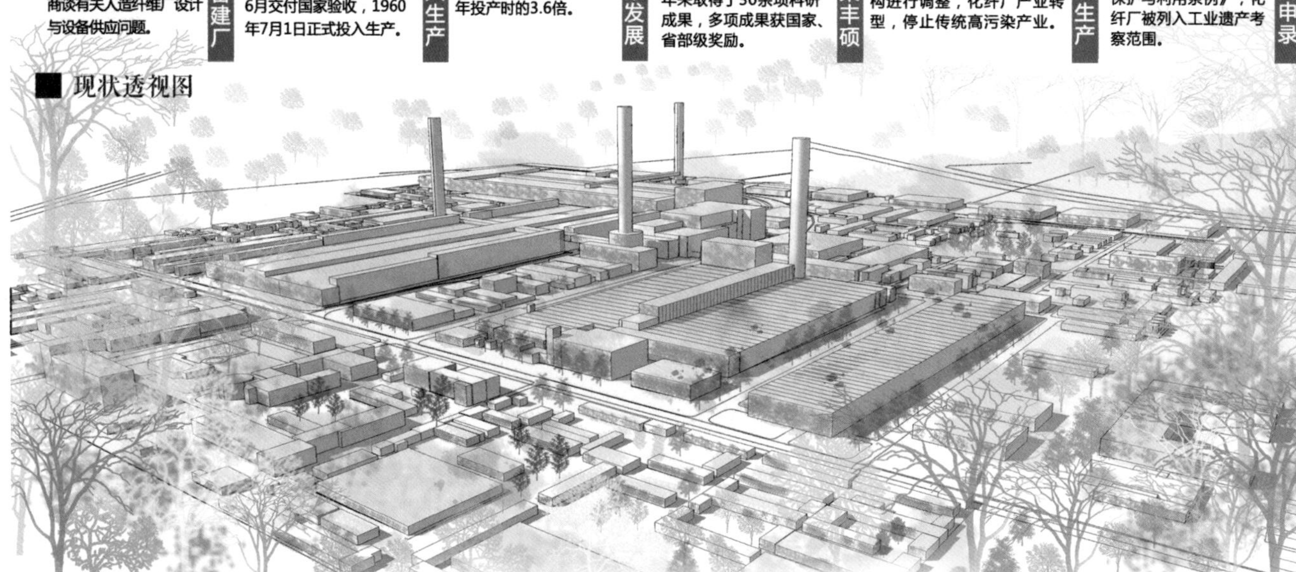

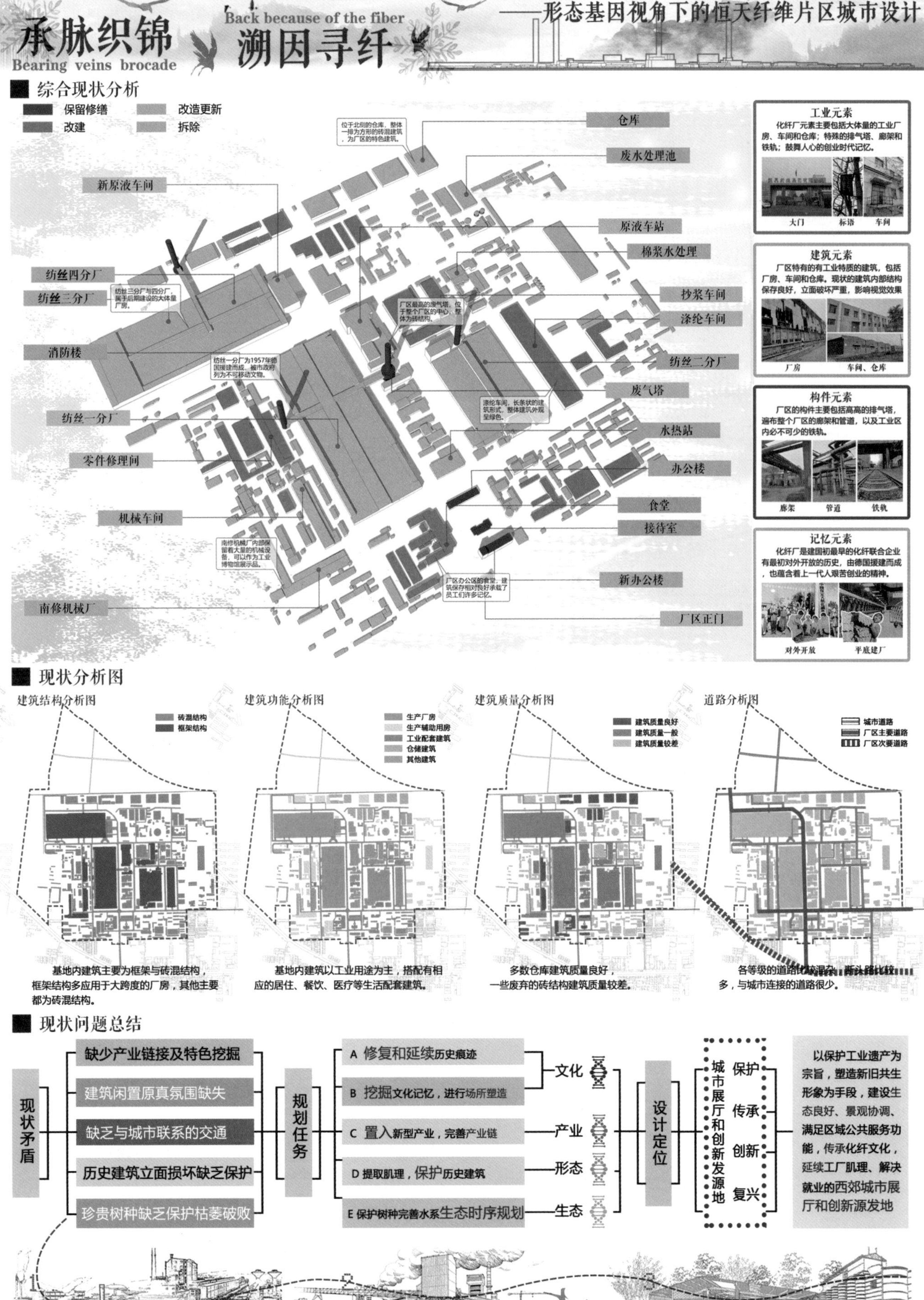
承脉织锦
Bearing veins brocade
Back because of the fiber
溯因寻纤
——形态基因视角下的恒天纤维片区城市设计
综合现状分析
保留修缮
改造更新
改建
拆除
仓库
废水处理池
新原液车间
原液车站
棉浆水处理
纺丝四分厂
纺丝三分厂
抄浆车间
涤纶车间
消防楼
纺丝二分厂
废气塔
纺丝一分厂
水热站
零件修理间
办公楼
机械车间
食堂
接待室
新办公楼
南修机械厂
厂区正门
位于北侧的仓库，整体一排为方形的砖混建筑，为厂区的特色建筑。
纺丝三分厂与四分厂，属于后期建设的大体量厂房。
厂区最高的废气塔，位于整个厂区的中心，整体为砖结构。
纺丝一分厂为1957年德国援建而成，被市政府列为不可移动文物。
涤纶车间，长条状的建筑形式，整体建筑外观呈绿色。
南修机械厂内部保留着大量的机械设备，可以作为工业博物馆展示品。
厂区办公区的食堂，建筑保存相对良好承载了员工们许多记忆。
工业元素
化纤厂元素主要包括大体量的工业厂房、车间和仓库；特殊的排气塔、廊架和铁轨；鼓舞人心的创业时代记忆。
大门
标语
车间
建筑元素
厂区特有的有工业特质的建筑，包括厂房、车间和仓库。现状的建筑内部结构保存良好，立面破坏严重，影响视觉效果
厂房
车间、仓库
构件元素
厂区的构件主要包括高高的排气塔，遍布整个厂区的廊架和管道，以及工业区内必不可少的铁轨。
廊架
管道
铁轨
记忆元素
化纤厂是建国初最早的化纤联合企业有最初对外开放的历史，由德国援建而成，也蕴含着上一代人艰苦创业的精神。
对外开放
平底建厂
现状分析图
建筑结构分析图
砖混结构
框架结构
建筑功能分析图
生产厂房
生产辅助用房
工业配套建筑
仓储建筑
其他建筑
建筑质量分析图
建筑质量良好
建筑质量一般
建筑质量较差
道路分析图
城市道路
厂区主要道路
厂区次要道路
基地内建筑主要为框架与砖混结构，框架结构多应用于大跨度的厂房，其他主要都为砖混结构。
基地内建筑以工业用途为主，搭配有相应的居住、餐饮、医疗等生活配套建筑。
多数仓库建筑质量良好，一些废弃的砖结构建筑质量较差。
各等级的道路结构混杂，断头路比较多，与城市连接的道路很少。
现状问题总结
现状矛盾
缺少产业链接及特色挖掘
建筑闲置原真氛围缺失
缺乏与城市联系的交通
历史建筑立面损坏缺乏保护
珍贵树种缺乏保护枯萎破败
规划任务
A 修复和延续历史痕迹
B 挖掘文化记忆，进行场所塑造
C 置入新型产业，完善产业链
D 提取肌理，保护历史建筑
E 保护树种完善水系生态时序规划
文化
产业
形态
生态
设计定位
城市展厅和创新发源地
保护
传承
创新
复兴
以保护工业遗产为宗旨，塑造新旧共生形象为手段，建设生态良好、景观协调、满足区域公共服务功能，传承化纤文化，延续工厂肌理、解决就业的西郊城市展厅和创新源发地

承脉织锦 溯因寻纤

Bearing veins brocade　Back because of the fiber

——形态基因视角下的恒天纤维片区城市设计

核心概念提出

形态基因解析

传承 ———— 共生

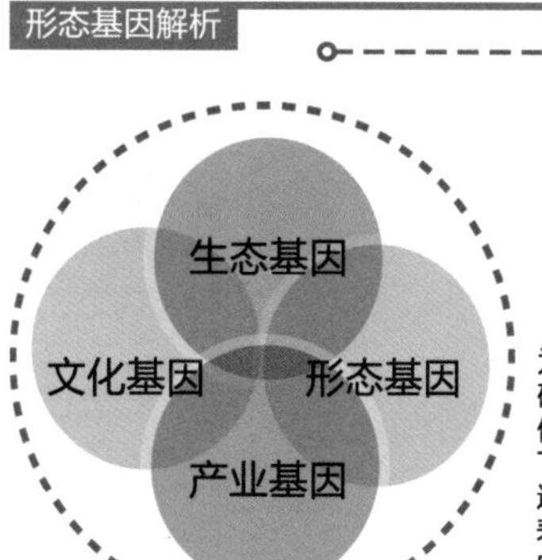

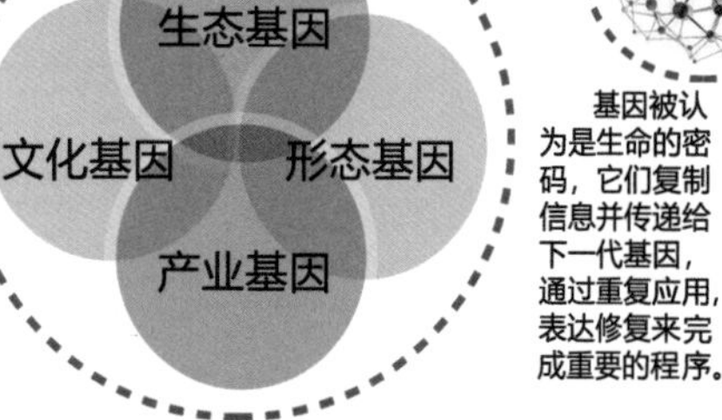

基因被认为是生命的密码，它们复制信息并传递给下一代基因，通过重复应用，表达修复来完成重要的程序。

提取工厂内比较有历史、艺术价值的基因。

进行基因的筛选，好的基因进行传承，不好的基因进行修补。

不好但有价值的基因采用功能置换、修复、介入等方法进行修补。

已修复和整理的基因进行新一轮的整合。

对于好的基因，进行保护、保留以及利用，使其继续延续下去，发挥作用。

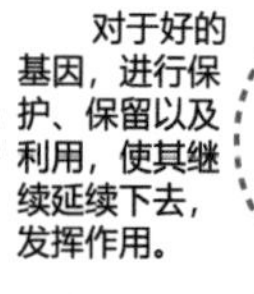

延续肌理，焕发生机，激发活力，实现工厂基因的传承与共生。

文·态——文化基因

文化延续传承 ———— 极具地域精神的场所和活动

第一座纤维联合厂 — 工业发展 — 工人群体 — 工业文明 — 城市记忆“根”“魂”

［ 从城市记忆到工业遗产 ］
工人群体，一个都不能少

“一五”计划期间，建立了我国第一座大型纤维联合厂。 ← 1960年7月，生产中国自己的人造丝，结束了我国不能自己生产化学纤维的历史。 ← 1996年-1997年，成为世界最大的粘胶长丝生产厂家之一，是亚洲最大的粘胶长丝生产基地。 ← ①最初的对外开放②几代人艰苦奋斗③平地建厂的时代精神④一代人最深刻的保定记忆

1、厂区大门
是化纤厂给人的第一印象，厂区的入口标志。

大门　工厂

2、照壁
是进入厂区后首先映入眼帘的构件，传达着工厂的精神。

参观　游览

3、标志牌①
手写的上工、下工时间，记录着当时早出晚归的奋斗时光。

时间

4、标志牌②
上个时代留下的勤劳勇敢改造家园的标志语。

勤劳　改造

5、板报
节约能源、降低能耗为保护环境、公司发展做贡献。

节能

6、篮球架
随处可见的篮球架，承载着上一代人休闲放松的美好时光。

休闲　放松

7、铁轨
工厂内必不可少的铁路，是厂区独一无二的文化景观。

火车　铁轨

8、上班
朝霞中的自行车流这幅画面，是很多老保定人最深刻的记忆。

工作　上班

业·态——产业基因

新型创意产业 ———— 服饰与新技术、新发展结合

服饰产业4.0时代

——多元、个性、智能、定制

人类生存的五大基本要求“衣、食、住、行、乐”，其中服饰是人类生存必需的消费品，也是反映社会文明标志之一。

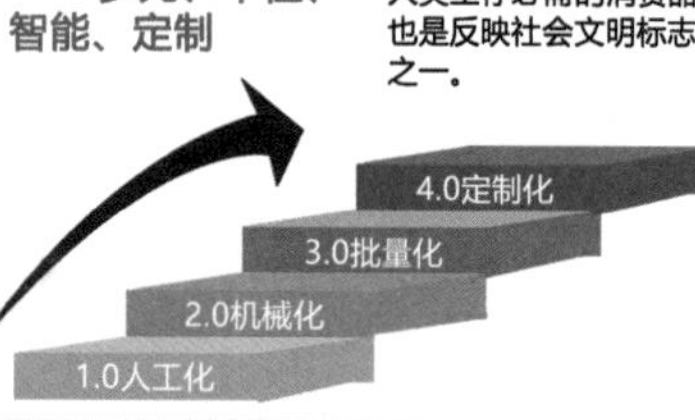

智慧生态 实现以数字化方式生产个性需求的生态场景	4.0	定制时代 项目产业向个性化、多元化和定制化发展
“量”的堆积 生产效率低、成本高、库存大	3.0	批量时代 服装产业的品牌价值低库存积压严重
低端生产 较低的技术门槛低廉的劳动力	2.0	机械时代 以传统设计为主技术研发能力低
手工缝制 以手工缝制和简单机械化生产为主	1.0	人工时代 产业起步阶段离不开人工和手艺人

产业联动发展策略

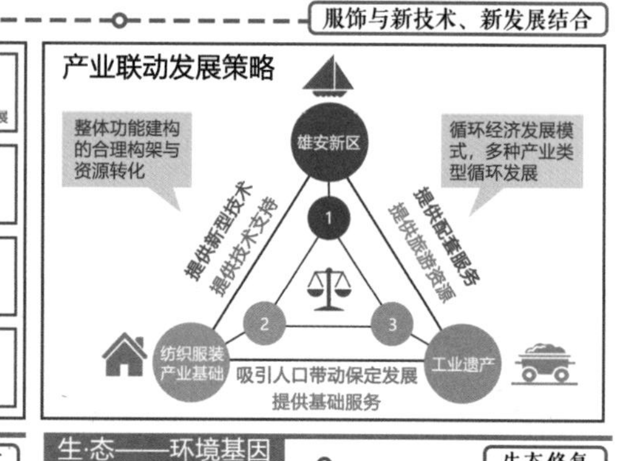

形·态——构成规律

多样化空间模式

■ 大厂房改造示意

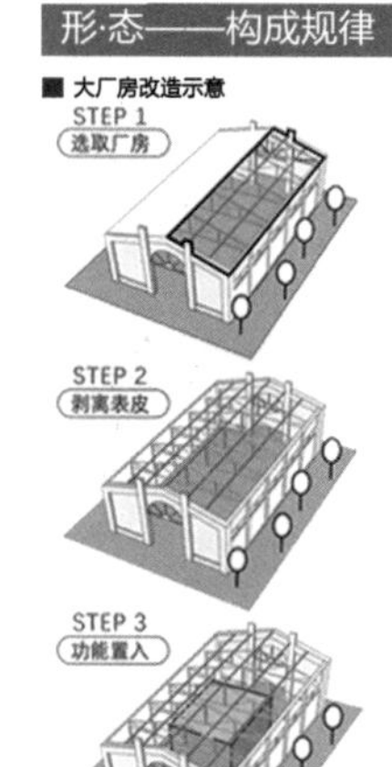

■ 小体量建筑改造示意

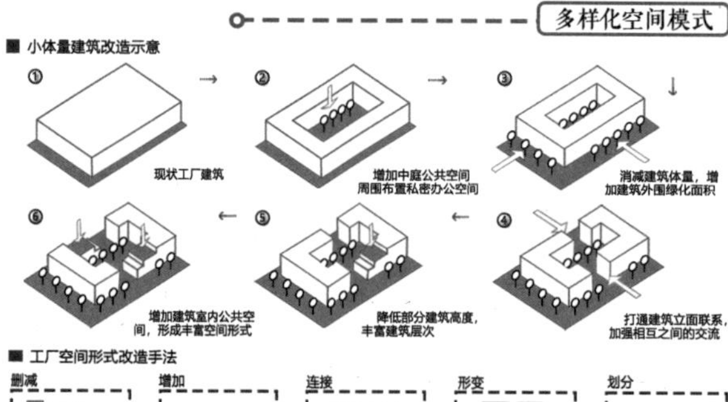

■ 工厂空间形式改造手法

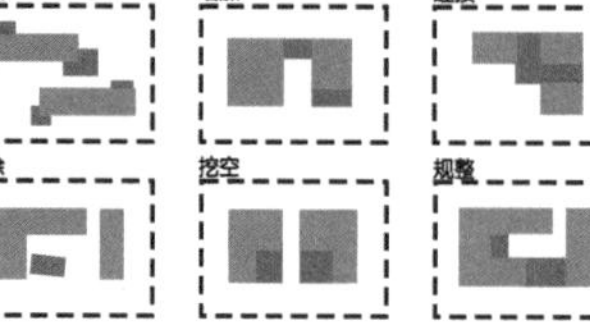

生·态——环境基因

生态修复

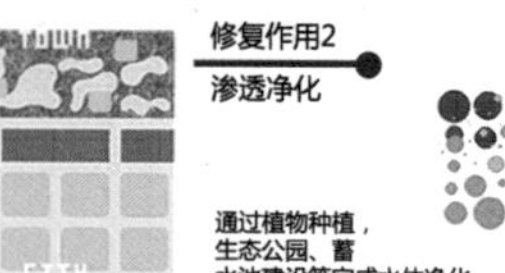

修复作用1
土壤调整

工厂土壤因常年高腐蚀性化学物质的排放，造成污染，需要调整。

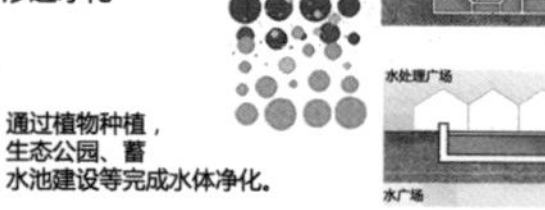

修复作用2
渗透净化

通过植物种植，生态公园、蓄水池建设等完成水体净化。

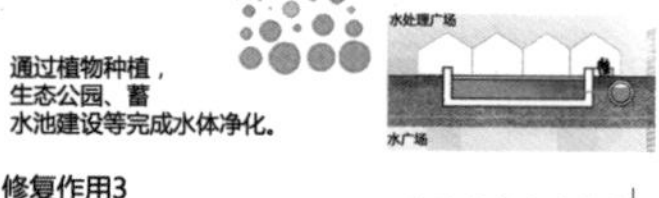

修复作用3
有机循环

通过土壤修复、植物的种植、水体的渗透净化作用，达到厂区整个生态系统的有机循环。

水循环系统分析

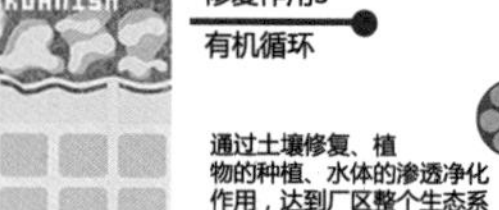

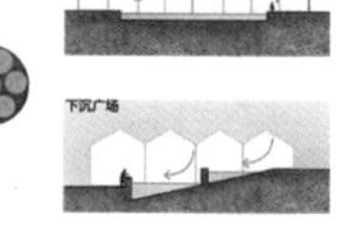

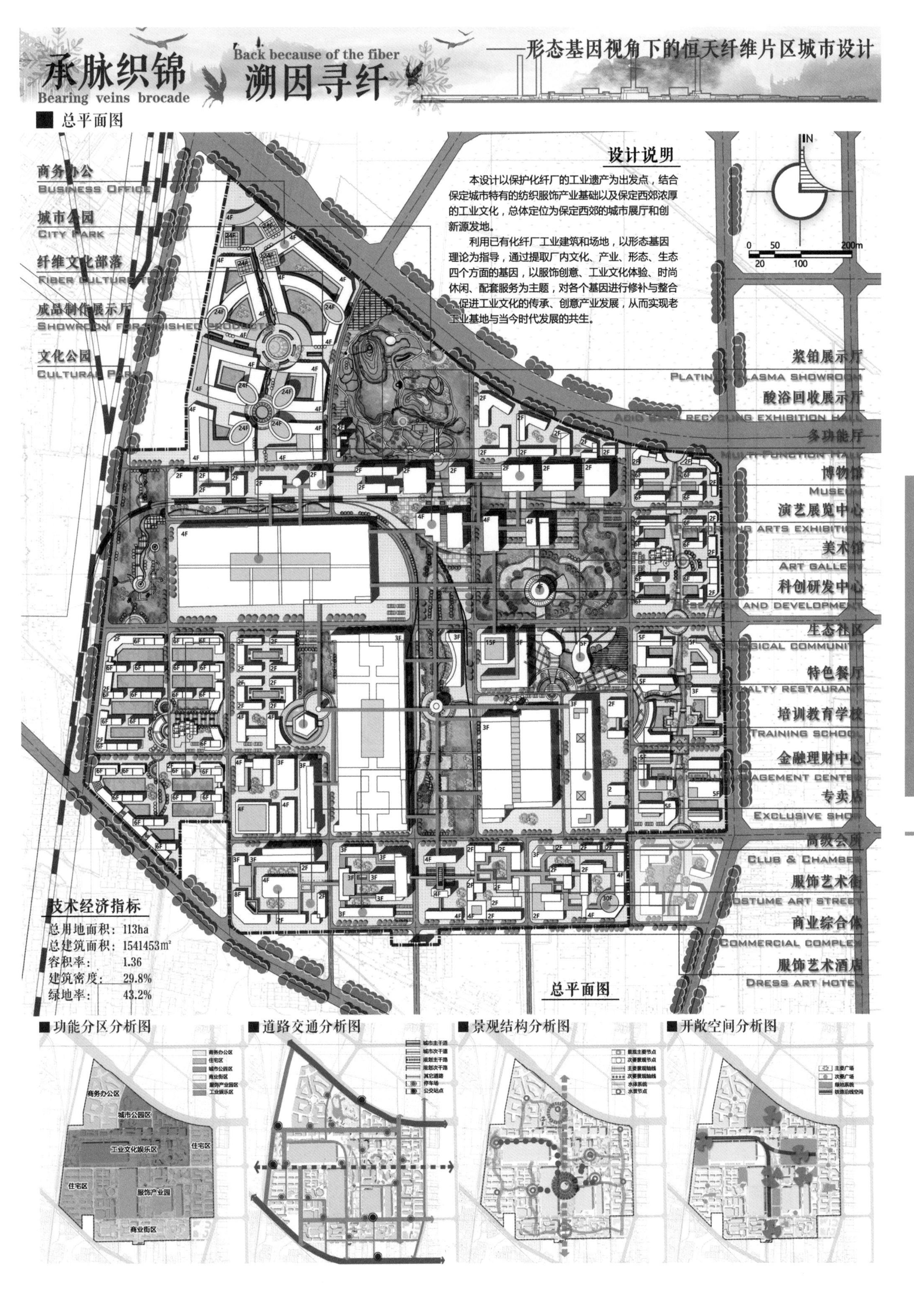

承脉织锦
Bearing veins brocade
Back because of the fiber
溯因寻纤
——形态基因视角下的恒天纤维片区城市设计
总平面图
设计说明
本设计以保护化纤厂的工业遗产为出发点，结合保定城市特有的纺织服饰产业基础以及保定西郊浓厚的工业文化，总体定位为保定西郊的城市展厅和创新源发地。
利用已有化纤厂工业建筑和场地，以形态基因理论为指导，通过提取厂内文化、产业、形态、生态四个方面的基因，以服饰创意、工业文化体验、时尚休闲、配套服务为主题，对各个基因进行修补与整合，促进工业文化的传承、创意产业发展，从而实现老工业基地与当今时代发展的共生。
商务办公
城市公园
纤维文化部落
成品制作展示厅
文化公园
浆铂展示厅
酸浴回收展示厅
多功能厅
博物馆
演艺展览中心
美术馆
科创研发中心
生态社区
特色餐厅
培训教育学校
金融理财中心
专卖店
高级会所
服饰艺术街
商业综合体
服饰艺术酒店
Business Office
City Park
Museum
Art Gallery
Training School
Exclusive Shop
Club & Chamber
Costume Art Street
Commercial Complex
Dress Art Hotel
N
0 50 200m
20 100
技术经济指标
总用地面积：113ha
总建筑面积：1541453m²
容积率：1.36
建筑密度：29.8%
绿地率：43.2%
总平面图
功能分区分析图
商务办公区
城市公园区
工业文化娱乐区
住宅区
服饰产业园
商业街区
道路交通分析图
景观结构分析图
开敞空间分析图

承脉织锦 溯因寻纤

Bearing veins brocade　Back because of the fiber

——形态基因视角下的恒天纤维片区城市设计

孕于文态之茎——文化基因唤醒

STEP1：记忆提取

工厂文化

废弃塔、管廊、铁轨

德国机器

艰苦奋斗精神

时代记忆

工厂文化延续

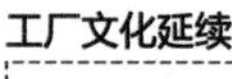

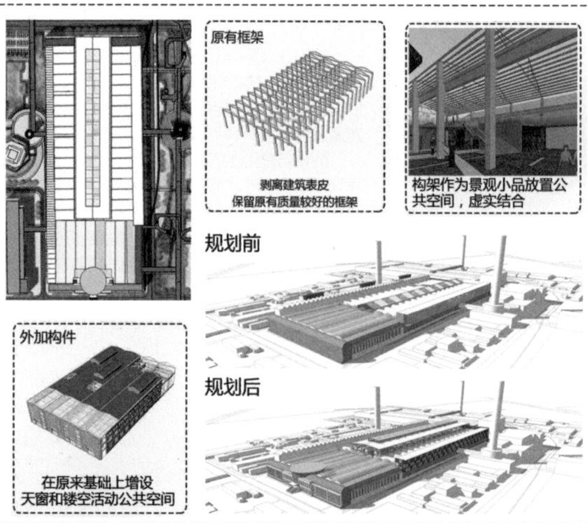

时代精神延续

提取时代元素,利用文化墙进行展示，在文化墙周边进行景观布置，从而使这些时代精神和记忆空间化，生动地展现在人们面前。

效果展示

机器文化延续

提取机器要素，结合绿化、建筑、构架等元素，进行文化景观塑造

效果展示

构件文化延续

STEP2：基因整合与再生

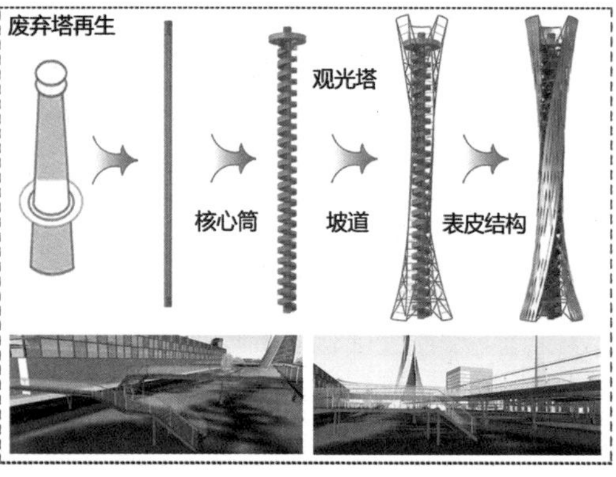

STEP3：记忆点的连接及效果展示

承脉织锦 溯因寻纤

Bearing veins brocade

Back because of the fiber

——形态基因视角下的恒天纤维片区城市设计

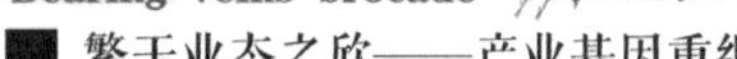

繁于业态之欣——产业基因重组

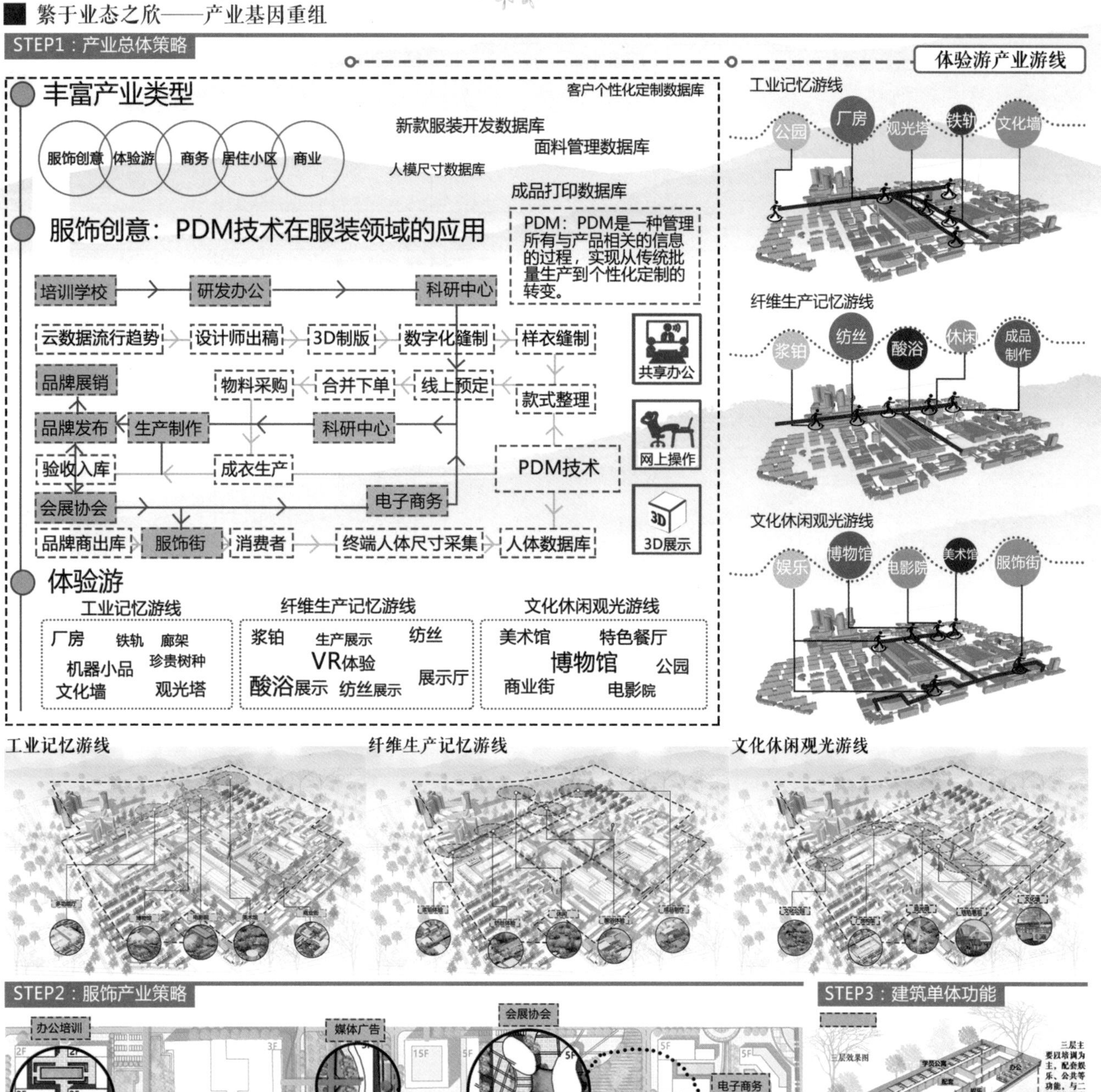

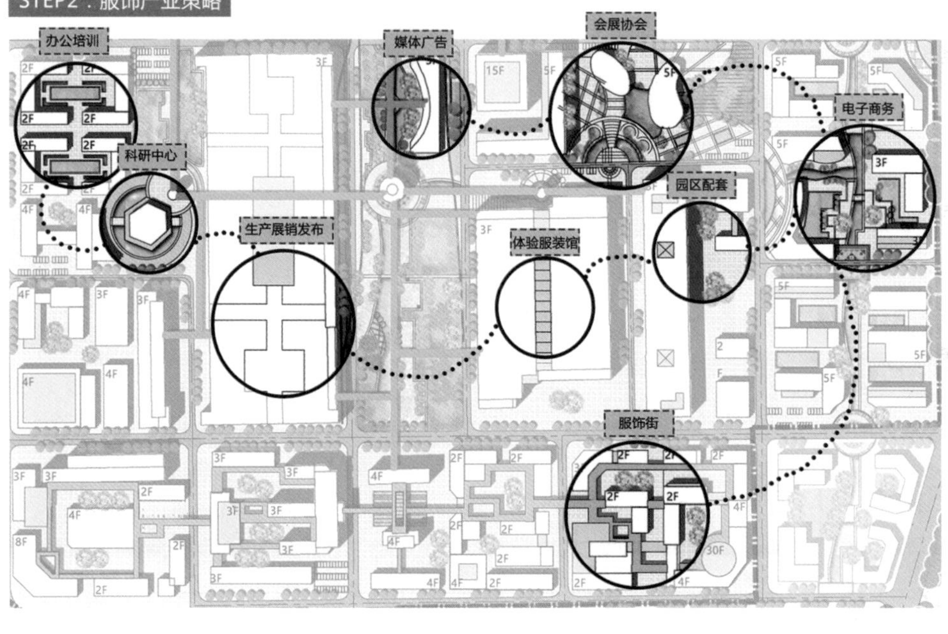

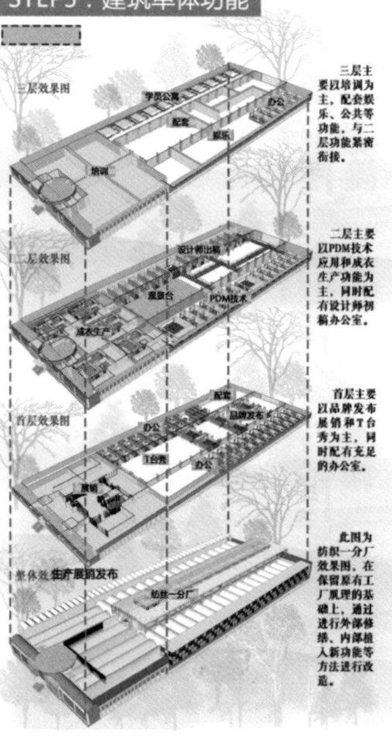

河北建筑工程学院

承脉织锦 Bearing veins brocade 溯因寻纤 Back because of the fiber

——形态基因视角下的恒天纤维片区城市设计

成于形态之适——形态基因修补

各纺丝分厂建筑改造

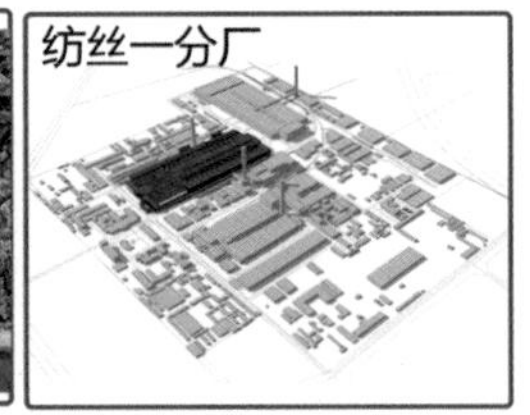

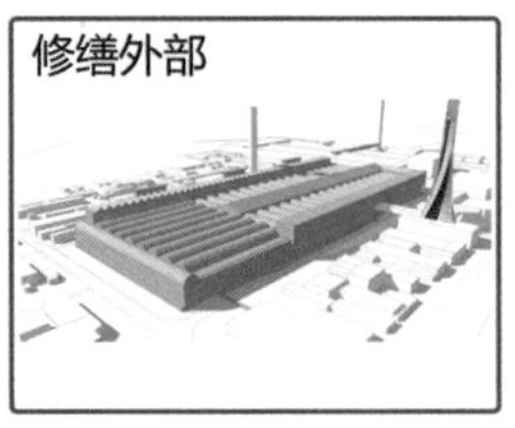

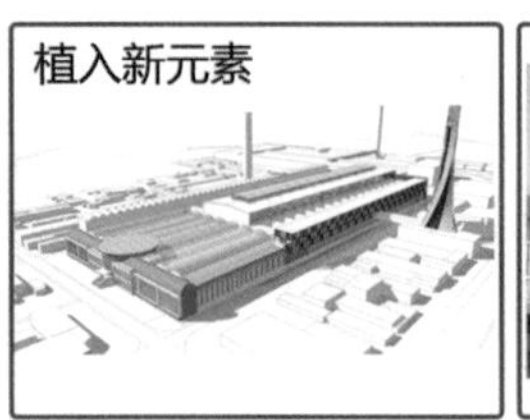

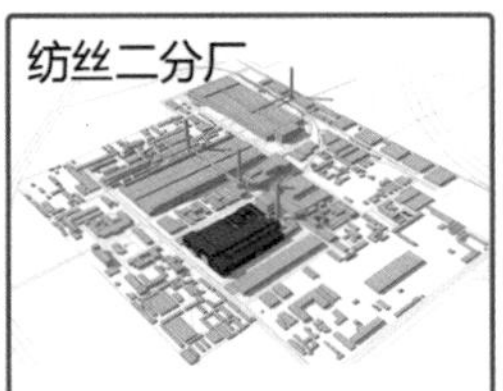

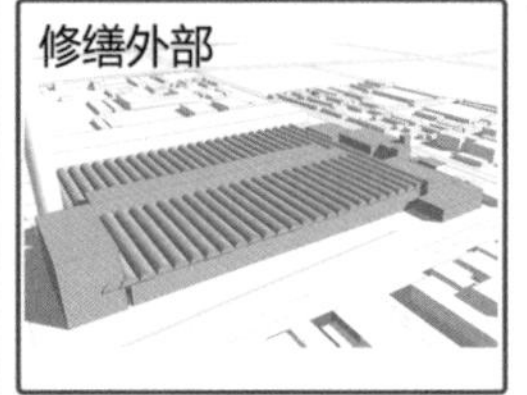

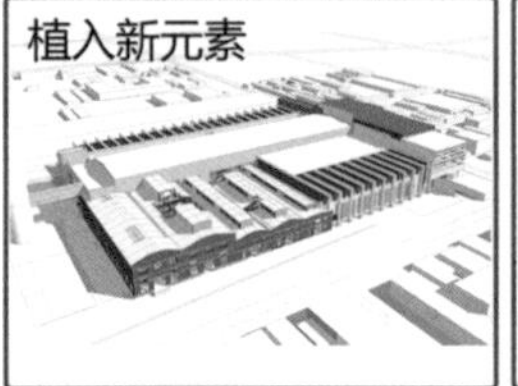

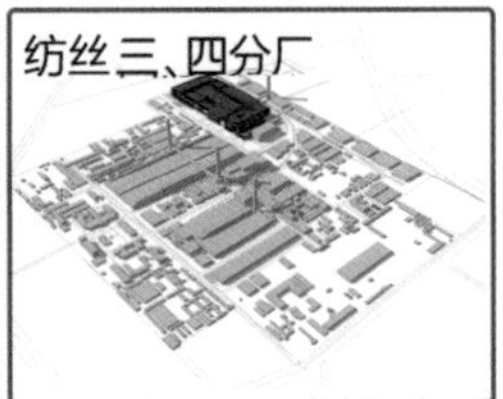

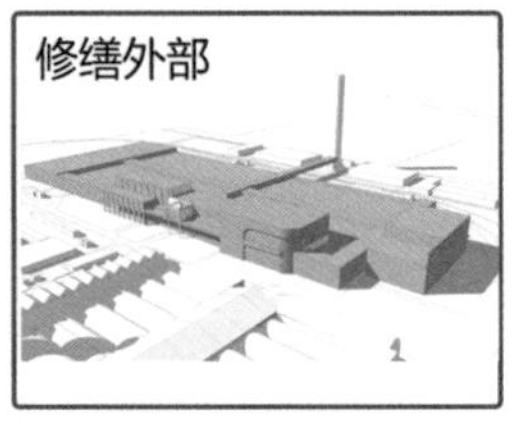

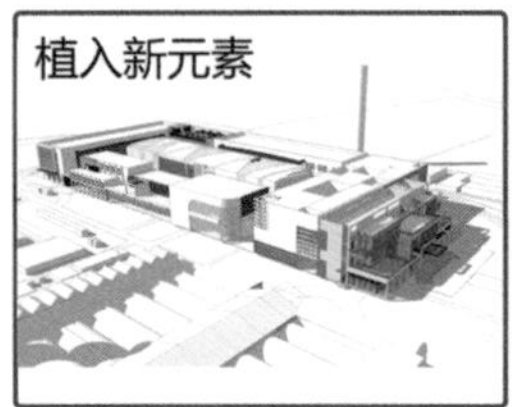

建筑内部空间改造

展览及休闲空间

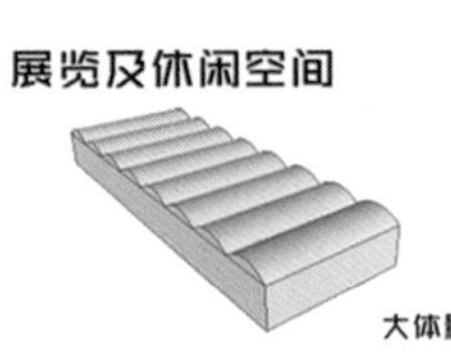

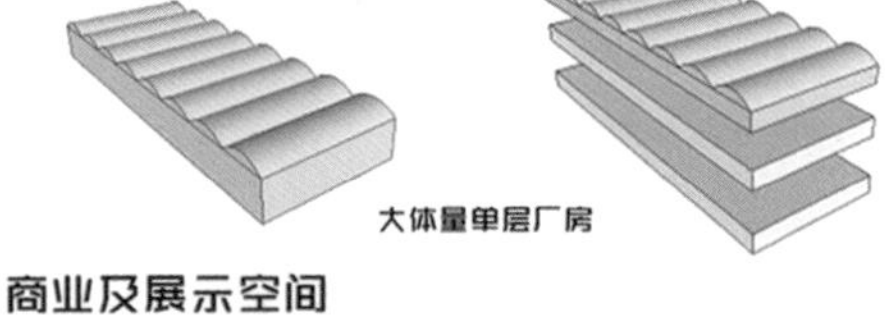

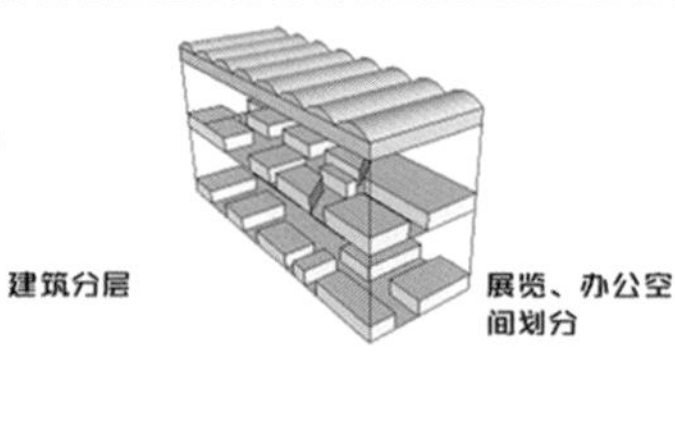

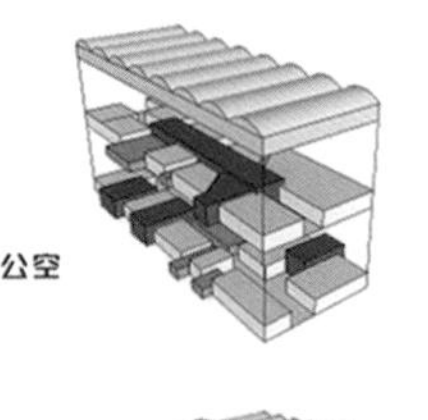

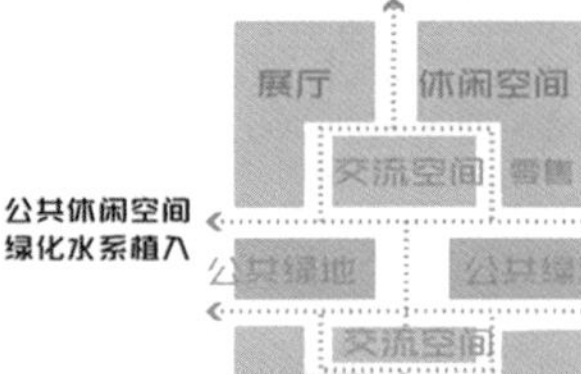

商业及展示空间

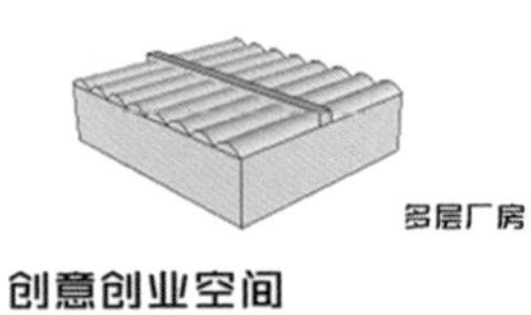

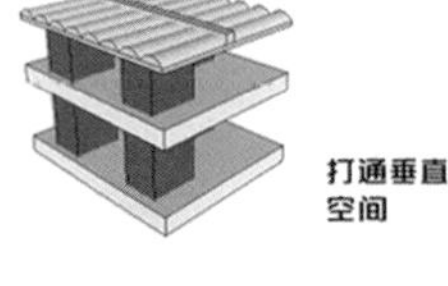

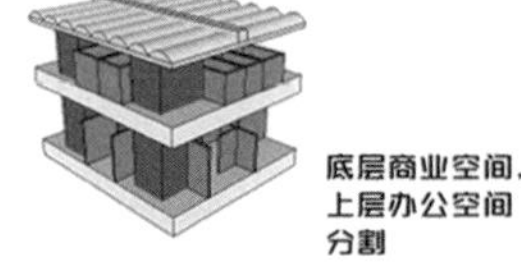

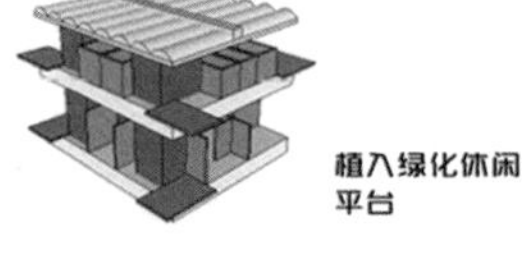

创意创业空间

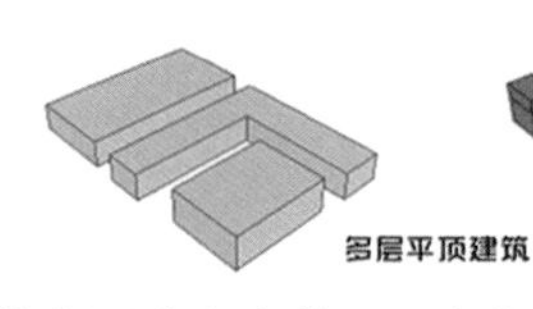

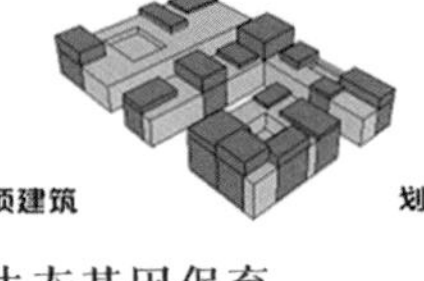

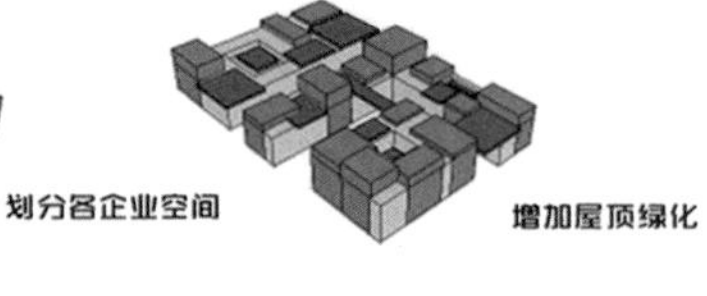

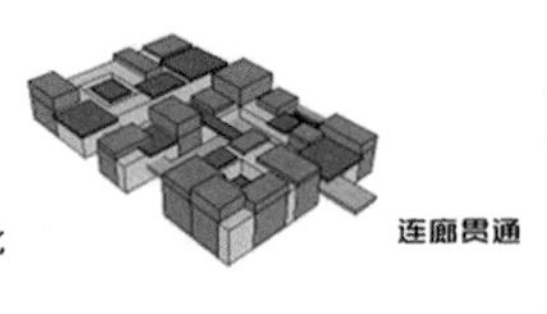

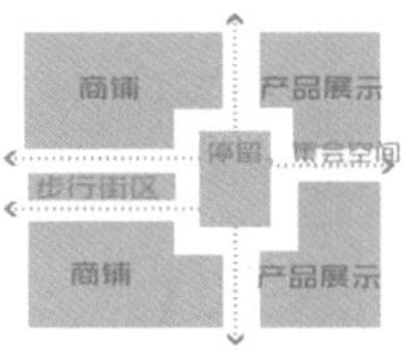

根于生态之旅——生态基因保育

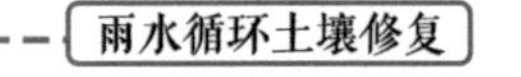

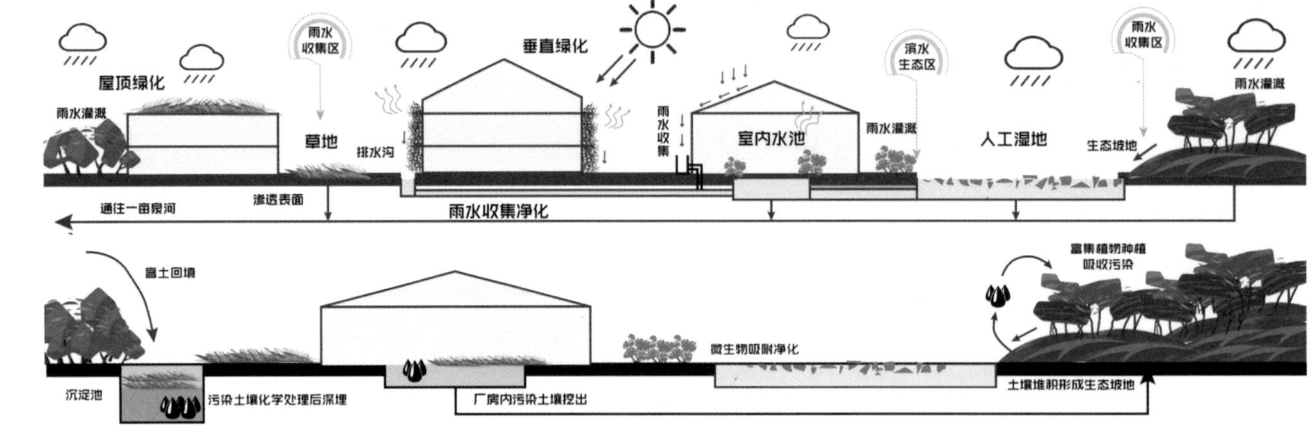

承脉织锦 溯因寻纤

Bearing veins brocade　Back because of the fiber

——形态基因视角下的恒天纤维片区城市设计

■ 整体鸟瞰图

■ 整体立面图

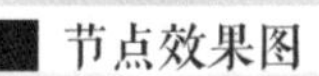

■ 节点效果图

■ 透视图

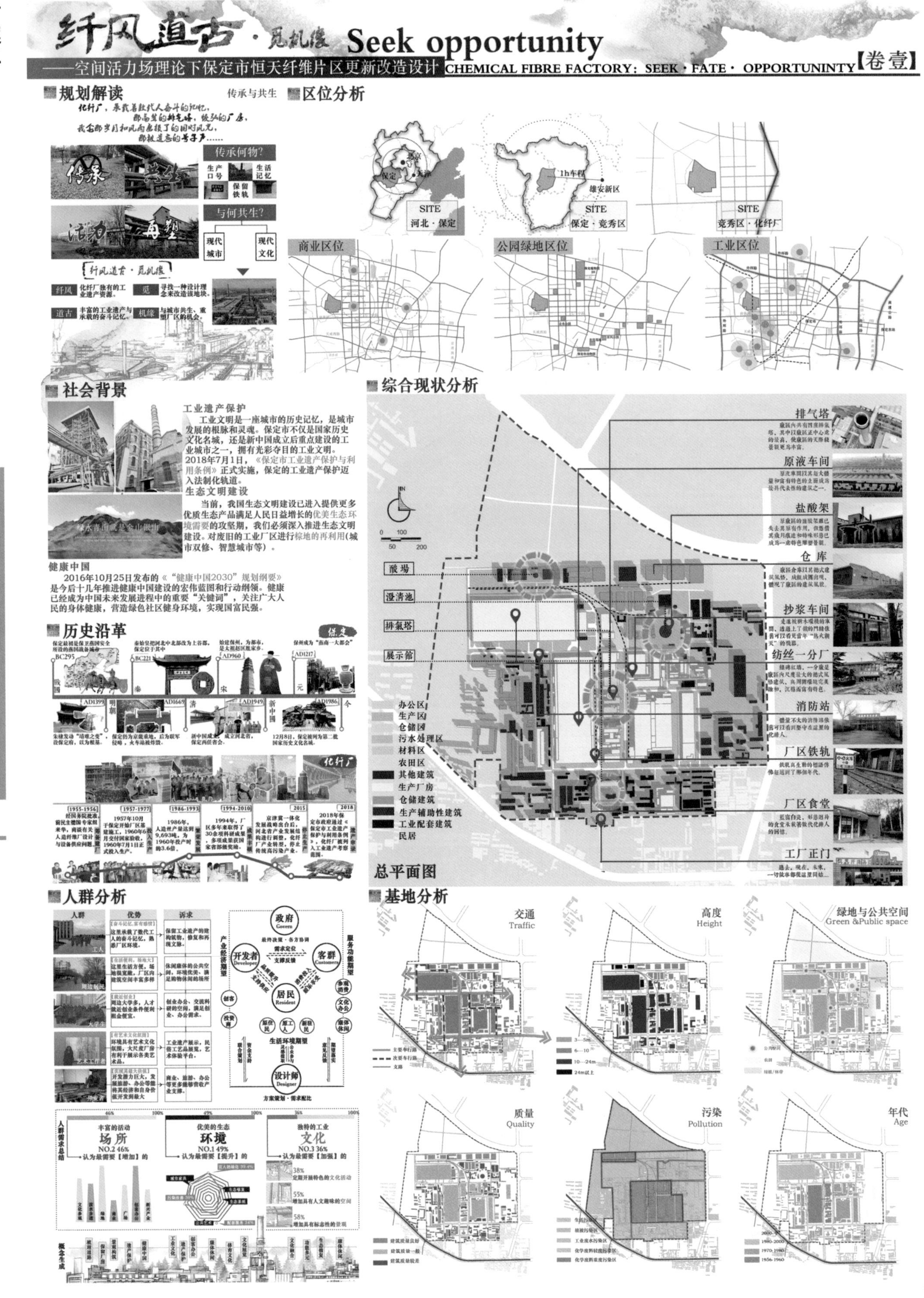

纤风道古·觅机缘 Seek opportunity
——空间活力场理论下保定市恒天纤维片区更新改造设计
CHEMICAL FIBRE FACTORY：SEEK · FATE · OPPORTUNINTY【卷壹】
规划解读
传承与共生
化纤厂，承载着数代人奋斗的记忆，
那高耸的排气塔，饱经风霜的厂房，
我寄那岁月和风雨鼎铸了的旧时风光，
都被遗忘的老子弟……
传承何物?
生产口号
生活记忆
保留铁轨
与何共生?
现代城市
现代文化
纤风 化纤厂独有的工业遗产资源。
觅 寻找一种设计理念来改造该地块。
道古 丰富的工业遗产与承载的奋斗记忆。
机缘 与城市共生、重塑厂区的机会。
区位分析
SITE 河北·保定
1h车程
雄安新区
SITE 保定·竞秀区
SITE 竞秀区·化纤厂
商业区位
公园绿地区位
工业区位
社会背景
工业遗产保护
工业文明是一座城市的历史记忆，是城市发展的根脉和灵魂。保定市不仅是国家历史文化名城，还是新中国成立后重点建设的工业城市之一，拥有光彩夺目的工业文明。2018年7月1日，《保定市工业遗产保护与利用条例》正式实施，保定的工业遗产保护迈入法制化轨道。
生态文明建设
当前，我国生态文明建设已进入提供更多优质生态产品满足人民日益增长的优美生态环境需要的攻坚期，我们必须深入推进生态文明建设。对废旧的工业厂区进行棕地的再利用(城市双修、智慧城市等)。
绿水青山就是金山银山
健康中国
2016年10月25日发布的《"健康中国2030"规划纲要》是今后十几年推进健康中国建设的宏伟蓝图和行动纲领。健康已经成为中国未来发展进程中的重要"关键词"，关注广大人民的身体健康，营造绿色社区健身环境，实现国富民强。
历史沿革
BC295 BC221 AD960 AD1217
AD1399 AD1669 AD1949 AD1986
1955-1956 1957-1977 1986-1993 1994-2010 2015 2018
综合现状分析
酸场
澄清池
排氯塔
展示馆
排气塔
原液车间
盐酸架
仓库
抄浆车间
纺丝一分厂
消防站
厂区铁轨
厂区食堂
工厂正门
办公区
生产区
仓储区
污水处理区
材料区
农田区
其他建筑
生产厂房
仓储建筑
生产辅助性建筑
工业配套建筑
民居
总平面图
人群分析
人群 优势 诉求
政府 Govern
开发者 Developer
客群 Customers
居民 Resident
设计师 Designer
生活环境期望
方案策划·需求配比
产业经济期望
服务功能期望
人群需求总结
丰富的活动 场所 NO.2 46% 认为最需要【增加】的
优美的生态 环境 NO.1 49% 认为最需要【提升】的
独特的工业 文化 NO.3 36% 认为最需要【加强】的
概念生成
基地分析
交通 Traffic
高度 Height
绿地与公共空间 Green &Public space
质量 Quality
污染 Pollution
年代 Age

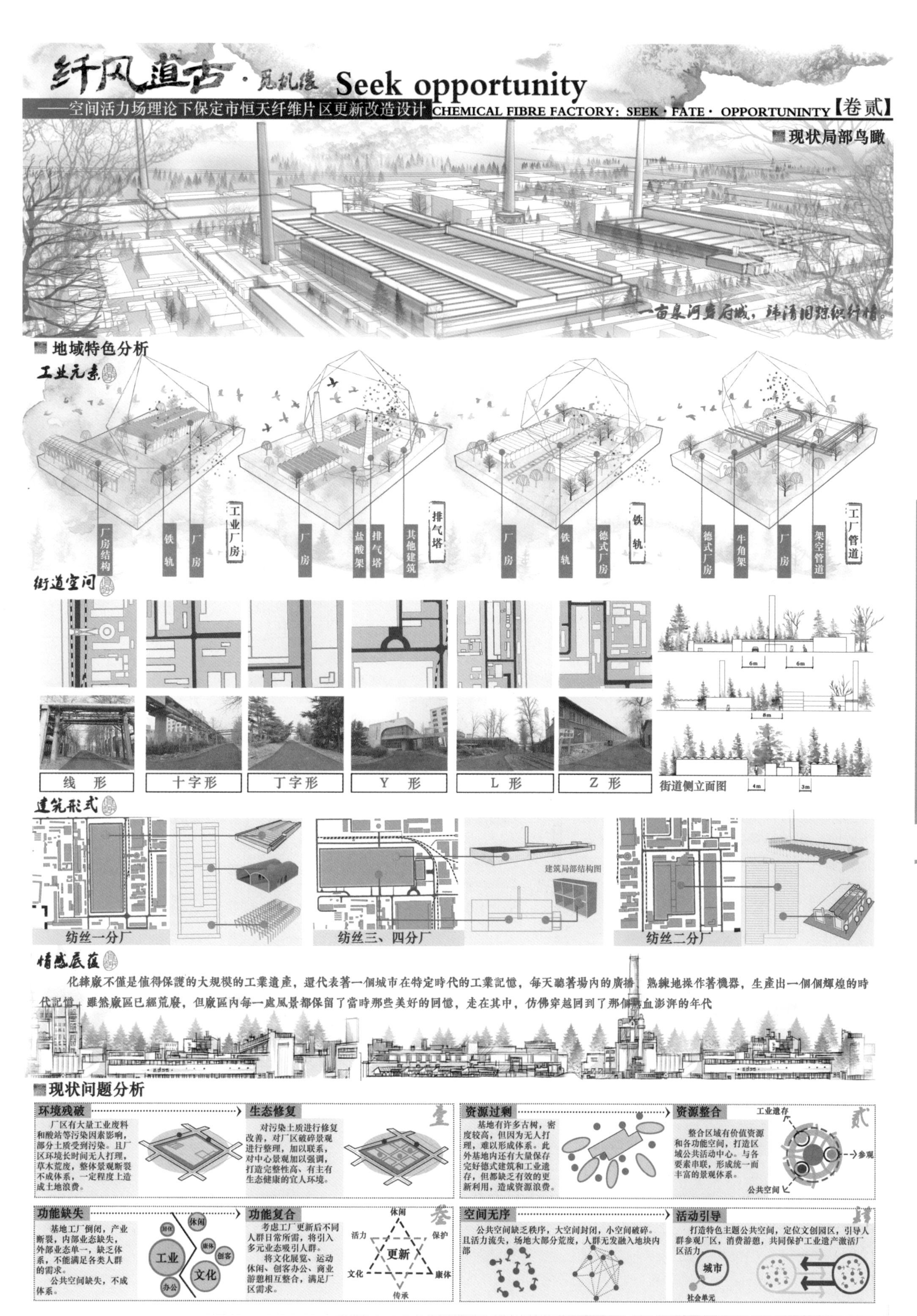
纤风道古·觅机缘 Seek opportunity
——空间活力场理论下保定市恒天纤维片区更新改造设计
CHEMICAL FIBRE FACTORY：SEEK·FATE·OPPORTUNINTY【卷贰】
现状局部鸟瞰
一亩泉河寄府城，纬清旧踪织纤情。
地域特色分析
工业元素
厂房结构
铁轨
厂房
工业厂房
厂房
盐酸架
排气塔
其他建筑
排气塔
厂房
铁轨
德式厂房
铁轨
德式厂房
牛角架
厂房
架空管道
工厂管道
街道空间
线形
十字形
丁字形
Y形
L形
Z形
街道侧立面图
6m
6m
8m
4m
3m
建筑形式
纺丝一分厂
纺丝三、四分厂
建筑局部结构图
纺丝二分厂
情感展现
化纖廠不僅是值得保護的大規模的工業遺產，還代表著一個城市在特定時代的工業記憶，每天聽著場內的廣播，熟練地操作著機器，生產出一個個輝煌的時代記憶，雖然廠區已經荒廢，但廠區內每一處風景都保留了當時那些美好的回憶，走在其中，仿佛穿越回到了那個熱血澎湃的年代
现状问题分析
环境残破
厂区有大量工业废料和酸站等污染因素影响，部分土质受到污染。且厂区环境长时间无人打理，草木荒废，整体景观断裂不成体系，一定程度上造成土地浪费。
生态修复
对污染土质进行修复改善，对厂区破碎景观进行整理，加以联系，对中心景观加以强调，打造完整性高、有主有生态健康的宜人环境。
壹
资源过剩
基地有许多古树，密度较高，但因为无人打理，难以形成体系。此外基地内还有大量保存完好德式建筑和工业遗存，但都缺乏有效的更新利用，造成资源浪费。
资源整合
整合区域有价值资源和各功能空间，打造区域公共活动中心。与各要素串联，形成统一而丰富的景观体系。
工业遗存
参观
公共空间
贰
功能缺失
基地工厂倒闭，产业断裂，内部业态缺失，外部业态单一，缺乏体系，不能满足各类人群的需求。
公共空间缺失，不成体系。
居住
休闲
康体
创客
工业
文化
办公
功能复合
考虑工厂更新后不同人群日常所需，将引入多元业态吸引人群。
将文化展览、运动休闲、创客办公、商业游憩相互整合，满足厂区需求。
休闲
活力
保护
更新
文化
康体
传承
叁
空间无序
公共空间缺乏秩序，大空间封闭，小空间破碎。且活力流失，场地大部分荒废，人群无发融入地块内部
活动引导
打造特色主题公共空间，定位文创园区，引导人群参观厂区，消费游憩，共同保护工业遗产激活厂区活力。
城市
社会单元
肆

河北建筑工程学院

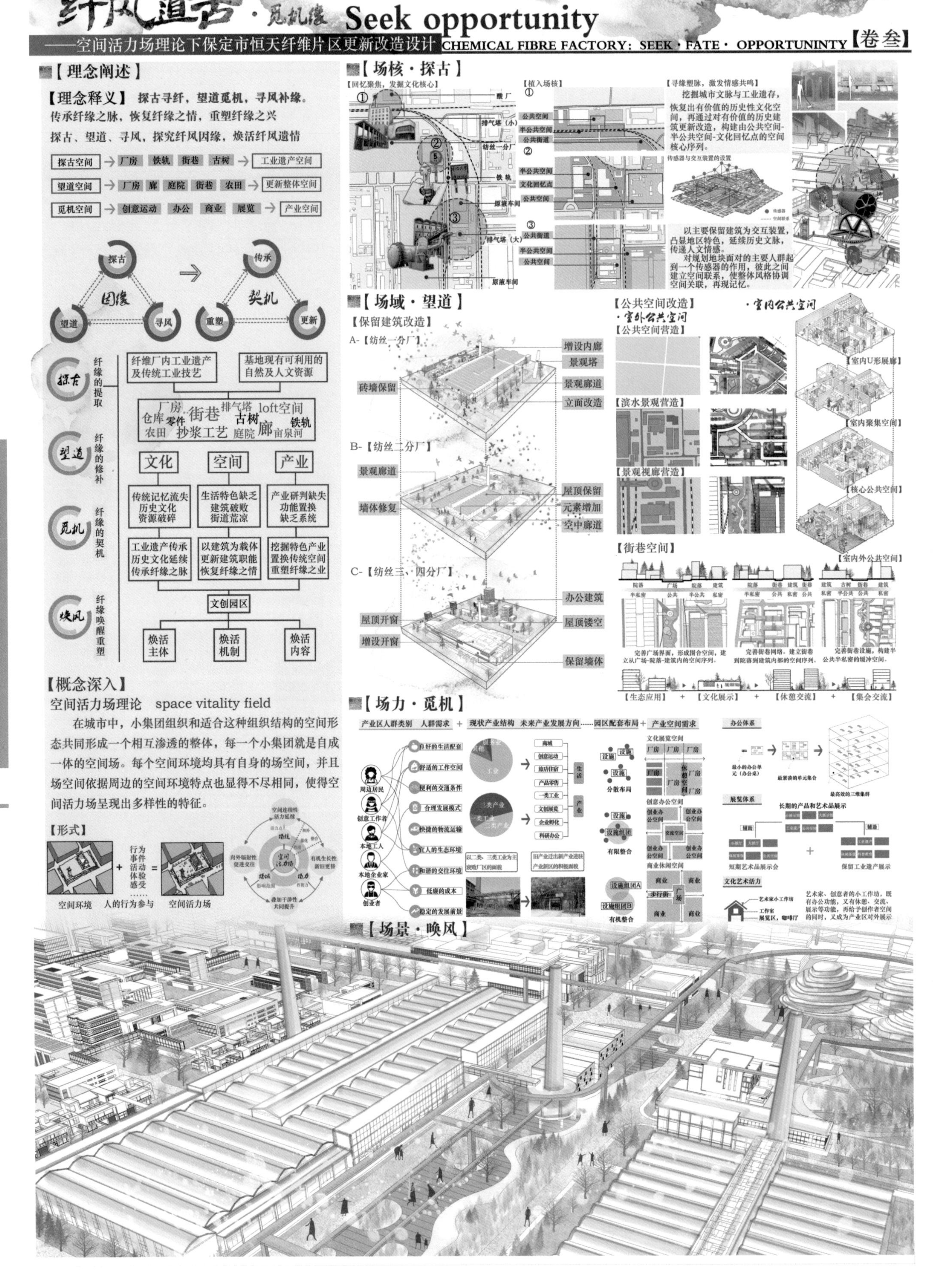
纤风道古·觅机缘 Seek opportunity
——空间活力场理论下保定市恒天纤维片区更新改造设计
CHEMICAL FIBRE FACTORY: SEEK · FATE · OPPORTUNINTY【卷叁】
【理念阐述】
【理念释义】探古寻纤，望道觅机，寻风补缘。
传承纤缘之脉，恢复纤缘之情，重塑纤缘之兴
探古、望道、寻风，探究纤风因缘，焕活纤风遗情
探古空间 → 厂房 铁轨 街巷 古树 → 工业遗产空间
望道空间 → 厂房 廊 庭院 街巷 农田 → 更新整体空间
觅机空间 → 创意运动 办公 商业 展览 → 产业空间
探古 望道 寻风 因缘
传承 重塑 更新 契机
探古 纤缘的提取
望道 纤缘的修补
觅机 纤缘的契机
焕风 纤缘唤醒重塑
纤维厂内工业遗产及传统工业技艺
基地现有可利用的自然及人文资源
厂房 排气塔 loft空间 仓库 零件 街巷 古树 铁轨 农田 抄浆工艺 庭院 廊 亩泉河
文化 空间 产业
传统记忆流失 历史文化资源破碎
生活特色缺乏 建筑破败 街道荒凉
产业研判缺失 功能置换缺乏系统
工业遗产传承 历史文化延续 传承纤缘之脉
以建筑为载体 更新建筑职能 恢复纤缘之情
挖掘特色产业 置换传统空间 重塑纤缘之业
文创园区
焕活主体 焕活机制 焕活内容
【概念深入】
空间活力场理论 space vitality field
在城市中，小集团组织和适合这种组织结构的空间形态共同形成一个相互渗透的整体，每一个小集团就是自成一体的空间场。每个空间环境均具有自身的场空间，并且场空间依据周边的空间环境特点也显得不尽相同，使得空间活力场呈现出多样性的特征。
【形式】
空间环境 + 人的行为参与 行为 事件 活动 体验 感受 …… = 空间活力场
【场核·探古】
【回忆聚焦，发掘文化核心】
【植入场核】
【寻缘塑脉，激发情感共鸣】
挖掘城市文脉与工业遗存，恢复出有价值的历史性文化空间，再通过对有价值的历史建筑更新改造，构建由公共空间-半公共空间-文化回忆点的空间核心序列。
传感器与交互装置的设置
以主要保留建筑为交互装置，凸显地区特色，延续历史文脉，传递人文情感。
对规划地块面对的主要人群起到一个传感器的作用，彼此之间建立空间联系，使整体风格协调空间关联，再现记忆。
酸厂 排气塔（小） 纺丝一分厂 铁轨 振捣车间 排气塔（大） 原液车间
公共空间 半公共空间 公共街道 半公共空间 文化回忆点 公共空间
【场域·望道】
【保留建筑改造】
A-【纺丝一分厂】
砖墙保留 增设内廊 景观塔 景观廊道 立面改造
B-【纺丝二分厂】
景观廊道 墙体修复 屋顶保留 元素增加 空中廊道
C-【纺丝三、四分厂】
屋顶开窗 增设开窗 办公建筑 屋顶镂空 保留墙体
【公共空间改造】
·室外公共空间
·室内公共空间
【公共空间营造】
【滨水景观营造】
【景观视廊营造】
【室内U形展廊】
【室内聚集空间】
【核心公共空间】
【室内外公共空间】
【街巷空间】
【生态应用】 + 【文化展示】 + 【休憩交流】 + 【集会交流】
【场力·觅机】
产业区人群类别 人群需求 + 现状产业结构 未来产业发展方向……园区配套布局 + 产业空间需求
周边居民 创意工作者 本地工人 本地企业家 创业者
自在的生活配套 舒适的工作空间 便利的交通条件 合理发展模式 快捷的物流运输 宜人的生态环境 和谐的交往环境 低廉的成本 稳定的发展前景
分散布局 有限整合 有机整合
文化展览空间 创意办公空间 商业休闲空间
办公体系 展览体系 文化艺术活力
【场景·唤风】

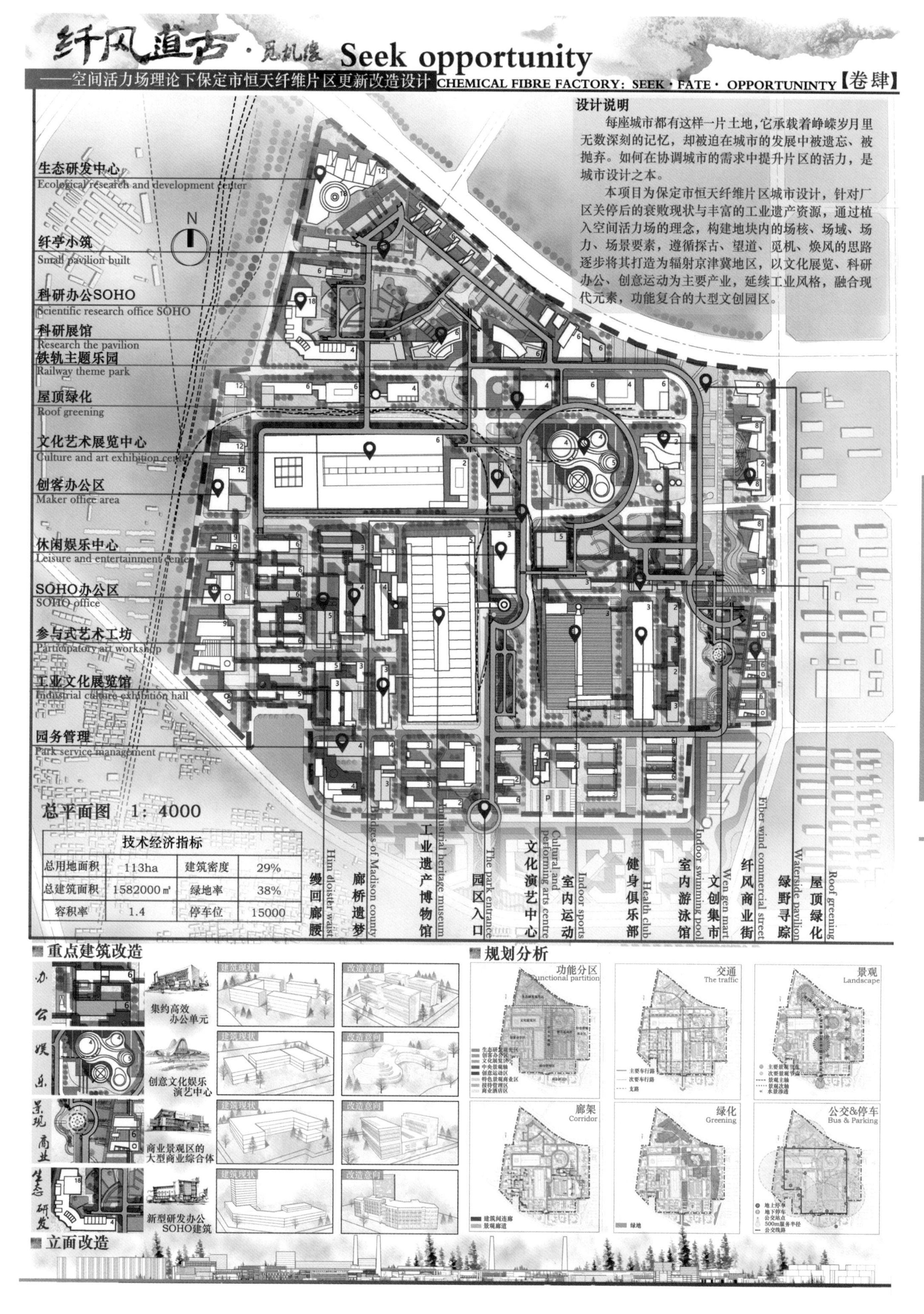

技术经济指标

总用地面积	113ha	建筑密度	29%
总建筑面积	1582000㎡	绿地率	38%
容积率	1.4	停车位	15000

纤风道古·觅机缘 Seek opportunity

——空间活力场理论下保定市恒天纤维片区更新改造设计 CHEMICAL FIBRE FACTORY: SEEK · FATE · OPPORTUNINTY【卷伍】

流线分析

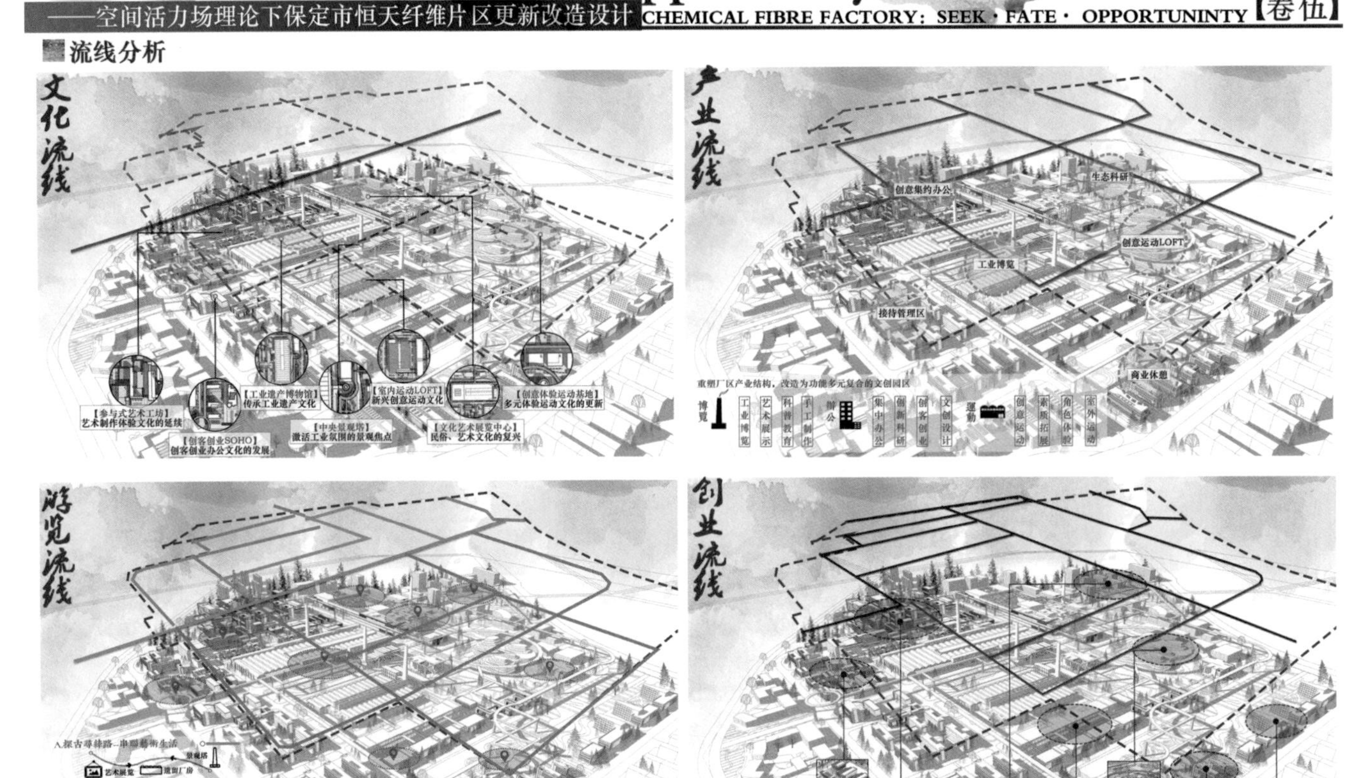

拆建分析

【现状建筑】

现状建筑肌理保存较为完整，建筑质量良莠不一，工厂建筑保存较好

↓

【保留建筑】

根据现状建筑的质量、艺术价值、结构、功能等对建筑进行评估，确定出需保留的建筑

【新建建筑】

拆除无保留价值的建筑，新建其他建筑，植入新的功能与之相配合

【规划成果】

以纺丝一分厂的一个功能单元为例，通过植入工业遗产展示、工业知识科普教育、艺术品展示、娱乐休憩、交流洽谈等功能，将大尺度厂房建筑内部空间进行划分重组，最终组成完整的工业遗产博物馆。

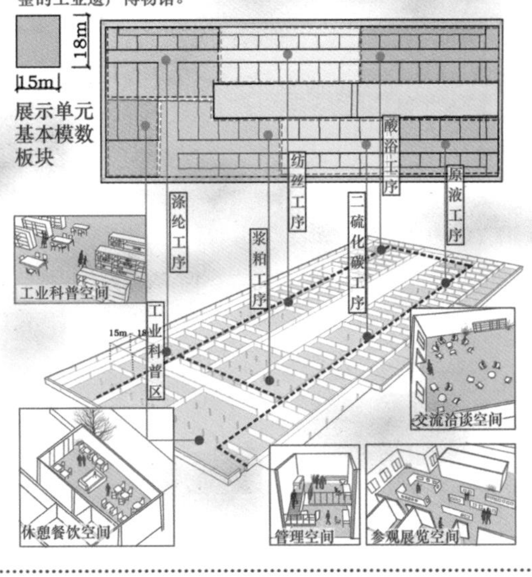

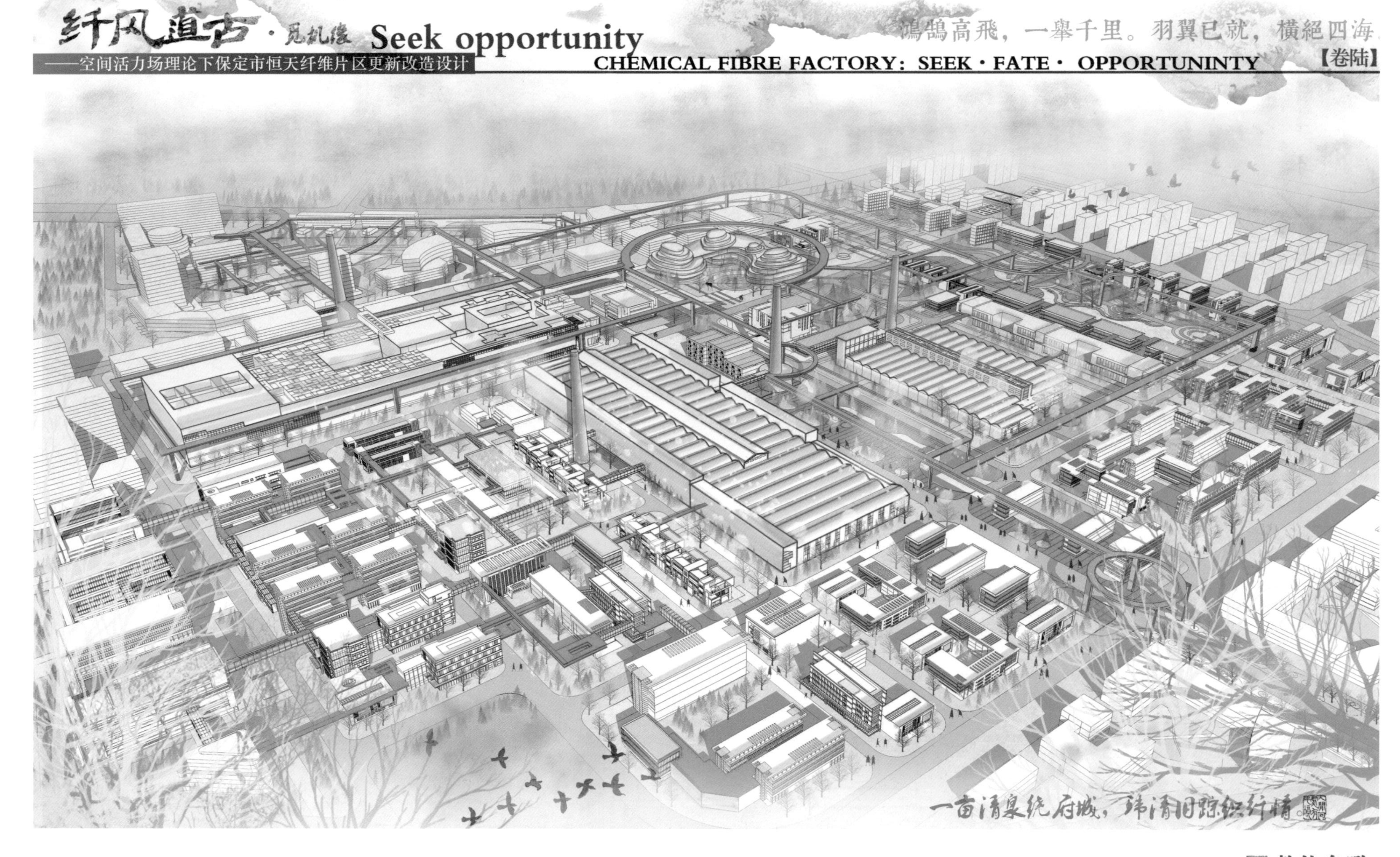
Seek opportunity
——空间活力场理论下保定市恒天纤维片区更新改造设计
鴻鵠高飛，一舉千里。羽翼已就，横絕四海，
CHEMICAL FIBRE FACTORY：SEEK · FATE · OPPORTUNINTY
【卷陆】

整体鸟瞰

创客办公区

特色景观商业区

·觅机缘 Seek opportunity

——空间活力场理论下保定市恒天纤维片区更新改造设计 CHEMICAL FIBRE FACTORY：SEEK · FATE · OPPORTUNINTY【卷捌】

文化展览区

创意运动区

各校作品展示

吉林建筑大学

河北农业大学
北京工业大学
北京林业大学
北方工业大学
天津城建大学
河北工业大学
河北工程大学
河北建筑工程学院
吉林建筑大学

指导教师感言

作为此次城乡规划专业京津冀高校“X+1”联合毕业设计指导教师，感受到学生们的成长和进步，同时也体会到专业和学科调整的压力和动力。此次联合设计，令人欣喜地看到九大院校的师生在保定市恒天纤维片区城市设计中，在见证昔日的荣耀与辉煌的同时，共创该区域明天传承与共生的策略。在毕业设计中大家共同研讨与策划传统产业的转型升级路径，为京津冀未来的发展助力和展翅。最后祝联合设计再创辉煌！

吕静

2019 年 3 月初城乡规划专业京津冀高校“X+1”联合毕业设计在保定的河北农业大学拉开序幕，项目选址在保定市西郊八大厂工业遗产核心保护区、“一五”期间 156 个重大项目之一的原化纤厂厂区。在历时三个多月的联合毕业设计过程中，从开题调研，到中期答辩，再到终期答辩，各校毕业设计指导教师和同学们在秉承往届活动优良传统的基础上，紧密围绕本届主题，通过项目背景解读、现状调查研究、分析解读以及发挥创造性的城市设计思维，很好地完成了本次联合毕业设计。通过联合毕业设计这个平台，学生们的专业素养有了较大的提升，能够把平时所学运用到实际项目中，能够将自然科学、社会科学、工程技术、人文艺术科学、城乡规划专业知识用于解决复杂的城乡现状问题和规划问题，能够针对复杂和具体的城乡问题设计解决方案，设计满足特定城乡或地区需求的规划设计方案，并能够在规划设计方案中体现创新意识，考虑社会、健康、安全、生态、文化以及环境等因素，实现城乡的可持续发展和社会和谐发展，能够熟练使用行业常用设计软件绘制相关图纸，能够通过相关数据的分析，对城乡问题进行解读。尤其是在联合毕业设计过程中学生们通过小组分工协作，展现了较好的团队合作精神。

崔诚慧

联合毕业设计，不仅是一场京津冀高校联盟毕业实践教学活动，更是创新和多赢的合作。通过此次联合毕业设计，校际之间、师生之间交流互动，进一步提升学生们的专业能力和综合素质。期待明年的相聚。

学生感言

张堃鹏：很荣幸能作为唯一一支东北地区的大学代表队来参加京津冀地区的“X+1”联合毕业设计。通过这次难忘的学习经历，增加了我对京津冀地区的了解，尤其是保定这座到处都透露着历史与文化气息的年轻城市。通过前期调研、策略探究、方案生成以及最终的图纸表达，让我对城市设计又有了更深的理解，尤其是认识到除了国家政策与人民需求之外，历史与文化这两个方面对一个城市的更新与发展承担着不可忽视的作用。希望今后能够有更多这样交流与探讨的机会，从而开阔自己的视野、丰富自己的阅历。最后，祝愿京津冀“X+1”联合毕设越办越好，让更多的学生与老师有更多学习与交流的机会。

孔月婵：感谢老师能够给我这次机会来参加联合毕业设计，将大学里的最后一个设计以这种方式画上圆满的句号。三个月的联合毕业设计收获颇丰，认识了更多的人，听了来自不同学校的同学的汇报，从更多的角度学习了城市设计的思路和方式，专家和评委从专业的角度给出的意见和建议也是未来学习和工作的宝贵经验。同时，参加此次联合毕业设计，也更懂得了团队合作的重要性，最后，还要感谢三个月以来不辞辛苦地指导我们的老师们，以及互相配合包容的团队成员。愿京津冀城乡规划专业联合毕业设计越办越好，同时也祝愿吉林建筑大学建筑与规划学院蒸蒸日上，蓬勃发展。

周欣荣：一卷书来，十年萍散，人间事，本匆匆。作为为数不多的五年制专业，曾抱怨五年时间太长，但当真正毕业的时候才领悟，其实学习是个无止尽的过程。通过这次学习，我了解到其实规划行业山外有山，学习之路仍前途艰险。通过这次联合毕设与各个学校的优秀师生交流分享规划经验，既知道自己在绘制方面的缺陷，也知道自己在表述方面应该更放松更简练。在指导教师一次次细心的指导下，更好地结合五年来学习到的规划知识完成本次设计作品，并在老师的鼓励下，制作了 AR 小程序，较好地诠释了模型制作、效果展示与数字化技术运用的手段。最重要的一点就是与伙伴的协调合作，不论是图纸的绘制，还是最终汇报的四部分分工汇报形式的表述，让不同思维相互连接，相互交融，不再局限于自己的分析，让这次设计更加饱满，更加丰富。对我自己而言，这次毕设是对五年来的一次总结，也是一次考验，在整个过程中，有争吵，有鼓励，有喜悦，让我对自己有了一个全新的认知，只有尽心尽力，认真地做好每一件事，认识到自己在团队合作、在生活中的不足，才能在未来的生活、工作中更好地看清自己。最后，感谢主办方给予我们参与这次联合毕设的机会，祝愿老师们健康如意，也祝愿我们吉林建筑大学越办越好，在规划行业勇立潮头。

张钟豪：吉日之雾蒙蒙兮赴保定以认知
林间之闪耀耀兮入厂区以感知
建设之汗滴滴兮谋未来以发展
筑业之清澈澈兮定产业以联动
大学之懂阅历兮进农大以汇报
最棒之尝新奇兮做全息以升华

释题与设计构思

释题

本次设计题目“传承与共生”点出了设计的两大主题：“传承”是一种流传的形式，“正因为传承人类才不至于过分地迷失和绕圈子走老路，由于有所区别，人类才会有发展。”（出自王蒙）。“传承”是一种对历史的思考态度，同时也是一种对历史的尊敬态度。“共生”是一种生存的方式，“如今，任何一个组织、企业，想要独善其身、独霸天下，几乎已经不可能。”（出自《共生》），“共生”就是要与环境共生，要与时间共生，要与生命共生。本次设计恰巧面临恒天天鹅集团转型问题和天鹅化纤文化传承问题，涉及空间改造更新、产业“退二进三”、基础设施完善等城市设计内容，项目土地类型区别较大，权属涉及国有与集体，内部现状复杂，有文保建筑、有化学垃圾堆放地、有废弃设备等，项目现有情况极其复杂，城市设计极具挑战性。

吉林建筑大学设计团队以“落地性”和“逻辑性”作为本次设计的工作目标，通过问题分析与设计创新并举的方式，以“纤织陌 • 技补坊”作为本次设计的主题，坚持通过对项目深入的前期分析和对地区发展契机的判断，判定保定西郊作为保定 GDP 核心贡献地，根据现有产业未来必将产业规模化，形成“保定西部智慧带”。对“智慧带”进行分析、预读、预测以及规划，从而确定项目设计定位。

在空间战略上，吉林建筑大学设计团队提出了“纤织陌”，依托厂区原有历史价值实现“技补坊”的发展愿景。从整体风貌特色上奠定了对化纤纤维厂的致敬与尊重，同时预设了对信息文化园的向往与期待。在区域发展策划中，提出“产业发展链”“文化体验圈”“生活共同体”，是希望将设计重点带到“人”“空间”“产业”三者的相互关系，并研究与探讨这三者关系。在具体的设计策略中，设计团队将工业依存的保护与再利用作为设计的出发点，让已经失落的空间复兴成为创意空间，通过关键性节点的重塑从而实现设计地段的更新、产业的转型和生活品质的提升。通过价值评估，对厂区老建筑和构筑物进行保留、改造、更新，进而保留保定人民对其的记忆、情怀以及发展印记。

一座有历史和梦想的城市，通过自身努力和理性谋划，运用城市设计空间营造手法和科学制定街区发展的理性策略，为保定恒天纤维厂片区的发展提出了实质性的建设建议与美好的愿景展望。

设计构思

设计地段：文创板块

设计者：张堃鹏　孔月婵

本次规划设计项目位于河北省保定市西郊八大厂之一的天鹅化纤厂老厂区，基于传承历史文化脉络、呼应规划设计手法、打造“双创智慧社区”的目的，我们将设计题目定义为“纤织陌 • 技补坊”。“纤”是对项目地段的区位以及其原有历史文化的高度凝练；“陌”在词典中的解释是“田间东西方向的小路”，在这里我们泛指道路，引申为规划后的厂区空间布局；“技”指的是现代生活需求以及“文创”“科创”两种全新的功能形式；“坊”意在突出“街坊”“社区”的设计理念；“织补”是我们的设计策略与手法。

我们主要将整个设计场地分为南北两个社区，即南部的文创社区与北侧的科创社区。除此之外，我们还在两大社区中有机置入“文化创意街区”“体育休闲街区”“工业遗产街区”“科技创新街区”“儿童友好街区”以及“绿色生态街区”六大主题街区，最终通过一条围绕老厂区设计建造的慢行环路将南北两个街区串联在一起。在立体空间上我们采用分层的规划手段，除了上文提到的慢行环路以外，我们还改造利用厂区原有的管廊，从而打造二层空中慢行步道，地上与空中又形成了有效的呼应与连接。在建筑保留与改造方面，我们秉承着“延续历史脉络，新旧对比呼应”的原则，从而营造出一个保护当地人历史记忆以及满足现代人生活需求的物质空间。

设计构思：

设计地段：科创板块

设计者：周欣荣　张钟豪

“纤”取自化纤的纤，是一种对化纤厂的怀念，同时也是对保定历史的一种总结方式（点滴记忆，纤纤思绪）。同时现代的信息产业要用到光纤，其中光纤之纤也是对未来的展望（信息时代，光纤掌控）。

“陌”是交通的一种表达，交通在厂区有三种表达形式：道路、铁路、管道。其中铁路和管道是历史的元素。

这些交通形式形成了流线，在流线中通过历史的连接使得故事更具有完整性。因此是“纤”与“陌”的织补，用历史来引导流线，用流线来阐述历史，是一种互利互存的共赢关系。

“技”取自民间传统技术，同时“技”又取自现代科学技术。厂区随着原产业的搬迁，现在产业空置，技术空漏。

“坊”首先取自保定是边“防”城市，其中“坊”通“防”。其次保定化纤厂是工厂，古代工厂也称“工坊”。最后在北京话里“坊”又是街坊的意思。

现在一个“坊”(空荡的厂区、未来的社区)放在那里，需要技术和产业去补充和完善。因此“坊”与“技”相互补充、相互成就。用技术成就场地，用场地满足技术。

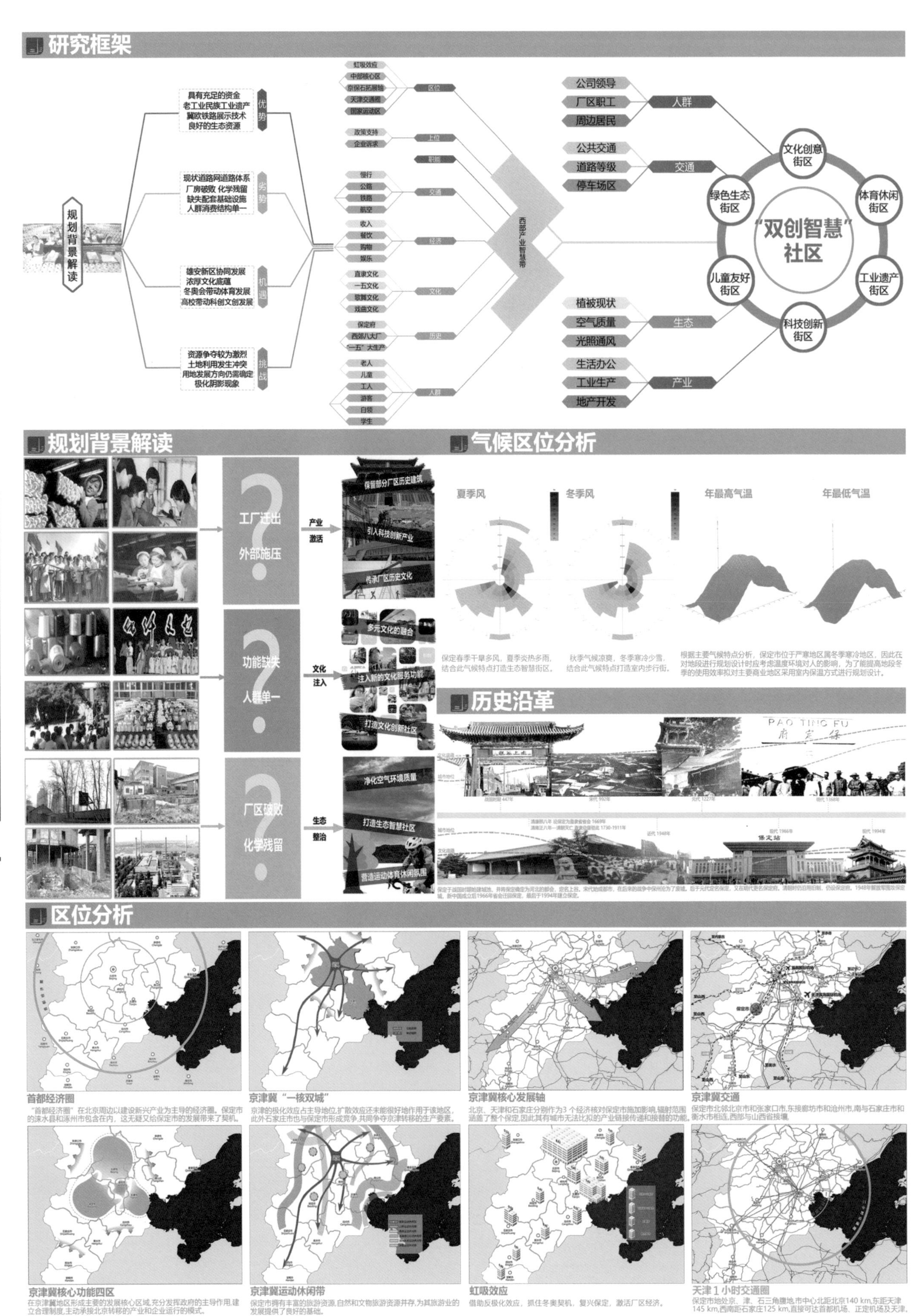
研究框架
规划背景解读
优势
具有充足的资金
老工业民族工业遗产
冀欧铁路展示技术
良好的生态资源
劣势
现状道路网道路体系
厂房破败 化学残留
缺失配套基础设施
人群消费结构单一
机遇
雄安新区协同发展
浓厚文化底蕴
冬奥会带动体育发展
高校带动科创文创发展
挑战
资源争夺较为激烈
土地利用发生冲突
用地发展方向仍需确定
极化阴影现象
虹吸效应
中部核心区
京保石拓展轴
天津交通圈
国家运动区
区位
政策支持
企业诉求
上位
职能
慢行
公路
铁路
航空
交通
收入
餐饮
购物
娱乐
经济
直隶文化
一五文化
歌舞文化
戏曲文化
文化
保定府
西部八大厂
“一五”大生产
历史
老人
儿童
工人
游客
白领
学生
人群
西部产业智慧带
公司领导
厂区职工
周边居民
人群
公共交通
道路等级
停车场区
交通
植被现状
空气质量
光照通风
生态
生活办公
工业生产
地产开发
产业
“双创智慧”社区
文化创意街区
体育休闲街区
工业遗产街区
科技创新街区
儿童友好街区
绿色生态街区
规划背景解读
工厂迁出
外部施压
产业激活
保留部分厂区历史建筑
引入科技创新产业
传承厂区历史文化
功能缺失
人群单一
文化注入
多元文化的融合
注入新的文化服务功能
打造文化创新社区
厂区破败
化学残留
生态整治
净化空气环境质量
打造生态智慧社区
营造运动体育休闲氛围
气候区位分析
夏季风
冬季风
年最高气温
年最低气温
保定春季干旱多风，夏季炎热多雨，结合此气候特点打造生态智慧街区。
秋季气候凉爽，冬季寒冷少雪，结合此气候特点打造室内步行街。
根据主要气候特点分析，保定市位于严寒地区属冬季寒冷地区，因此在对地段进行规划设计时应考虑温度环境对人的影响，为了能提高地段冬季的使用效率拟对主要商业地区采用室内保温方式进行规划设计。
历史沿革
PAO TING FU
保定站
区位分析
首都经济圈
“首都经济圈”在北京周边以建设新兴产业为主导的经济圈，保定市的涞水县和涿州市包含在内，这无疑又给保定市的发展带来了契机。
京津冀“一核双城”
京津的极化效应占主导地位，扩散效应还未能很好地作用于该地区，此外石家庄市也与保定市形成竞争，共同争夺京津转移的生产要素。
京津冀核心发展轴
北京、天津和石家庄分别作为3个经济核对保定市施加影响，辐射范围涵盖了整个保定，因此其有城市无法比拟的产业链接传递和接替的功能。
京津冀交通
保定市北邻北京市和张家口市，东接廊坊市和沧州市，南与石家庄市和衡水市相连，西部与山西省接壤。
京津冀核心功能四区
在京津冀地区形成主要的发展核心区域，充分发挥政府的主导作用，建立合理制度，主动承接北京转移的产业和企业运行的模式。
京津冀运动休闲带
保定市拥有丰富的旅游资源，自然和文物旅游资源并存，为其旅游业的发展提供了良好的基础。
虹吸效应
借助反极化效应，抓住冬奥契机，复兴保定，激活厂区经济。
天津1小时交通圈
保定市地处京、津、石三角腹地，市中心北距北京140 km，东距天津145 km，西南距石家庄125 km，直接可达首都机场、正定机场及天津。

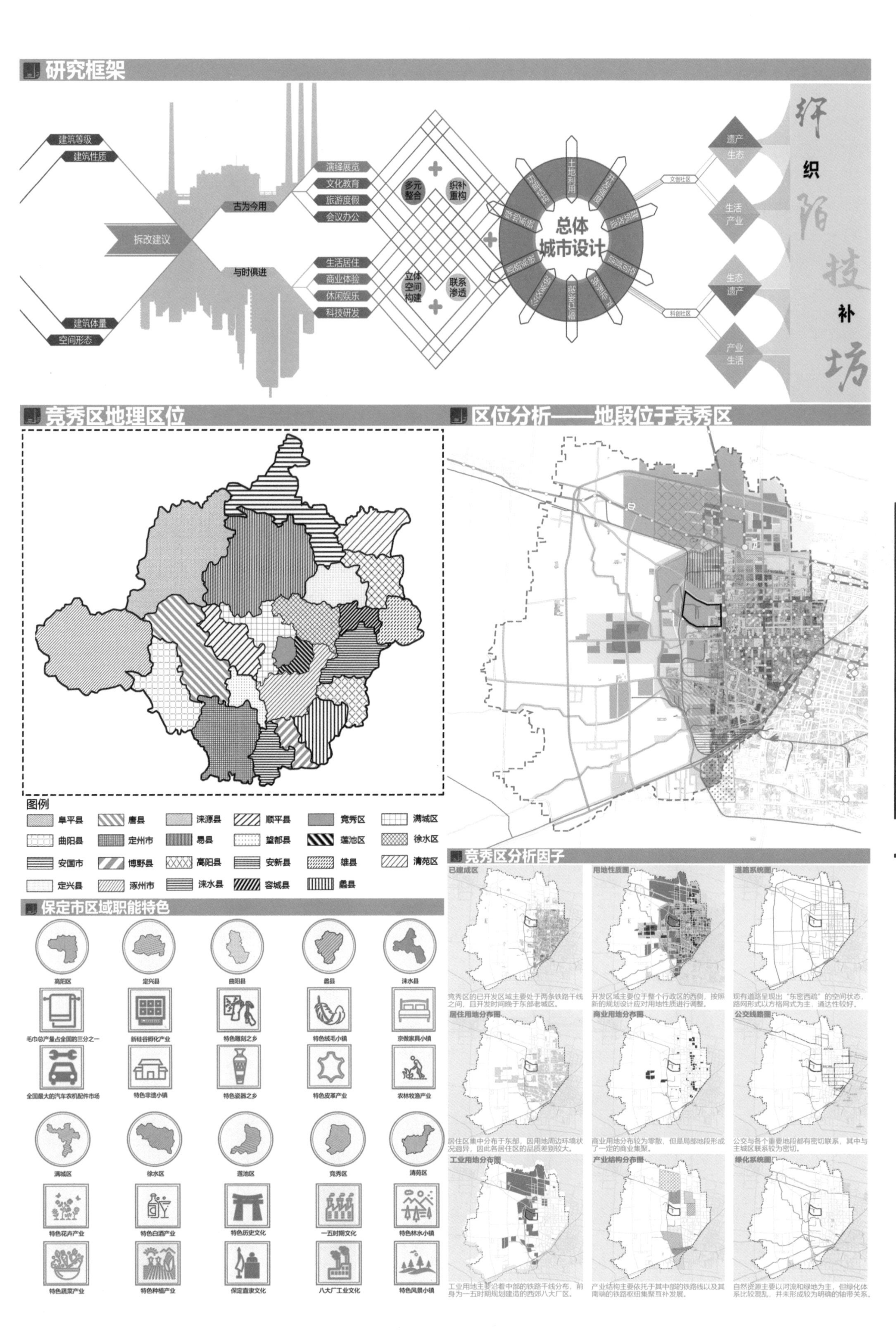

研究框架
建筑等级
建筑性质
拆改建议
古为今用
与时俱进
建筑体量
空间形态
演绎展览
文化教育
旅游度假
会议办公
生活居住
商业体验
休闲娱乐
科技研发
多元整合
织补重构
立体空间构建
联系渗透
总体城市设计
土地利用
文创社区
科创社区
遗产生态
生活产业
生态遗产
产业生活
纤织陌技补坊
竞秀区地理区位
图例
阜平县
唐县
涞源县
顺平县
竞秀区
满城区
曲阳县
定州市
易县
望都县
莲池区
徐水区
安国市
博野县
高阳县
安新县
雄县
清苑区
定兴县
涿州市
涞水县
容城县
蠡县
区位分析——地段位于竞秀区
竞秀区分析因子
已建成区
竞秀区的已开发区域主要处于两条铁路干线之间，且开发时间晚于东部老城区。
用地性质图
开发区域主要位于整个行政区的西侧，按照新的规划设计应对用地性质进行调整。
道路系统图
现有道路呈现出“东密西疏”的空间状态，路网形式以方格网式为主，通达性较好。
居住用地分布图
居住区集中分布于东部，因用地周边环境状况迥异，因此各居住区的品质差别较大。
商业用地分布图
商业用地分布较为零散，但是局部地段形成了一定的商业集聚。
公交线路图
公交与各个重要地段都有密切联系，其中与主城区联系较为密切。
工业用地分布图
工业用地主要沿着中部的铁路干线分布，前身为一五时期规划建造的西郊八大厂区。
产业结构分布图
产业结构主要依托于其中部的铁路线以及其南端的铁路枢纽集聚互补发展。
绿化系统图
自然资源主要以河流和绿地为主，但绿化体系比较混乱，并未形成较为明确的轴带关系。
保定市区域职能特色
高阳区
定兴县
曲阳县
蠡县
涞水县
毛巾总产量占全国的三分之一
新硅谷孵化产业
特色雕刻之乡
特色绒毛小镇
京傲家具小镇
全国最大的汽车农机配件市场
特色非遗小镇
特色瓷器之乡
特色皮革产业
农林牧渔产业
满城区
徐水区
莲池区
竞秀区
清苑区
特色花卉产业
特色白酒产业
特色历史文化
一五时期文化
特色林水小镇
特色蔬菜产业
特色种植产业
保定直隶文化
八大厂工业文化
特色风景小镇

吉林建筑大学

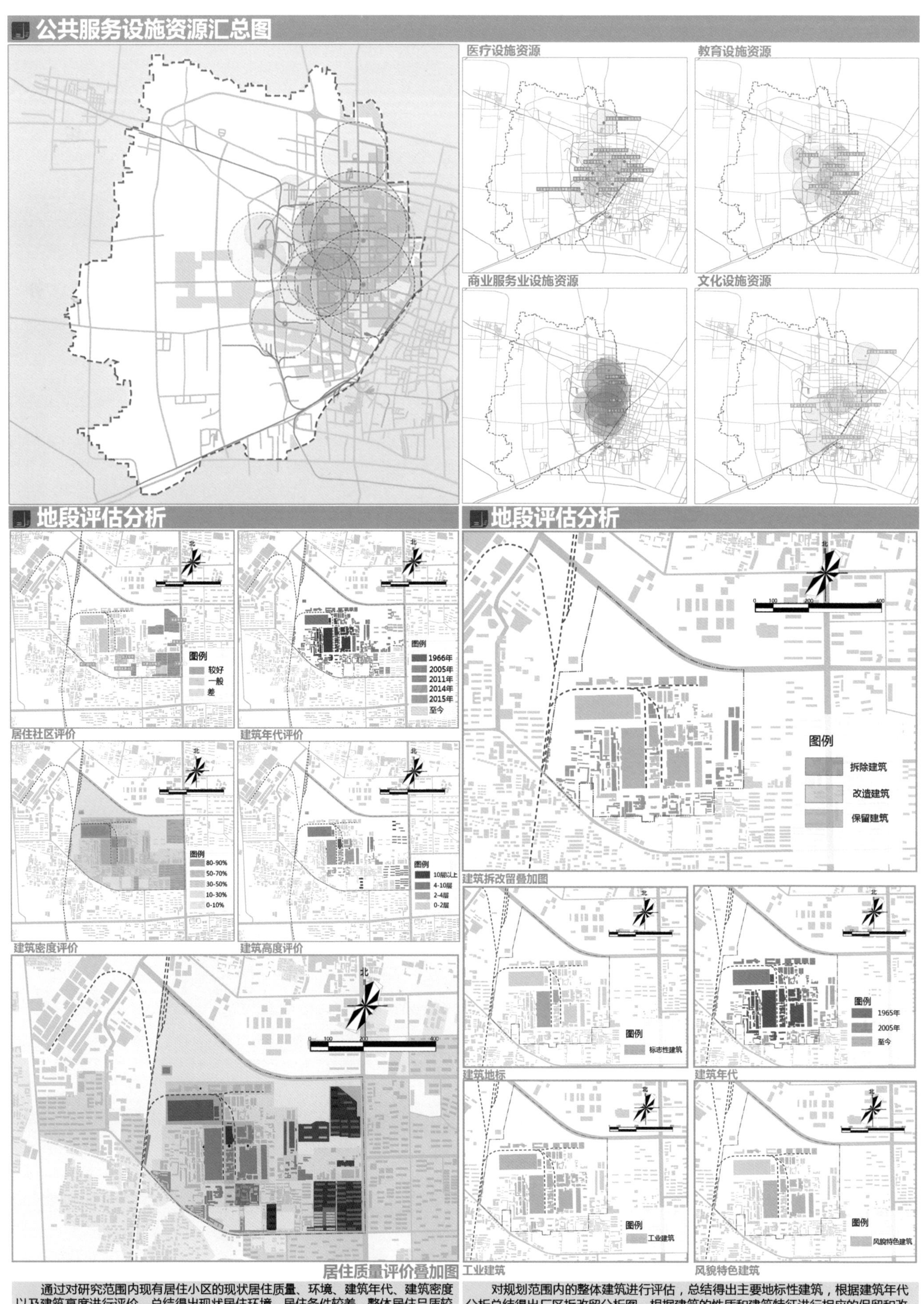

通过对研究范围内现有居住小区的现状居住质量、环境、建筑年代、建筑密度以及建筑高度进行评价，总结得出现状居住环境、居住条件较差，整体居住品质较低，建议拆除厂区内部分年代较为久远，建筑立面、围墙等破败的建筑，最终得出综合居住质量评价图。

对规划范围内的整体建筑进行评估，总结得出主要地标性建筑，根据建筑年代分析总结得出厂区拆改留分析图，根据建筑的性质和建筑特征进行相应的保留和改造，并对新建建筑的建筑风格和建筑高度予以控制。

方法策略推导

策略图解：多元整合

资源分类，功能整合

空间重组，复合利用

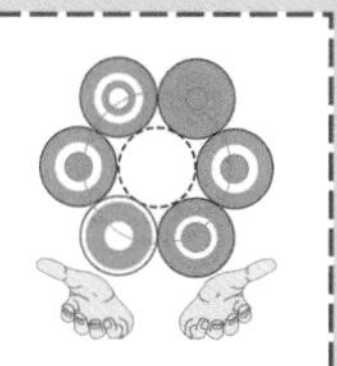
功能升级，多样发展

策略图解：织补重构

评价筛选，优势保留

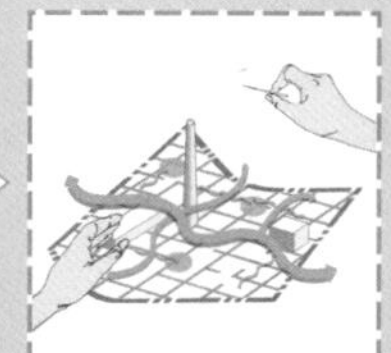
功能置入，优化缝补

合理布局，产业激活

策略图解：立体空间构架

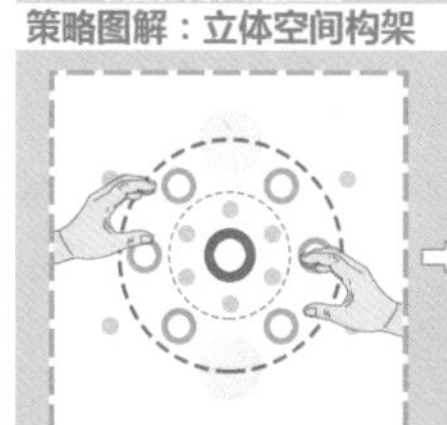
管廊整合，翻新利用

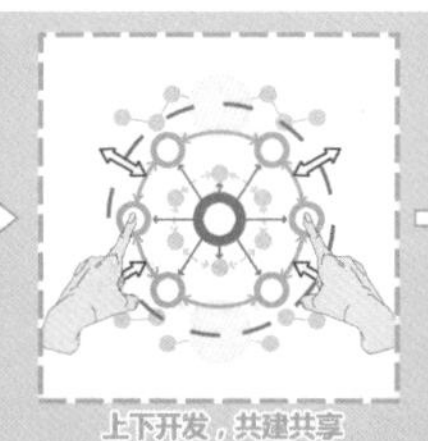
上下开发，共建共享

步道互通，多层构建

策略图解：联系渗透

生态资源，修复利用

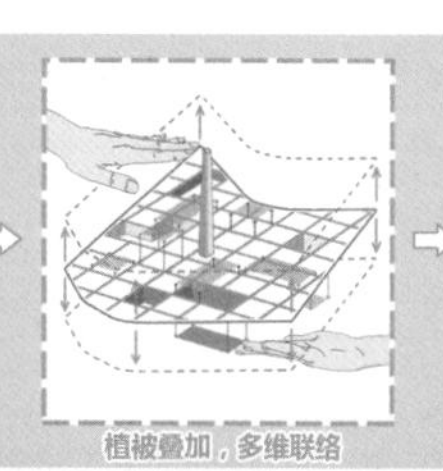
植被叠加，多维联络

环境革新，资源融合

空间结构推导

功能结构规划 一心 一片 三轴 多节点 多组团

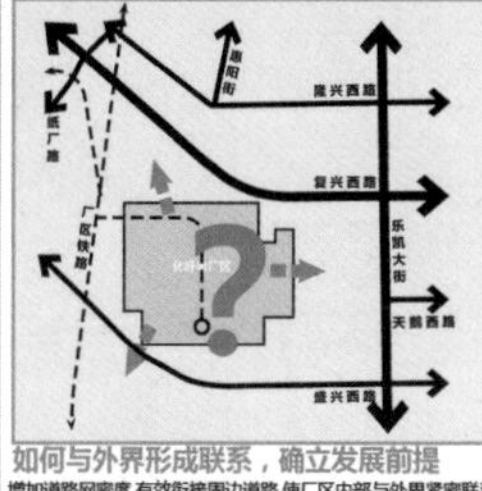
如何与外界形成联系，确立发展前提
增加道路网密度，有效衔接周边道路，使厂区内部与外界紧密联系

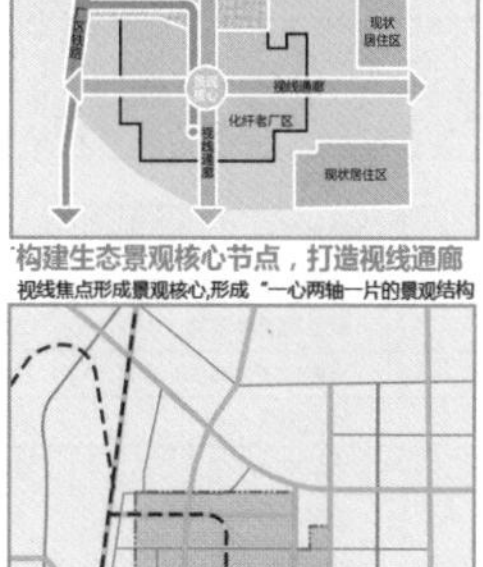
构建生态景观核心节点，打造视线通廊
视线焦点形成景观核心，形成“一心两轴一片的景观结构

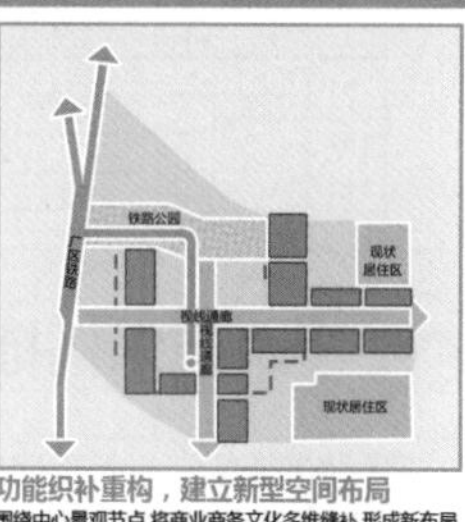
功能织补重构，建立新型空间布局
围绕中心景观节点，将商业商务文化多维缝补，形成新布局

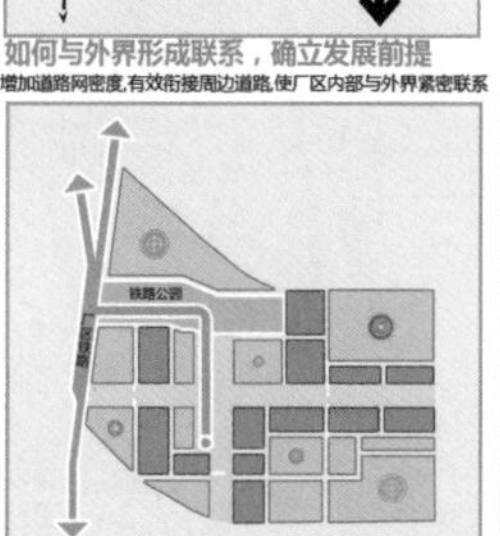
多种功能串联，形成六大主题街区
多功能街区复合式协同发展，确保开发的合理性和灵活性

强化交通联系，组织生态绿网脉络
加强内外交通的组织联系，结合道路和公共空间组织绿道

串联文化产业，公交对接内外联动
将科创产业与文创产业进行良好的衔接，带动产业提升

土地利用规划图

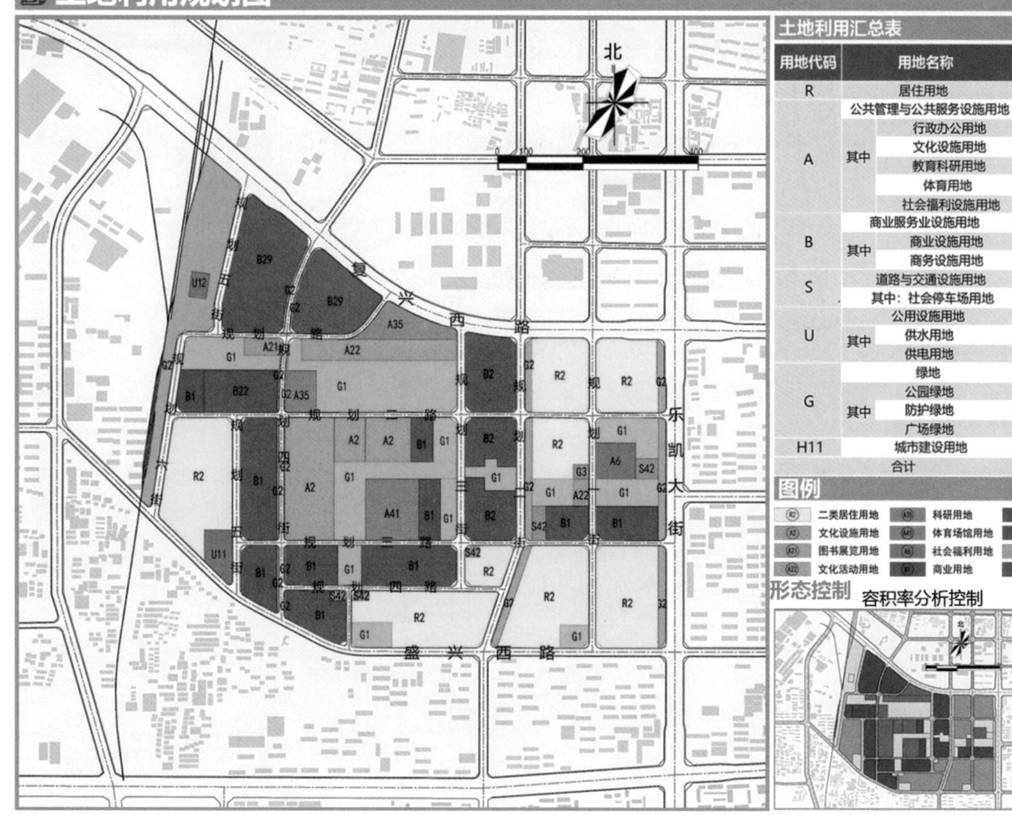

土地利用汇总表

用地代码	用地名称		规划用地面积（ha）	占城市建设用地比例(%)
R	居住用地		45.12	27.08
A	公共管理与公共服务设施用地		24.16	14.50
	其中	行政办公用地	0	0
		文化设施用地	15.17	9.11
		教育科研用地	3.78	2.27
		体育用地	3.61	2.16
		社会福利设施用地	1.60	0.96
B	商业服务业设施用地		51.49	30.91
	其中	商业设施用地	23.94	14.37
		商务设施用地	27.95	16.54
S	道路与交通设施用地		1.53	0.92
	其中：社会停车场用地		1.53	0.92
U	公用设施用地		1.85	1.11
	其中	供水用地	1.34	0.80
		供电用地	0.50	0.31
G	绿地		42.45	25.48
	其中	公园绿地	26.75	16.06
		防护绿地	14.95	8.97
		广场绿地	0.75	0.45
H11	城市建设用地		166.60	100
合计			166.60	100

图例

二类居住用地　科研用地　零售商业用地　社会停车场用地　公园绿地
文化设施用地　体育场馆用地　商务用地　供水用地　防护绿地
图书展览用地　社会福利用地　艺术传媒用地　供电用地　广场用地
文化活动用地　商业用地　其他商务用地　绿地与广场用地

形态控制

容积率分析控制

建筑高度分析控制

规划用地平衡表

项目	序号	用地代号			用地性质	用地面积(ha)	百分比(%)
城市建设用地	1	R			居住用地	45.12	23.68
		其中	R2		二类居住用地	45.12	23.68
	2	A			公共管理与公共服务设施用地	24.16	12.68
		其中	A2		文化设施用地	15.17	7.96
			A35		教育科研用地	3.78	1.98
			A4		体育用地	3.61	1.89
			A6		社会福利设施用地	1.6	0.84
	3	B			商业服务业设施用地	51.49	27.03
		其中	B1		商业用地	23.94	12.57
			B2		商务用地	27.95	14.67
	4	S			道路与交通设施用地	25.41	13.34
			S1		城市道路用地	23.88	12.54
		其中	S42		社会停车场用地	1.53	0.8
	5	U			公用设施用地	1.84	0.97
		其中	U1		供应设施用地	1.84	0.97
			其中	U11	供水用地	1.34	0.7
				U12	供电用地	0.5	0.27
	6	G			绿地与广场用地	42.45	22.29
		其中	G1		公园绿地	26.75	14.04
			G2		防护绿地	14.95	7.85
			G3		广场用地	0.75	0.39
		合计				190.48	100

经济技术指标

项目名称	数据指标	项目名称	数据指标
规划总用地面积	100 ha	道路面积	213835m^2
总建筑面积	713155.16m^2	绿地与广场面积	424500m^2
商业总建筑面积	111915 m^2	商务区建筑限高	40 m
公建总建筑面积	403947 m^2	其他区建筑限高	50 m
居住总建筑面积	132123 m^2	建筑密度	35%
建筑基底面积	352203 m^2	容积率	0.87
保留建筑面积	104476 m^2	绿地率	42%
改造建筑面积	146552 m^2	地面停车位	552个
新建建筑面积	166914 m^2	地下停车位	5674个

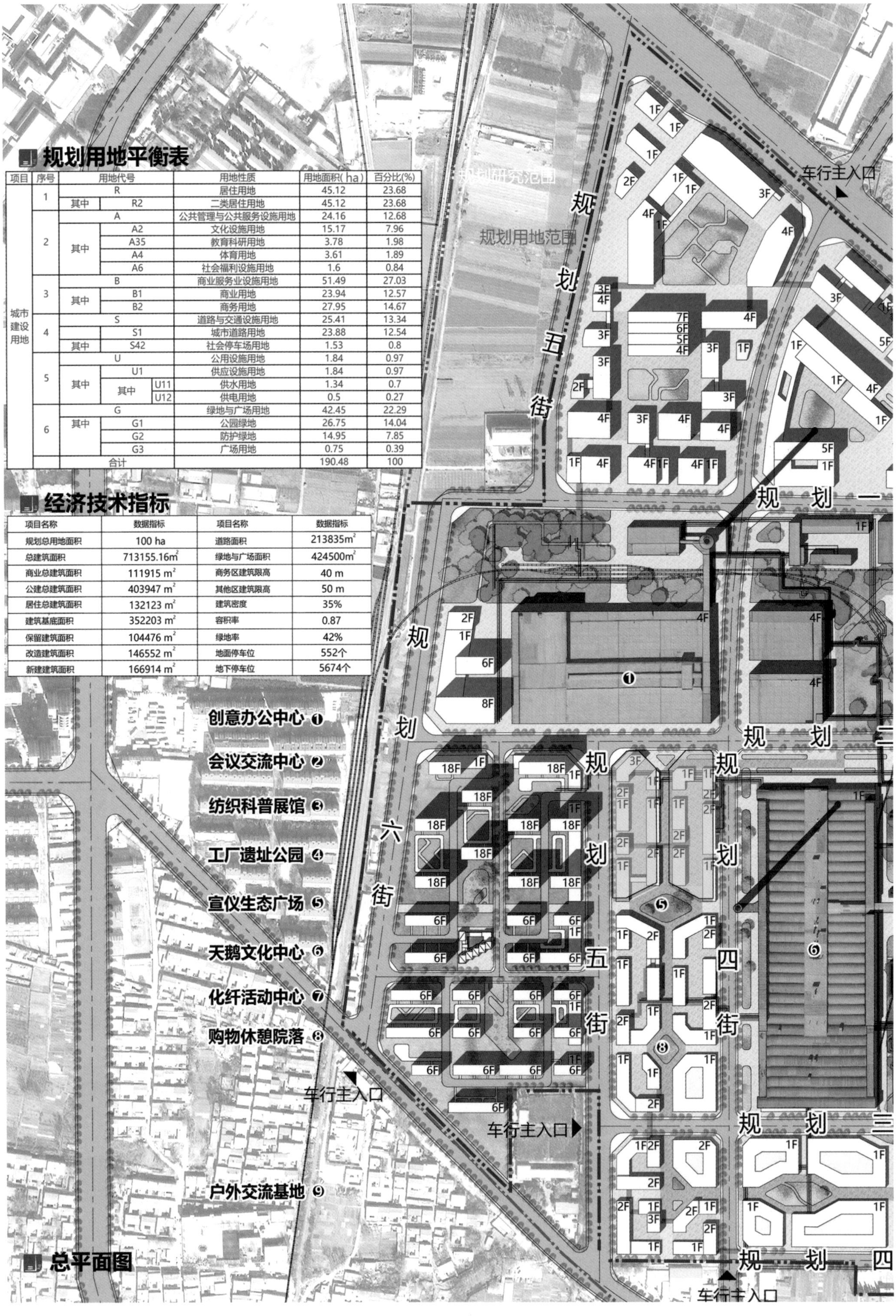

创意办公中心 ❶
会议交流中心 ❷
纺织科普展馆 ❸
工厂遗址公园 ❹
宣仪生态广场 ❺
天鹅文化中心 ❻
化纤活动中心 ❼
购物休憩院落 ❽
户外交流基地 ❾

规划研究范围
规划用地范围
规划五街
规划六街
规划一
规划二
规划三
规划四
规划五街
规划四街
车行主入口

总平面图

北
0
20
50
100
车行主入口
复
兴
西
路
多层平面分析
建筑基底肌理
保留工业管道
改造空中步道
规
划
三
街
规
划
二
街
车行主入口
车行主入口
车行主入口
车行主入口
车行主入口

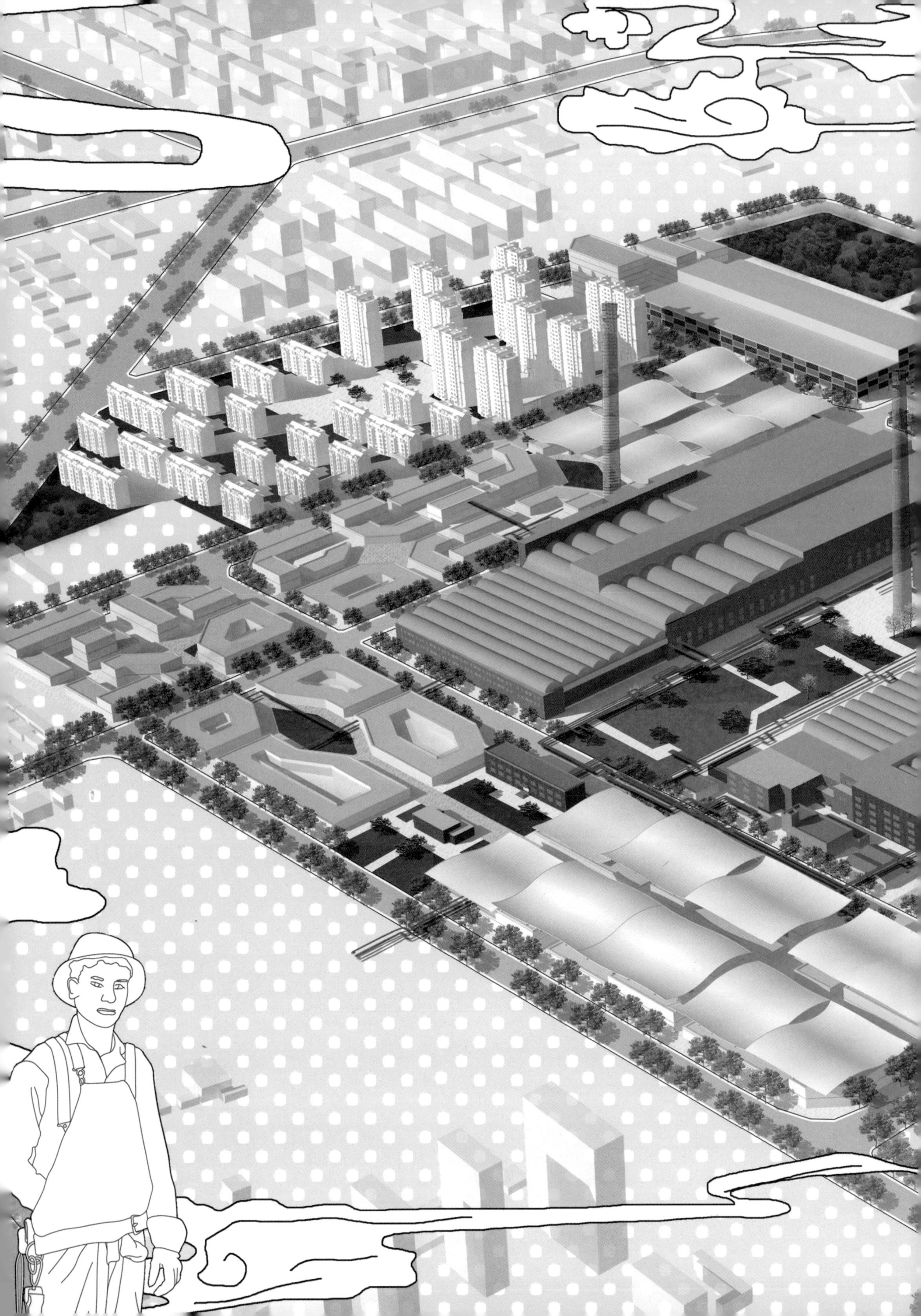

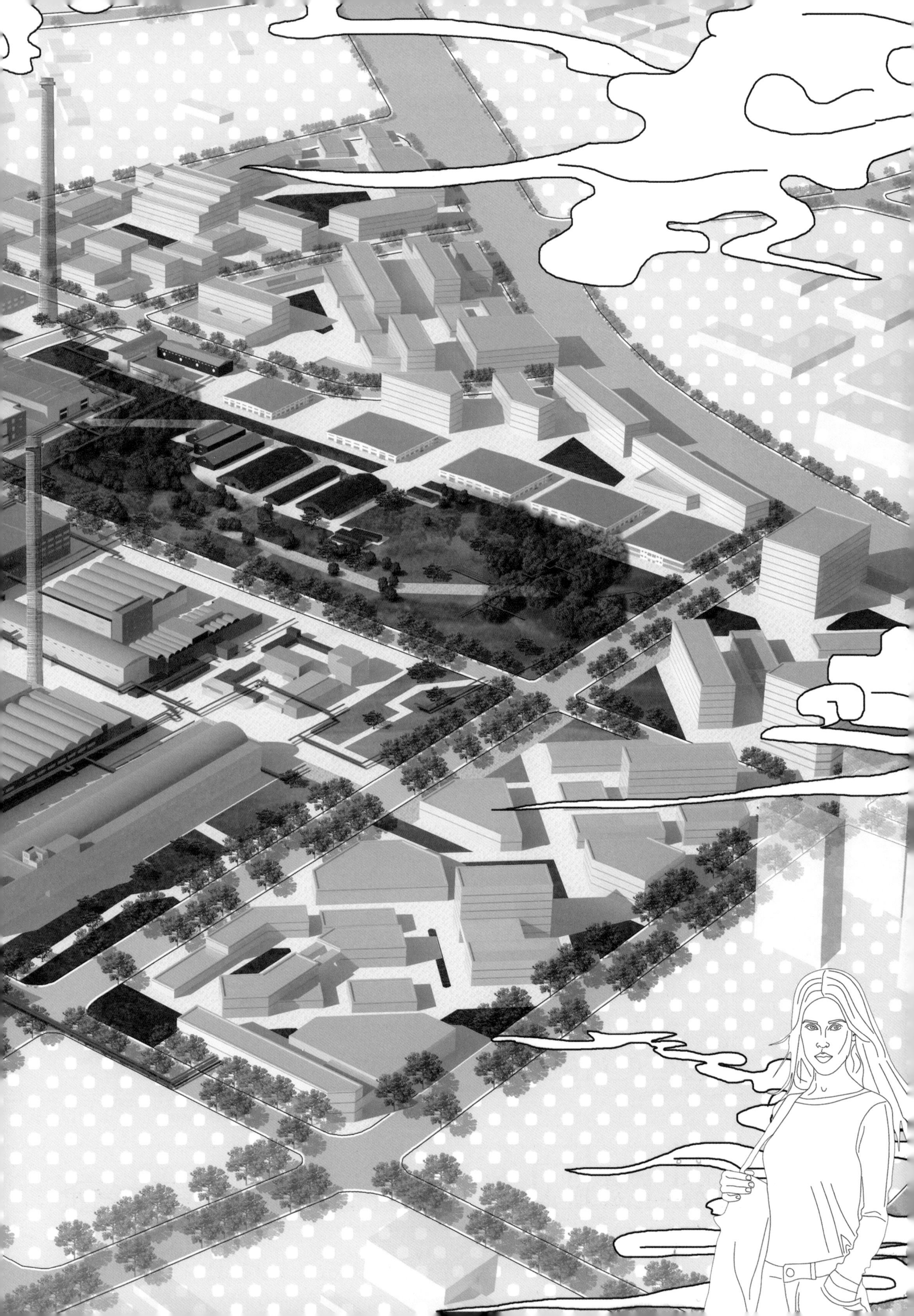

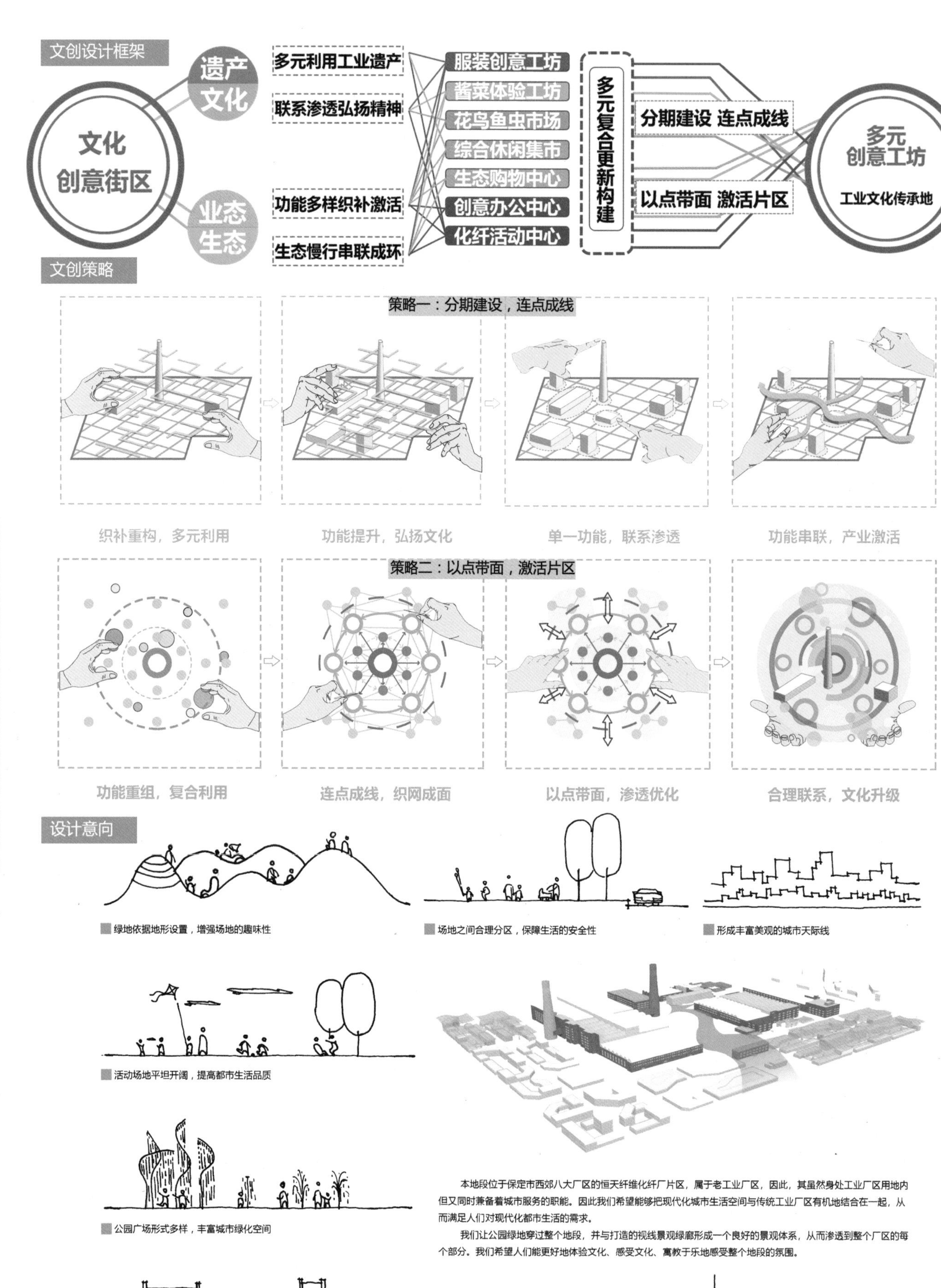

本地段位于保定市西郊八大厂区的恒天纤维化纤厂片区，属于老工业厂区，因此，其虽然身处工业厂区用地内但又同时兼备着城市服务的职能。因此我们希望能够把现代化城市生活空间与传统工业厂区有机地结合在一起，从而满足人们对现代化都市生活的需求。

我们让公园绿地穿过整个地段，并与打造的视线景观绿廊形成一个良好的景观体系，从而渗透到整个厂区的每个部分。我们希望人们能更好地体验文化、感受文化、寓教于乐地感受整个地段的氛围。

方案生成

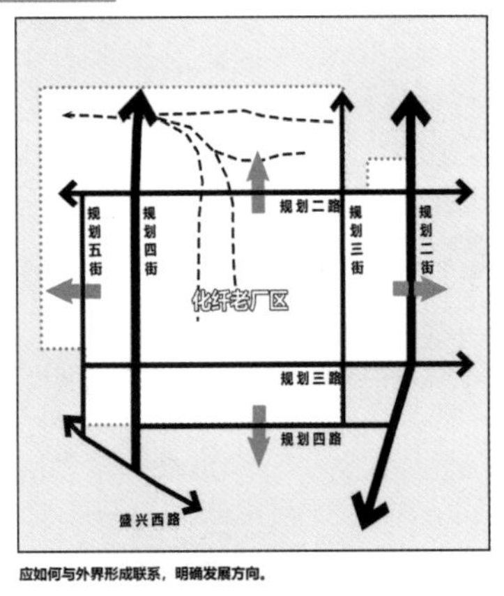

应如何与外界形成联系，明确发展方向。

增加道路网密度,与周边道路连通,使厂区内部与外界形成联系

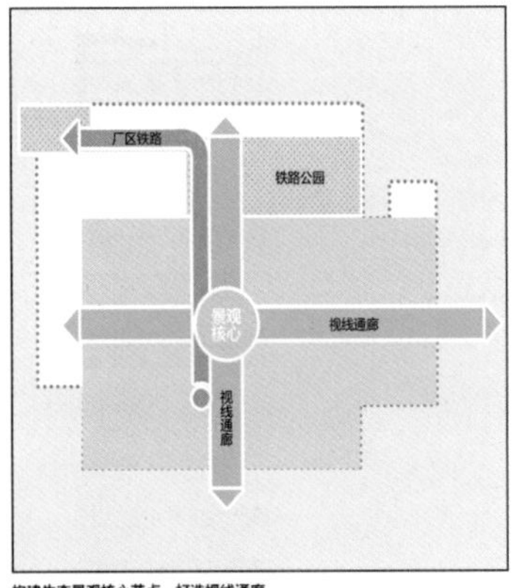

构建生态景观核心节点，打造视线通廊

视线焦点形成景观核心,形成"一心两轴一片区的景观结构

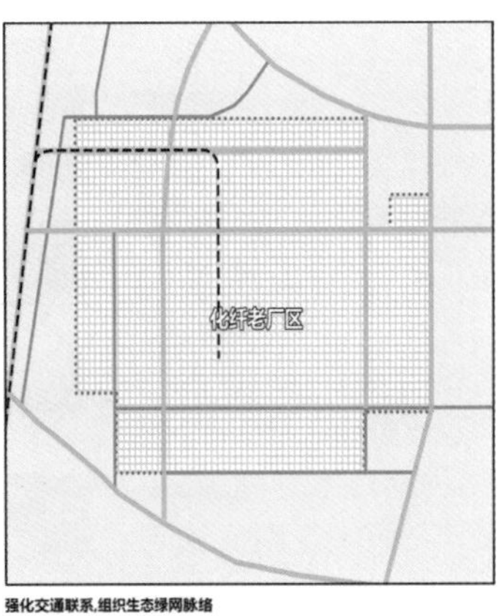

强化交通联系,组织生态绿网脉络

加强厂区内与周边的交通组织联系,结合道路和公共空间组织绿道

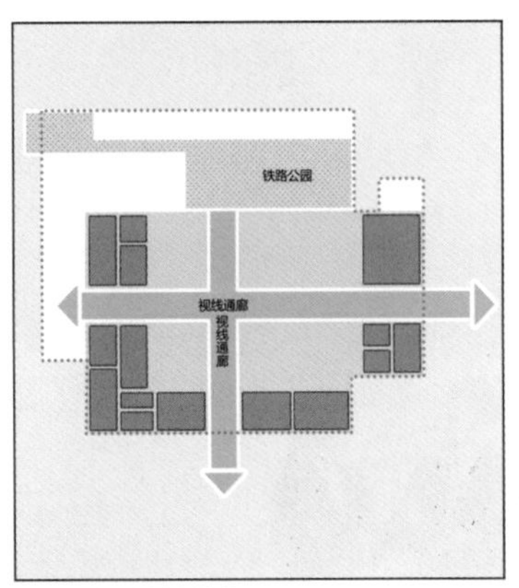

功能织补重构，建立新型空间布局

围绕中心景观节点,将商业商务文化多维缝补,形成新布局

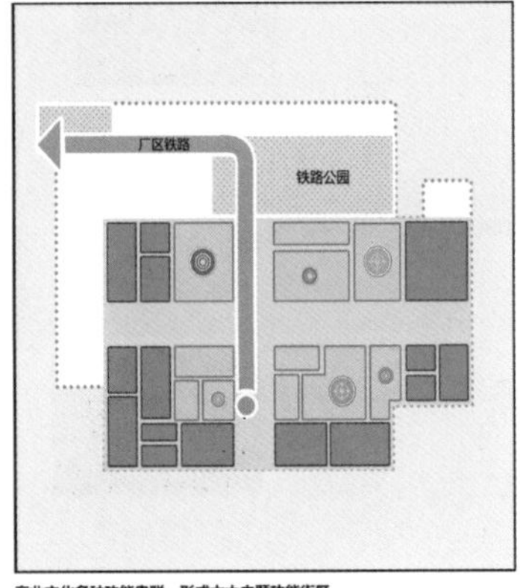

商业文化多种功能串联，形成六大主题功能街区

多种功能街区复合式协同发展，保证街区功能的合理性和灵活性

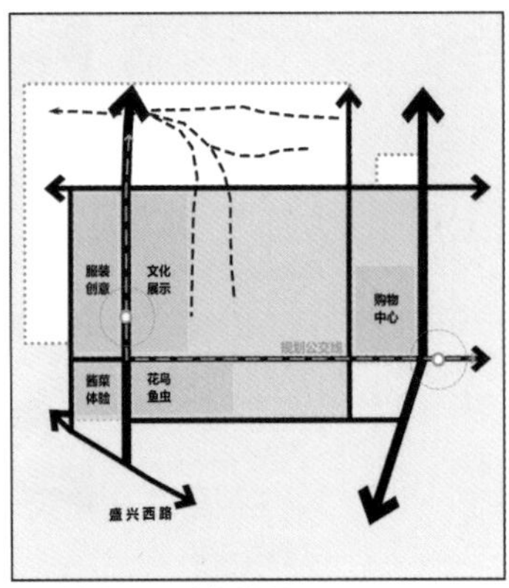

公交线路串联文化产业，形成内外交通联系

将文创产业各功能有机串联进行良好的衔接，带动文创产业提升

人群活动分析

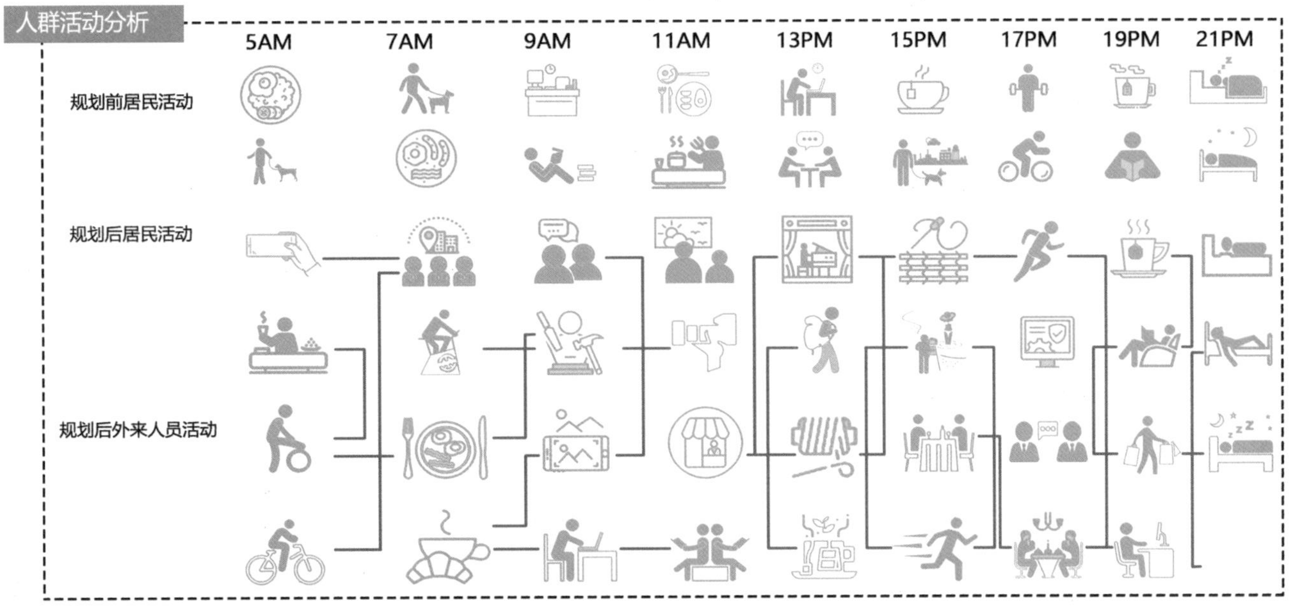

人群需求分析

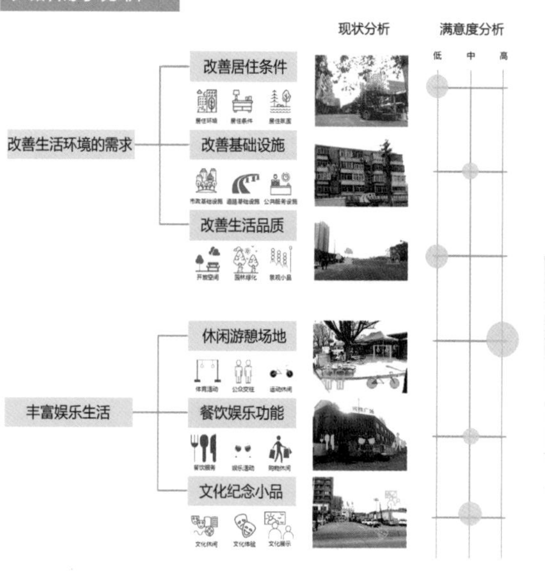

功能业态分析

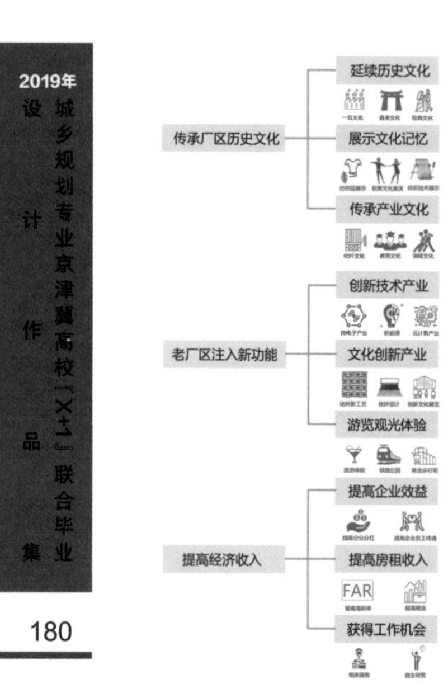

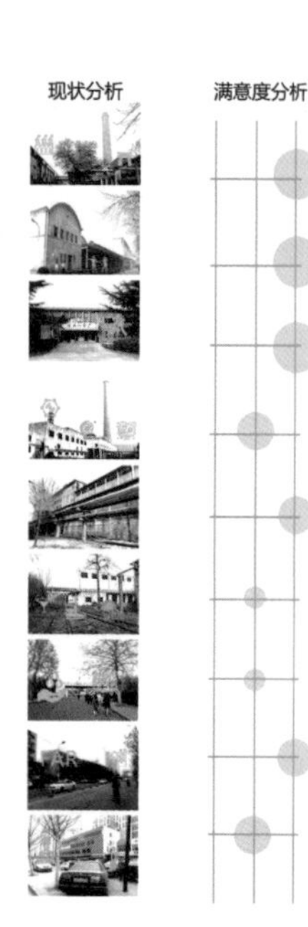

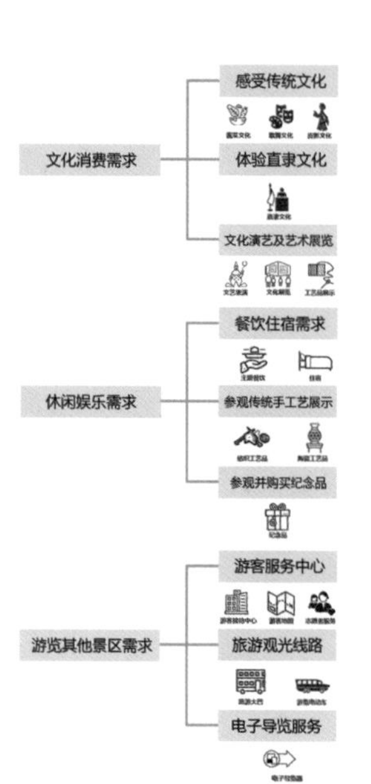

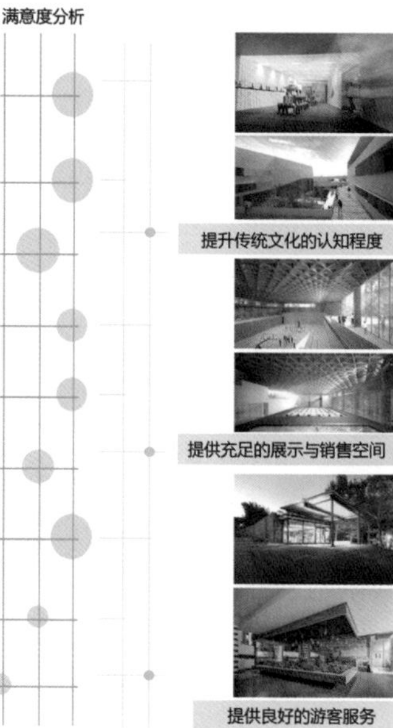

商业业态分析

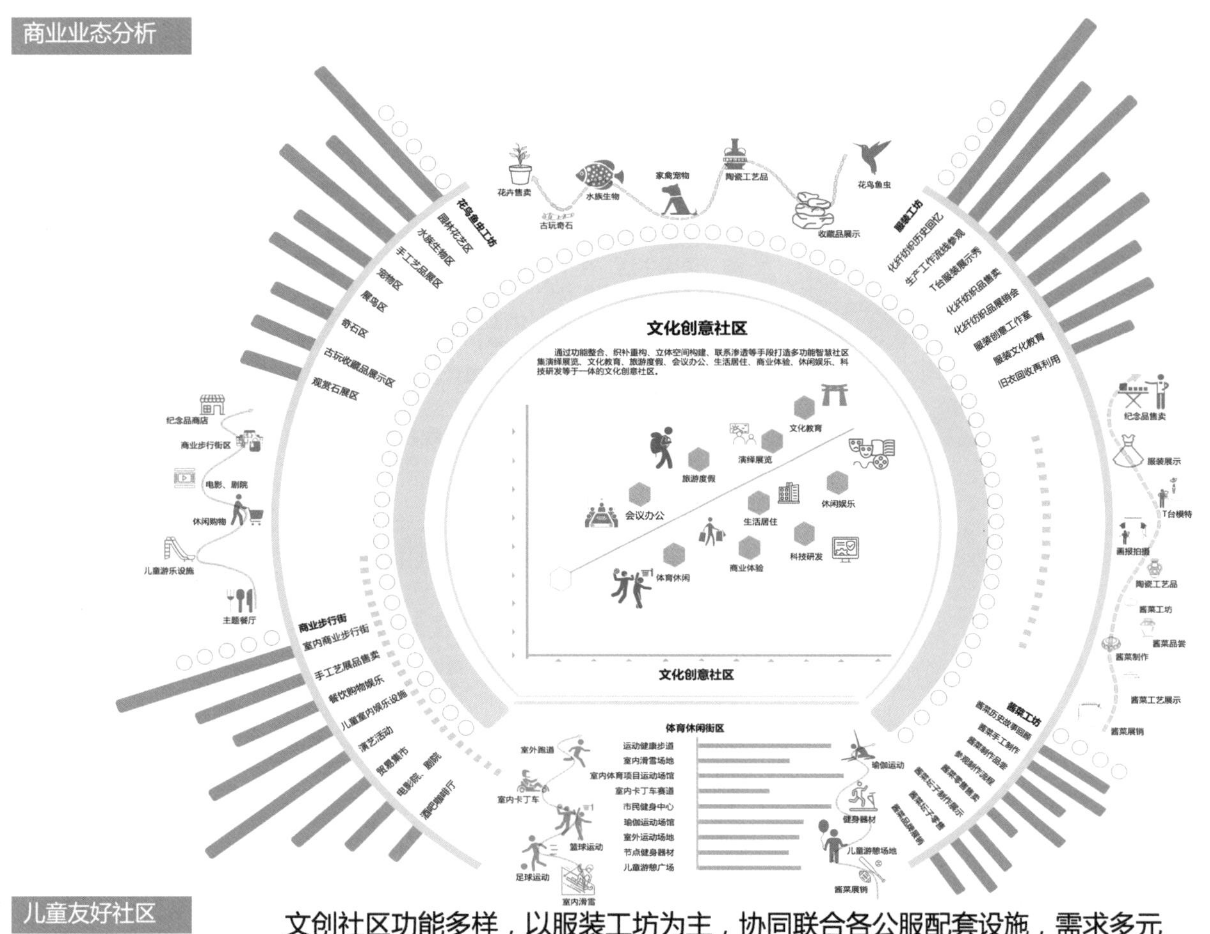

儿童友好社区

文创社区功能多样，以服装工坊为主，协同联合各公服配套设施，需求多元

性别比例

不同年龄段儿童选择游戏的频率

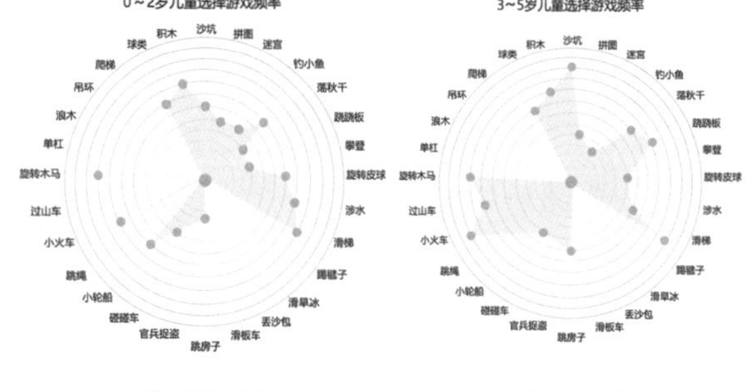

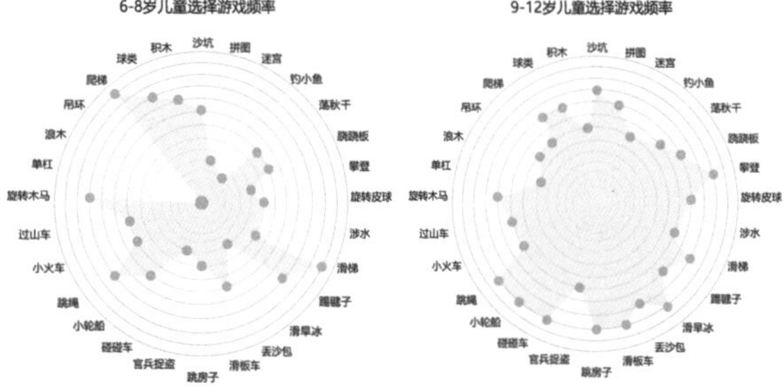

儿童活动场地尺度分析

通过对不同性别、年龄的儿童进行综合分析，营造出多元、安全、寓教于乐的儿童友好活动空间，并将儿童友好型空间置入空间院落。

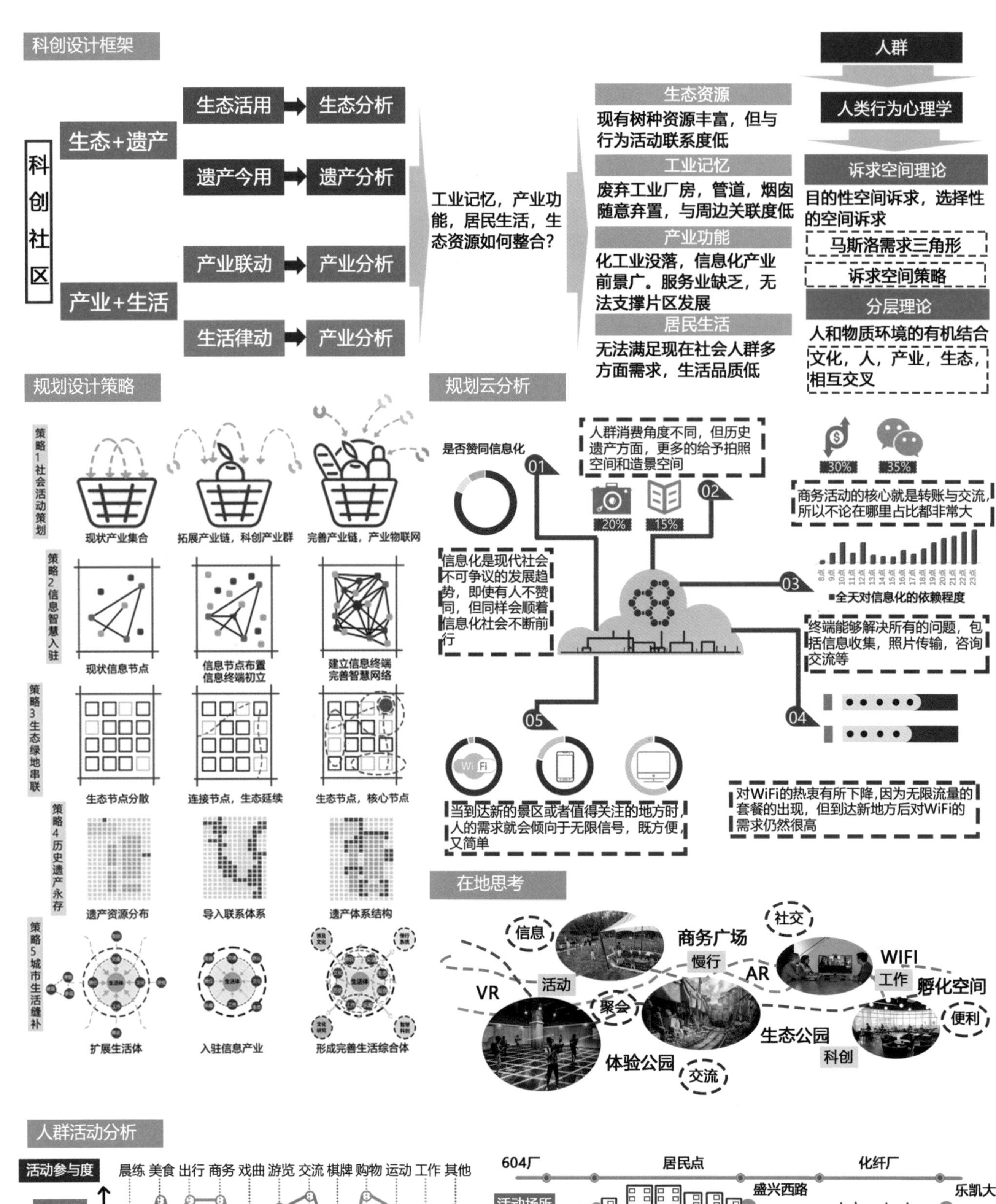

科创设计框架
科创社区
生态+遗产
产业+生活
生态活用
生态分析
遗产今用
遗产分析
产业联动
产业分析
生活律动
产业分析
工业记忆，产业功能，居民生活，生态资源如何整合？
生态资源
现有树种资源丰富，但与行为活动联系度低
工业记忆
废弃工业厂房，管道，烟囱随意弃置，与周边关联度低
产业功能
化工业没落，信息化产业前景广。服务业缺乏，无法支撑片区发展
居民生活
无法满足现在社会人群多方面需求，生活品质低
人群
人类行为心理学
诉求空间理论
目的性空间诉求，选择性的空间诉求
马斯洛需求三角形
诉求空间策略
分层理论
人和物质环境的有机结合
文化，人，产业，生态，相互交叉
规划设计策略
策略1社会活动策划
现状产业集合
拓展产业链，科创产业群
完善产业链，产业物联网
策略2信息智慧入驻
现状信息节点
信息节点布置 信息终端初立
建立信息终端 完善智慧网络
策略3生态绿地串联
生态节点分散
连接节点，生态延续
生态节点，核心节点
策略4历史遗产永存
遗产资源分布
导入联系体系
遗产体系结构
策略5城市生活缝补
扩展生活体
入驻信息产业
形成完善生活综合体
规划云分析
是否赞同信息化
01
信息化是现代社会不可争议的发展趋势，即使有人不赞同，但同样会顺着信息化社会不断前行
人群消费角度不同，但历史遗产方面，更多的给予拍照空间和造景空间
02
20%
15%
30%
35%
商务活动的核心就是转账与交流，所以不论在哪里占比都非常大
03
全天对信息化的依赖程度
终端能够解决所有的问题，包括信息收集，照片传输，咨询交流等
04
05
当到达新的景区或者值得关注的地方时，人的需求就会倾向于无限信号，既方便又简单
对WiFi的热衷有所下降，因为无限流量的套餐的出现，但到达新地方后对WiFi的需求仍然很高
在地思考
信息
商务广场
社交
慢行
WIFI
AR
工作
孵化空间
VR
活动
聚会
便利
生态公园
科创
体验公园
交流

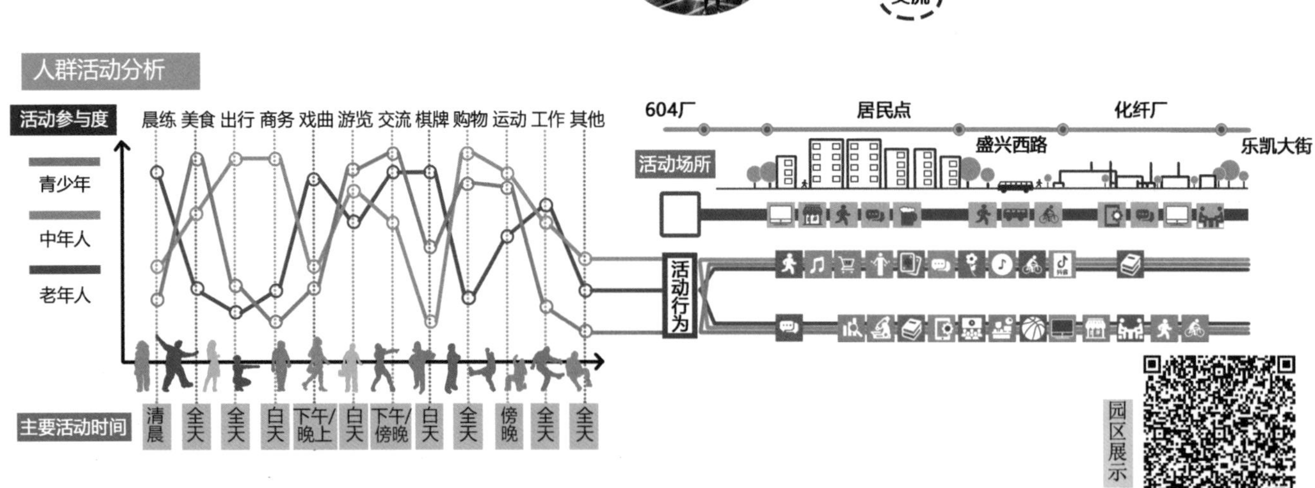

人群活动分析
活动参与度
晨练 美食 出行 商务 戏曲 游览 交流 棋牌 购物 运动 工作 其他
青少年
中年人
老年人
主要活动时间
清晨 全天 全天 白天 下午/晚上 白天 下午/傍晚 白天 全天 傍晚 全天 全天
604厂
居民点
化纤厂
盛兴西路
乐凯大街
活动场所
活动行为
园区展示

		策略				
织	生态教育结合	策略1	社会活动策划	营生态	织	网：智慧信息多方使用
	遗产多元利用	策略2	信息智慧入驻	活遗产		植：生态教育穿插布置
		策略3	生态绿地串联			学：尖端科技学习体验
补	产业集聚整合	策略4	工厂记忆永存	拓产业		赏：生态历史多重感官
	生活就业拓展	策略5	城市生活缝补	富生活	补	新：营造学修体验平台
						密：开放叠加空间网络
						活：营造空间激发活力
						补：补充完善功能链条

规划终端平台

城市设计五要素

规划景观分析

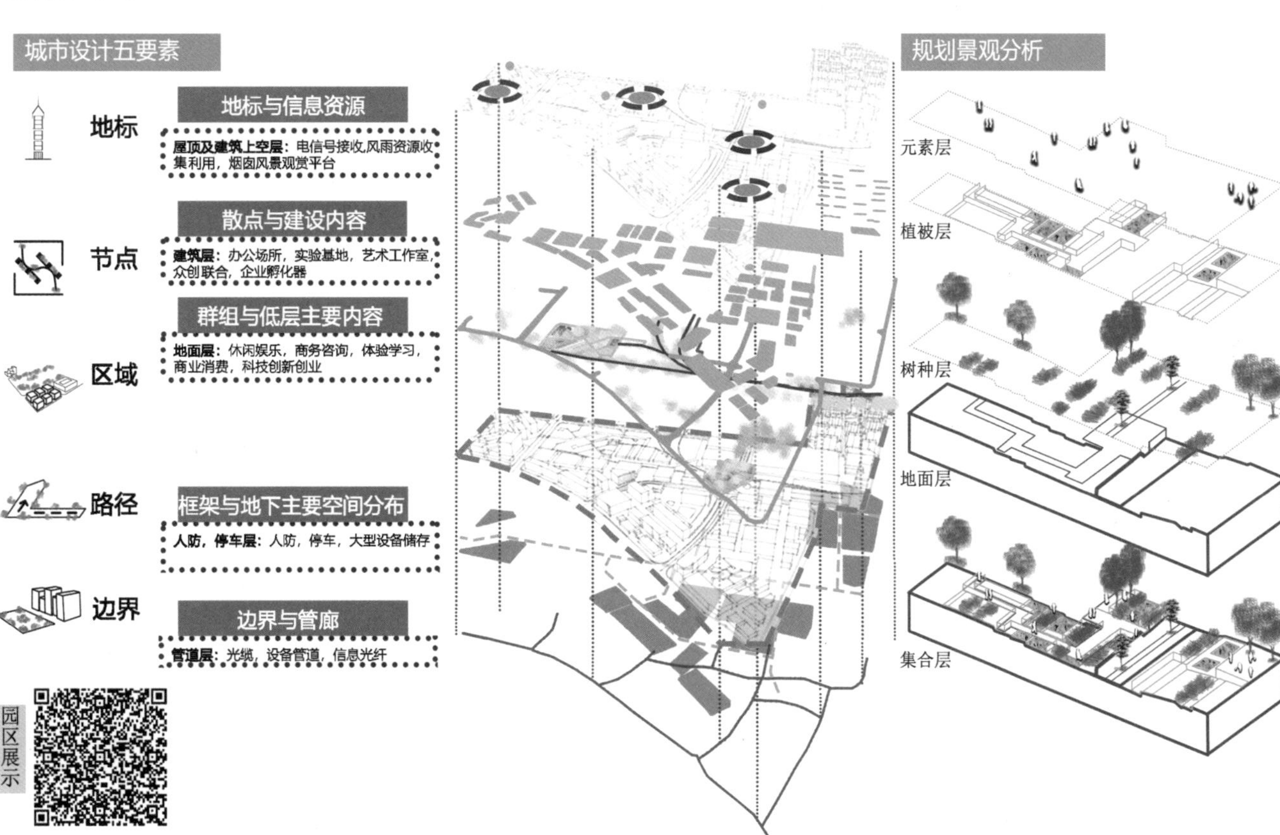

园区展示

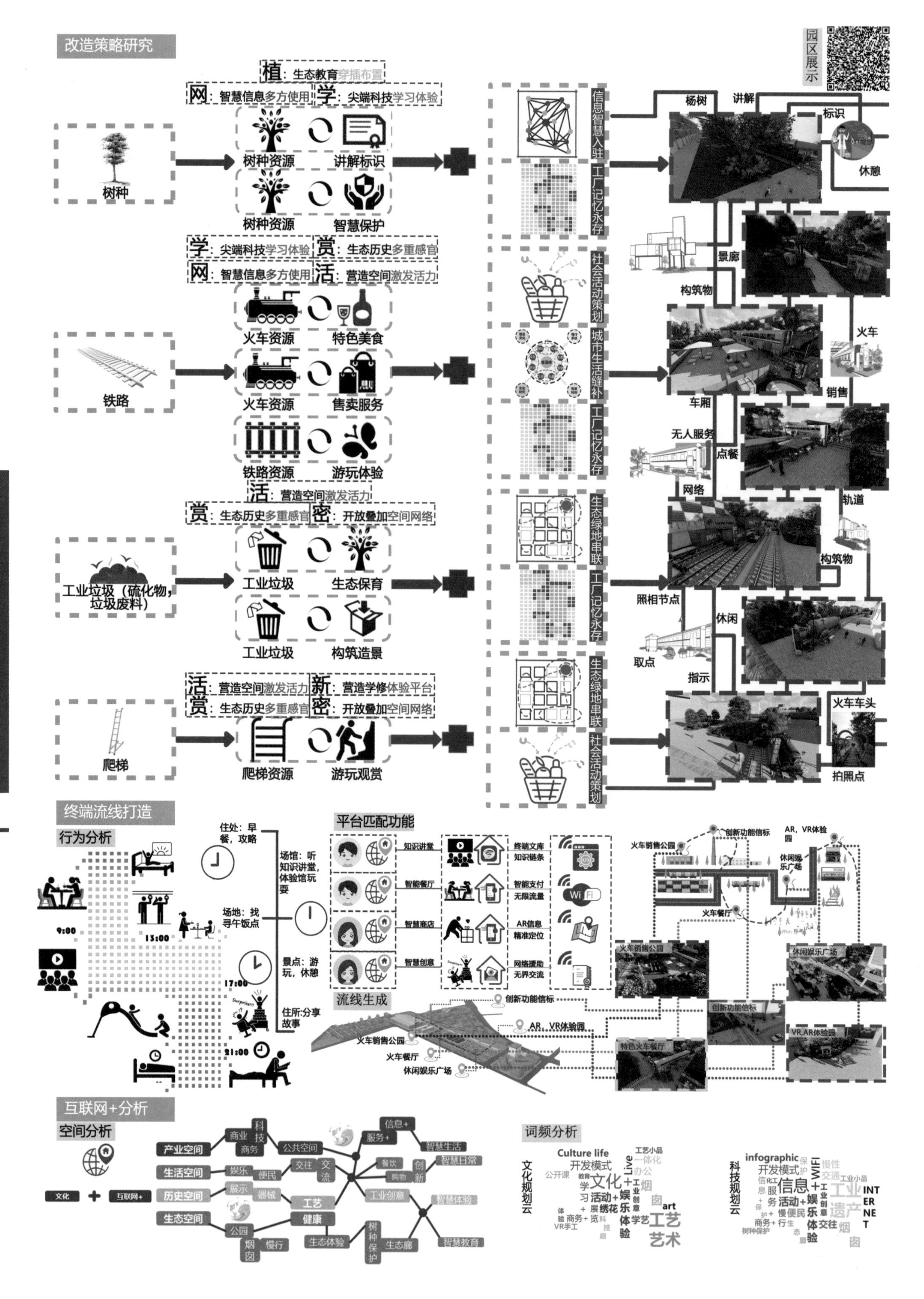

改造策略研究
园区展示
植：生态教育穿插布置
网：智慧信息多方使用
学：尖端科技学习体验
树种
树种资源
讲解标识
智慧保护
学：尖端科技学习体验
赏：生态历史多重感官
网：智慧信息多方使用
活：营造空间激发活力
铁路
火车资源
特色美食
售卖服务
铁路资源
游玩体验
活：营造空间激发活力
赏：生态历史多重感官
密：开放叠加空间网络
工业垃圾（硫化物，垃圾废料）
工业垃圾
生态保育
构筑造景
活：营造空间激发活力
新：营造学修体验平台
赏：生态历史多重感官
密：开放叠加空间网络
爬梯
爬梯资源
游玩观赏
信息智慧入驻
工厂记忆永存
社会活动策划
城市生活缝补
生态绿地串联
杨树
讲解
标识
休憩
景廊
构筑物
火车
车厢
销售
无人服务
点餐
网络
轨道
照相节点
休闲
取点
指示
火车车头
拍照点
终端流线打造
行为分析
住处：早餐，攻略
场馆：听知识讲堂，体验馆玩耍
场地：找寻午饭点
景点：游玩，休憩
住所：分享故事
9:00
13:00
17:00
21:00
平台匹配功能
知识讲堂
智能餐厅
智慧商店
智慧创意
终端文库
知识链条
智能支付
无限流量
AR信息
精准定位
网络援助
无界交流
流线生成
火车销售公园
创新功能信标
AR，VR体验园
火车餐厅
休闲娱乐广场
特色火车餐厅
VR,AR体验园
互联网+分析
空间分析
文化
互联网+
产业空间
生活空间
历史空间
生态空间
商业
科技
商务
公共空间
娱乐
便民
交往
交流
展示
器械
工艺
健康
公园
烟囱
慢行
生态体验
树种保护
生态廊
信息+
服务+
智慧生活
餐饮
购物
创新
智慧日常
工业创意
智慧体验
智慧教育
词频分析
文化规划云
Culture life
开发模式
文化
工艺
艺术
科技规划云
infographic
开发模式
信息
WIFI
工业
遗产
INTERNET

2019年
城乡规划专业京津冀高校「X+1」联合毕业设计作品集

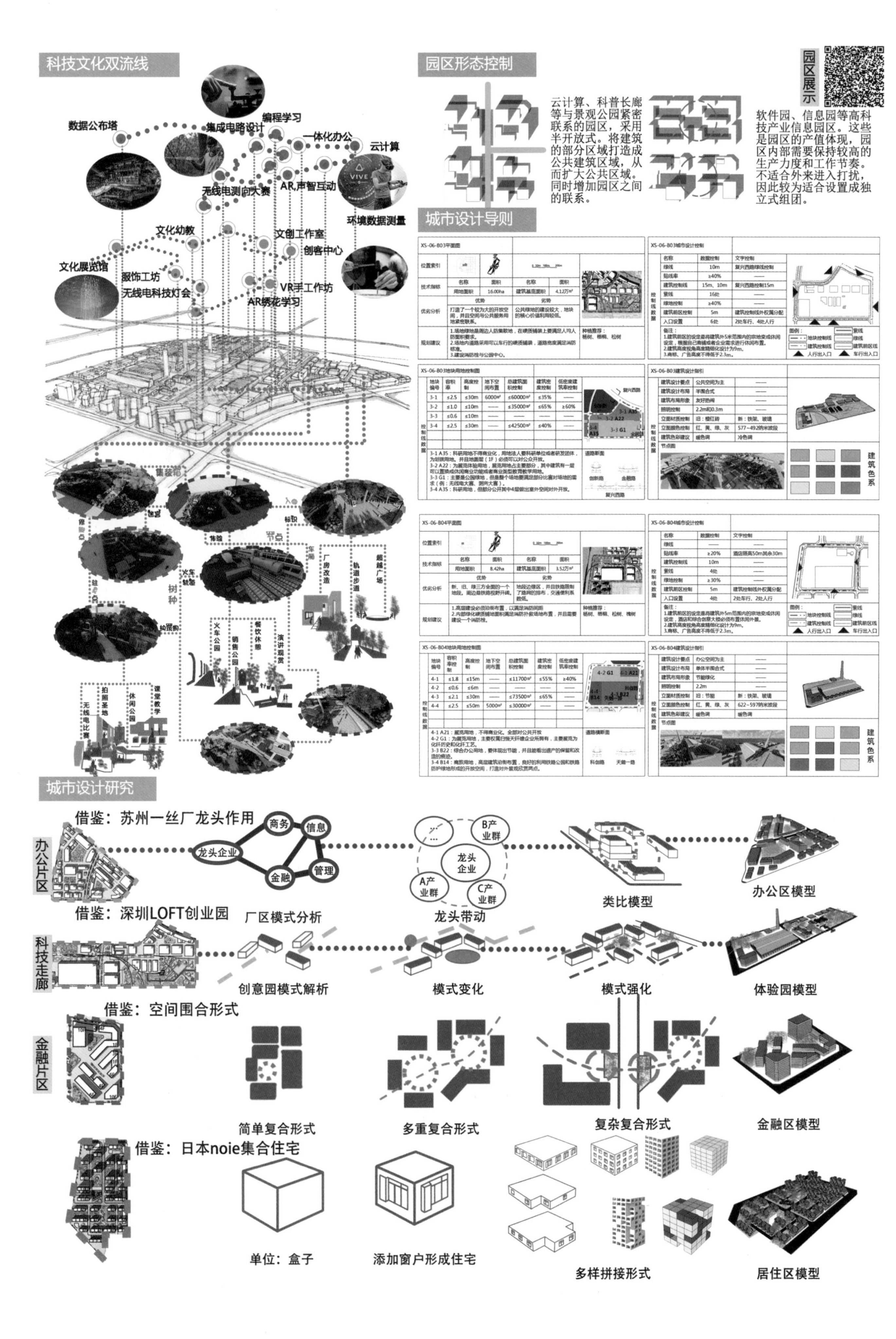

科技文化双流线
数据公布塔
编程学习
集成电路设计
一体化办公
云计算
无线电测向大赛
AR声智互动
环境数据测量
文化幼教
文创工作室
创客中心
文化展览馆
服饰工坊
无线电科技灯会
VR手工作坊
AR绣花学习
园区形态控制
云计算、科普长廊等与景观公园紧密联系的园区，采用半开放式。将建筑的部分区域打造成公共建筑区域，从而扩大公共区域。同时增加园区之间的联系。
园区展示
软件园、信息园等高科技产业信息园区。这些是园区的产值体现，园区内部需要保持较高的生产力度和工作节奏。不适合外来进入打扰，因此较为适合设置成独立式组团。
城市设计导则
城市设计研究
借鉴：苏州一丝厂龙头作用
办公片区
龙头企业
商务
信息
金融
管理
B产业群
龙头企业
A产业群
C产业群
龙头带动
类比模型
办公区模型
借鉴：深圳LOFT创业园
科技走廊
厂区模式分析
创意园模式解析
模式变化
模式强化
体验园模型
借鉴：空间围合形式
金融片区
简单复合形式
多重复合形式
复杂复合形式
金融区模型
借鉴：日本noie集合住宅
单位：盒子
添加窗户形成住宅
多样拼接形式
居住区模型

大事记

2019/1/11

1.河北农业大学・保定
联合毕业设计筹备会
河北农业大学城乡建设学院

2019/3/1

2.保定市恒天纤维集团・保定
开幕式与开题报告会
项目介绍：保定市城乡规划设计研究院所长
专题报告：贾慧献副教授（河北大学建筑工程学院建筑系主任）
现场踏勘

2019/4/19

3. 河北农业大学·保定
中期答辩
出席专家：吴唯佳、邢天河、孔俊婷、温炎涛、郭志奇

2019/5/30

4. 河北农业大学·保定
终期答辩与闭幕式
出席专家：耿宏兵、陈一峰、赵剑波、邢天河、郭志奇
京津冀联合毕业设计作业展

后记

在中国城市规划学会、恒天纤维集团有限公司的大力支持下，历经半年的第三届城乡规划专业京津冀高校“X+1”联合毕业设计在保定圆满结束，完成了“第一季”的收官之作。

河北农业大学作为主办学校，邀约北京工业大学、北京林业大学、北方工业大学、天津城建大学、河北工业大学、河北建筑工程学院、河北工程大学、吉林建筑大学齐聚古城保定，以“传承与共生”为主题，选址在保定市原化纤厂厂区，设计旨在让师生探讨在国内城市飞速发展的大背景下，如何结合不同城市工业遗产的区域背景和内部特征，实现该区域在物质、功能、经济上的复兴，共同探讨当下的工业遗产城市设计。

教育协同发展是落实“京津冀协同发展”重大国家战略的客观要求。城乡规划专业京津冀高校“X+1”联合毕业设计，是落实京津冀教育协同发展的重要举措，是专业学会、企业、政府和高校的联合行动。联合毕业设计正是在国家新时代背景下举办的，这三年来我们自始至终强调对学生综合能力的培养，注重对学生综合思考社会、经济和环境问题，关注生态环境和文化传承的价值体系的培养，注重学生的团队意识和独立设计能力的锻炼，尤其运用现代信息技术、公众参与技术，探索新时代的学生培养新模式。

本次联合毕业设计得到了河北农业大学孙建恒副校长、李存东副校长及城乡建设学院伊绯书记、郄志红院长的大力支持，同时恒天纤维集团有限公司保定分公司与天鹅科创园区给予了技术支持，在此一并感谢。特别感谢中国城市规划学会耿宏兵副秘书长、清华大学吴唯佳教授、中国建筑设计研究院总建筑师陈一峰、天津大学赵建波教授、河北省规划大师邢天河、河北省城乡规划设计研究院温炎涛副院长、保定市城乡规划设计研究院郭志奇副院长等几位专家的专业指导和精彩点评！感谢三年来参与的同学与老师！感谢中国建筑工业出版社对联合毕业设计成果出版的大力支持！感谢为联合毕业设计付出辛劳的河北农业大学城乡建设学院的全体师生。

城乡规划专业京津冀高校“X+1”联合毕业设计推进了校际间交流，搭建了规划职业、主管部门与高校之间沟通相互学习的平台，提高了各高校的教学水平，期待新周期的联合毕业设计取得更大的成就。

贾安强

河北农业大学城乡建设学院城乡规划系

副教授、硕士生导师、系主任

2019 年 7 月于保定